高等学校规划教材

新编微机原理与接口技术

陈惠鹏　徐　冰　刘松波　编著

刘宏伟　王　伟　审

U0259307

电子工业出版社

Publishing House of Electronics Industry

北京·BEIJING

内 容 简 介

本书以冯·诺依曼体系为基本线索，分部讲解了 CPU、总线、存储器、I/O 接口等相关的知识和工作原理。在借鉴了国外经典教材以分析为主写法的基础上，教材的风格有了较大的变化。抛弃了传统的以知识点为线索的风格，而采用了问答式的叙述方式，通过问题驱动，逐步展开相关的知识，使得知识不再是独立的单元，而是为了解决某个问题而出现的必然结果。通过这种方式，我们力图改变一下高等教育课堂上的授课方式，将知识的来源和应用效果进行说明，同时更好地表达思维的逻辑。

本书在编写上依然遵循原课程体系，而变化主要体现在处理知识和内容之间的关系上。

本书的内容相对独立，不依托于其他课程，可作为高等院校计算机专业、非计算机专业的本科生"微型计算机技术"、"计算机原理"、"微型计算机系统与接口技术"等课程的教材。

本书为教学老师提供 PPT、习题解答、程序源代码，可从网站 http://www.hxedu.com.cn 下载。

图书在版编目 (CIP) 数据

新编微机原理与接口技术 / 陈惠鹏，徐冰，刘松波编著. —北京：电子工业出版社，2015.8
高等学校规划教材
ISBN 978-7-121-26909-7

I. ①新… II. ①陈… ②徐… ③刘… III. ①微型计算机－理论－高等学校－教材 ②微型计算机－接口技术－高等学校－教材 IV. ①TP36

中国版本图书馆 CIP 数据核字（2015）第 186004 号

策划编辑：任欢欢
责任编辑：任欢欢
印　　刷：北京虎彩文化传播有限公司
装　　订：北京虎彩文化传播有限公司
出版发行：电子工业出版社
　　　　　北京市海淀区万寿路 173 信箱　　邮编：100036
开　　本：787×1 092　1/16　印张：15　字数：384 千字
版　　次：2015 年 8 月第 1 版
印　　次：2025 年 2 月第 7 次印刷
定　　价：45.00 元

凡所购买电子工业出版社图书有缺损问题，请向购买书店调换。若书店售缺，请与本社发行部联系，联系及邮购电话：(010)88254888，88258888。

质量投诉请发邮件至 zlts@phei.com.cn，盗版侵权举报请发邮件至 dbqq@phei.com.cn。

本书咨询联系方式：dcc@phei.com.cn。

前　言

很久以前偶然看到一本书——以色列的管理学大师高德拉特的《目标》，它是一本关于生产过程管理的书。高德拉特以小说的形式来推理展开管理学的知识和思路，使读者从一开始就被书中的内容深深地吸引，以至于可能连吃饭都忘记了。几十年过去了，这本书的内容、情节、叙述方式、思考问题的方式依然清晰地印在我的脑海里。至今我经常会将它重新翻出来，再阅读一遍，就像读《三国演义》一样，百看不厌。其中修订版的作者序中关于科学与教育的探索中的一段话常常让我回味良久，我将原话抄录如下：

"我也希望借着本书探讨教育的意义，我诚心诚意地相信，唯有透过推导的过程，我们才能真正地学习。直接把最后的结论摆在我们面前，不是好的学习方式，充其量不过是训练我们的方式罢了。这是为什么我试图用苏格拉底的方式来呈现本书想表达的信息。尽管钟纳（书中的人物）对于答案胸有成竹，但是他仍然不断以'问号'，而不是'惊叹号'，来激励罗哥（书中的人物）自行找到答案。我们相信运用这种方式，读者可以抢在罗哥之前，就推断出解答。假如你觉得这本书很有趣，那么或许你会同意，好的教育方式也应该如此，而且我们应该运用苏格拉底的方式来编撰教科书。我们的教科书不应该提供我们一堆最后的解答，而应该引导读者自己经历整个推论的过程。"

将近三十年授课的经历使我常常在幻想：如果教科书是用高德拉特的方式来书写会怎么样呢？这是教育的本质吗？尽管目前还不能给出完美的答案，但能否试一试呢？

本书的基本思路

"微机原理与接口技术"这个议题应该说是非常"老"了，已经有几十年的历史，国内外许多教授们也已经完成了对该课程体系的完整建设，有很多很好的教科书在使用。那么，怎样能在不改变体系的前提下展现出一种新的形式就是我们面临的一个问题。为此，我们采用了下面几个思路进行教材的书写，算是一种尝试。

1. 以问题的方式展开。我们接受了苏格拉底的教育理念，在本教材中，通过连续的提问、解答的过程，力图逐渐展开《微机原理与接口技术》的相关知识。我们希望去讲解每一个知识点的来龙去脉，将当初人类面临的问题、提出的解决方案和改进方案、最后获得的结果，以及问题解决到什么程度等相关问题介绍给读者。这样既讲述了知识本身，同时又将人类发明或者发现该知识的思维过程讲解清楚，这是一个推理过程的展示。在这个过程中既能够提高学生的思维能力，又能够激发学生探索的兴趣。从科学发现的角度讲，人类一直是这么进行探索和研究的，只是在教学的过程中，我们将知识点和结论留下，而将其他的抛弃了，这种抛弃使得教授过程变得简单，但是对于思维培训却是一个很大的损失。那么，这种思路是正确的吗？我们并不确定，或许高德拉特的教育思路给了我们一个启示。

2. 以较通俗的语言描述。当我们要以提问、回答的形式展开课程的时候，一个问题马上出现了：如果按照惯常的做法（以概念、定理、定律的顺序来叙述），那么，问题和概念、定理、定律之间的关系就很难描述。我们面临一个艰难的选择，或者恢复之前的惯常做法，或者抛弃惯常的做法。如果抛弃之前的做法，如何保障体系的完整和概念的清晰同样是一个问题。经过思考和讨论，我们认为：既然我们写的是教材，不是科学专著，我们的最根本的目标还是要关注于读者（尤其是初学者）对问题或者知识的理解，所以，我们采用了在保证知识体系不变、概念不变的前提下，用较通俗的语言来书写教材。同时，在书写的过程中尽量将技术的变化过程交代清楚，使得读者明晰技术的来源、技术的选择、技术本身、技术所带来的问题等相关内容。

微机原理与接口技术的前半部分一般讲解计算机的组成结构（后半部分为接口的设计），但如果只是描述计算机的组成结构，会面临一个问题：为什么会有这样的结构？此结构怎样能够完成计算的任务？为此，我们试图来模拟图灵和冯·诺依曼等人的基本思路，以及仿真计算机的结构产生的过程。但是，这里还是存在一个问题：如何能在有限的篇幅内完成上述任务呢？为此，我们采用了较通俗的语言来讲述计算及如何实现自动计算等问题。但能否讲解得非常清楚，这与我们对计算机的理解和所站的角度、高度有关。我们尝试了，但是否成功，还需要各位读者的检验。在本书的其他章节，作者也力图抛开传统教材的书写方式，尽量用简单易懂的语言展开叙述。

3．**以系统的线索展开**。微机原理与接口技术教学的基本思路都是按照冯·诺依曼体系的划分来分部讲解的，如 CPU、总线、存储器、接口等。但实际上计算机是一个完整的系统，每个部分是不能单独工作的，需要各个部分协调动作才能完成计算任务。也就是说，在分部讲解的过程中，需要一个整合的过程，因此本书在写作的过程中力求在分部的基础上将计算机合并为一个整体。但是，也存在一个问题：计算机是软、硬件的结合，除了硬件，还有位于其上的 BIOS、操作系统等软件的配合才能成为真正的计算机系统。但由于篇幅所限，我们将注意力集中在了硬件的构造方面，而舍弃了上层软件方面的讲解，这诚然会带来理解上的问题。如果有的读者需要了解软、硬件完整的工作原理，那么强烈建议去阅读《深入理解计算机系统》一书。但是该书的专业性较强，初学者也许不容易理解。当然，我们也试图在今后再编写一本将软、硬件结合在一起的书，供初学者对计算机有一个更全面的认识。

4．**开放式的作业题**。微机原理与接口技术作为一门成熟的课程，其例题与习题不可胜数。但本书在写作的时候，力图多设计一些开放性的题目，这些题目很难用简单的语言或者公式来回答，需要读者通过阅读本书，理解相应的内容后，经过仔细的思考，方能得出答案。我们试图调动读者去思考问题，而不是简单地记住答案。

5．**较大量引入"隐喻"**。隐喻是一种比喻，即用一种事物暗喻另一种事物。隐喻是在彼类事物的暗示之下感知、体验、想象、理解、谈论此类事物的心理行为、语言行为和文化行为。隐喻要求所选择的实例与现有的知识吻合度很高，通过对实例的理解，就可以完全理解现有的知识。所以，隐喻需要认真地设计。本书中在较多的地方通过隐喻的方式来帮助读者建立起计算机的相关概念。例如在中断章节，我们通过一个学生在学习的时候被其他的事件所打断时会做出的各种反应来引入中断源、中断优先级、中断嵌套、中断屏蔽等概念。

本书面向的对象

在中国的理工科大学中，计算机系统的知识对于电类或者非电类专业的学生来说都十分重要，如电气工程专业、自动控制专业、机械专业……这些专业在教学上可能会针对计算机相关知识安排 3～5 门课程，而计算机硬件类课程一般有 1～2 门。微机原理与接口技术这门课一般是为使非计算机专业的学生掌握计算机的结构和工作过程而设置的，如果是计算机本专业的学生,常常会包含计算机组成原理、汇编语言、计算机体系结构、计算机接口技术等4～5门课。

本书实际上是将上述的 4 门课程合为一门课程,以计算机组成和工作原理为主线,同时兼顾计算机体系结构、汇编语言及接口技术的知识和方法。这就面临一个问题:非计算机专业的学生可能存在学年不同、专业不同等原因,其相关的基本知识是有差别的,如何适应这个差别?本教材在编写的时候,首先考虑到一般电类专业和机械类专业的学生都会学习电路、数字电路的相关课程,因此对数字逻辑的基本概念应该是清楚的。对于非电类专业的学生,可能没有学习过数字电路的相关知识,这就需要教师补充一些相关知识。但考虑到计算机体系的结构性,我们在书中没有加入数字逻辑的内容,如果需要,我们希望能在课件上予以适当的弥补。

所以,本书面向的主要对象是具有一定数字逻辑或者数字电路知识的非计算机专业的读者。

当然,在本书的前两章我们试图讲解一下计算机的发展历程,以及冯·诺依曼等人对用计算机器实现自动计算的一些思考等内容,虽然看似复杂,但我们尽量采用了较通俗的语言进行描述,所涉及的数学概念也是初高中学过的,应该不会造成较大的理解困难。

对使用本书的教师的建议

每所学校针对不同的学生可能采用不同的教学目标和教学安排,本书面向的对象主要为非计算机专业的学生,我们将这些学生进行了简单的分类:电类专业和非电类专业。

对于电类学生,计算机相关知识可能是其教学体系中较重要的一门课程,需要深入地理解和掌握,而且此类学生一般都学过电路、模拟电子和数字电子等课程。在此基础上,本书的内容对他们而言,其难度并不高。但是因为书的风格和以往不太一致,所以讲解时也需要注意一些问题。

1. 本书基本思路是:先讲通用数字计算机的基本结构和工作原理,而后以 8086/8088 微型计算机系统为一个具体实例来说明计算机的具体结构和工作原理。当然也可以以 ARM 或者 51 系列单片机为例来讲解。即先通用,后具体。通用部分讲的是"道",具体部分讲的是"术"。

2. 讲通用部分的时候,我们的思路是这样的:(1)先讲清楚计算机器是很早就产生的想法,而直到 20 世纪初才出现通用计算机思路(即将软件从硬件部分分离,参见第 1 章)。(2)既然分为软件和硬件两个部分,那么哪些可以成为软件?哪些可以成为硬件?这将从对计算的分析中获得(参见第 2 章)。(3)硬件可以用数字电路实现,软件是什么?如何表述?机器如何识别?这是不可回避的问题(参见第 2 章)。(4)能够表述的软件如何才能自动执行?(参见第 2 章)。(5)当我们回答完上述问题时,我们发现计算机 CPU 的基本构成应该已经出现(运算器、控制器、寄存器)。(6)那么如何才能设计出一个 CPU 呢?需要考虑哪些问题呢?当然先需要设计汇编语言指令集,然后设计汇编语言的运行机制的相关电路(参见第 3 章)。(7)汇编语言形成的指令序列即为程序,如果要自动运行就需要存储程序和数据,如何存储?如何访问?如何使访问灵活机动?如何实现跳转?这些问题都需要解决,也就是我们需要一个存储器(参见第 5 章)及连接 CPU 与存储器的总线(参见第 4 章)。(8)如果有可能,我们强烈建议教师设计一个完整的实验,实现 CPU、存储器及两者之间的连接,但可能学时上会受到较大的限制。(9)到此为止,我们一直在讲"通用"计算机,一个真正的 CPU、存储器是如何实现的?与我们讲的到底有没有区别?区别是什么?为什么会有如此的区别?(10)实际上,现在的计算机已经在体系结构上出现了很大的变化,引入了流水线技术、Cache 技术、超标量、超流水等众多的新技术，这些技术在不改变计算机基本结构的基础上提高了计算机的运行效率，但是否在课堂上讲解是需要根据学生的基本情况或者课时的安排来决定的，所以我们将这些"改进"的技术用"*"标注了，希望教师或者读者可以自行选择。

3. 本书为便于读者更容易理解和掌握，用一个具体的计算机（基于 8086/8088）作为例子来展开讲解。虽然 8086/8088 计算机已经很古老了，但是因为其具有很强的代表性，而且相对较简单，所以非常有助于问题的理解。当然，我们也可以采用其他的计算机作为例子，如 Pentium、ARM 等。从存储器（第 5 章）开始，我们将目标定为了系统的设计。因为组成计算机系统的几个部分在前半部分已经分析过了，读者应该清楚计算机为什么要分为这样几个部分，那么下面的问题就是如何将各个部分结合为一个整体，从而完成计算的任务。我们从存储器扩展开始进行系统设计，从地址 00000H 开始逐步扩展存储器，包括字扩展和位扩展；包括 ROM、RAM 等。为了简单，没有引入动态存储器，只使用了容易理解的静态存储器。然后是 I/O 接口的设计，从简单的以锁存器、缓冲器为接口电路的键盘、LED，到集成的接口芯片 8255A 的整体设计。在接口设计中我们只选择了并行接口和串行接口两种方式，放弃了 A/D、DMA 等接口的设计。一个是篇幅的原因；另一个是我们希望将计算机设计为一个整体，而不是面面俱到，却零零散散。最后，我们将中断的概念引入，同时利用中断实现并行接口。这样一个较为完整的计算机硬件系统基本建成，再结合前面的内容，希望读者能够对计算机的整个工作过程有一个清晰的概念，从而达到本书的编写目的。

4. 因为内容较庞杂，涉及的概念很多，要使读者能充分理解和掌握各个概念，同时又能将各个概念整合到一个计算机系统的工作过程中，确实是一个难题。我们所采取的方式是否合适，还希望读者批评指正。至于两个部分的比例安排，可能需要教师根据实际课程学时安排进行适当调整。根据我们的授课经验，前半部分虽然分析的内容多，但是让所有专业的学生理解起来问题并不大，后半部分涉及具体的 CPU、存储器件、I/O 接口电路，对于非电类的学生难度偏大。所以我们建议：可以用 1 学时讲解计算机的发展过程，主要是讲思路的变化过程；用 3~4 学时讲解如何用计算机实现计算的过程，分析要完成的计算任务，以及计算机器需要由几个部分组成等内容。

本书为教学老师提供 PPT、习题解答、程序源代码，可从http://www.hxedu.com.cn下载。

本书的贡献者

我们衷心地感谢那些给了我们中肯批评和鼓励的众多朋友及同事。首先要感谢我的合作者哈工大计算机学院的徐冰老师和刘松波老师，在繁忙的工作中抽出时间来帮助编写和修改本书的大部分内容；其次要感谢计算机学院的刘家锋老师，在筹划和编写的过程中，刘家锋老师都给予了无私的支持和帮助，同时提出了很多建设性的意见。在我们对书稿的内容和表述方式不十分确定的时候，刘家锋老师的建议帮助我们最终定稿。王伟老师作为审阅人为我们的书稿提出了宝贵的建议，在此表示感谢。

同时要感谢哈工大计算机学院的刘宏伟教授，他在计算机学院负责计算机组成原理这门课程的教学，在书稿的结构、知识讲解的详略、知识的连接方面都提出了许多建设性的意见。

还要感谢计算机学院的张英涛老师、孙春奇老师、吴锐老师、程丹松老师、张丽杰老师、张宇老师、黄庆成老师、史先俊老师。这些老师在哈工大都是微机原理与接口技术课程的主讲老师，在我们的交流中，他们都无私地将授课中存在的问题、教材中存在的问题提出来，为我们最终的成稿提供了相当大的帮助。

经过了较长期的思考，我们对书稿的内容和表达方式进行较大调整，但是因为水平有限，对许多问题的把握能力也很有限，书中难免存在许多不尽如人意的地方，诚恳希望读者批评指正，以便我们不断改进。

作者

2015 年 7 月于哈尔滨

本 书 结 构

本书是为非计算机专业的学生熟悉和掌握计算机的工作过程而编写的。本书在编写的过程中考虑到了电类专业和非电类专业学生的具体情况，所以，在附录中添加了计算机的数制和编码、数字电路基础知识等有关内容。这部分内容是学习本课程的重要基础知识，如果不了解的话，在阅读本书的时候会有较大的难度。

本书按照冯·诺依曼体系的结构逐次构成，包含微处理器、总线、存储器、接口技术等章节。依据教学经验，本书设定了三条阅读路线，分别对应三类不同基础的学生。

第一条阅读路线的主要目的是让学生理解计算机组成及工作原理，并初步了解计算机体系结构的相关知识。

第一条阅读路线： 二进制→计算机通俗理解→汇编语言（指令集、指令格式）→运算器→控制器（指令流控制）→寄存器→典型 CPU→系统总线→总线结构→外部总线简介→存储器分类→存储器层次（速度、容量）→典型存储器→存储器扩展（位扩展、字扩展）→存储器寻址方式→堆栈技术→并行接口技术→编址方式→控制方式（查询、中断）→中断概念→中断管理→中断响应过程→利用 8255A 设计键盘和 LED 的实例。

第二条阅读路线的主要目的是让学生了解计算机的基本思想和基本工作原理。

第二条阅读路线： 二进制→计算机通俗理解→汇编语言（指令集、指令格式）→运算器→控制器（指令流控制、时序控制）→寄存器→典型 CPU→CPU 优化技术（流水线、RISC）→系统总线→总线时序→总线结构→外部总线简介→存储器分类→存储器层次（速度、容量）→典型存储器→存储器扩展（位扩展、字扩展）→存储器寻址方式→堆栈技术→存储器优化技术（高速缓存 Cache）→并行接口技术→编址方式→控制方式（查询、中断）→中断概念→中断管理→中断响应过程→利用 8255A 设计键盘和 LED 的实例→串行通信→异步串行通信参数→8251A 介绍及应用。

对于缺乏先修课程的学生，第三条阅读路线有助于学生对计算机的工作原理有初步的了解。

第三条阅读路线： 二进制→计算机通俗理解→汇编语言（指令集、指令格式）→运算器→控制器（指令流控制、时序控制）→寄存器→典型 CPU→系统总线→总线时序→总线结构→外部总线简介→存储器分类→存储器层次（速度、容量）→典型存储器→存储器扩展（位扩展、字扩展）→存储器寻址方式→堆栈技术→并行接口技术→编址方式→控制方式（查询、中断）→中断概念→中断管理→中断响应过程。

第三条阅读路线的目的是使具有数字电路基础的学生，详细理解计算机的组成原理及时序关系，同时能够设计实现简单的并行、串行通信应用。

第三条阅读路线在执行时可以按照书写的顺序来阅读。本路线不仅便于学生详细理解计算机的组成原理及时序关系，同时有助于学生了解计算机的相关优化技术和计算机的最新发展方向。

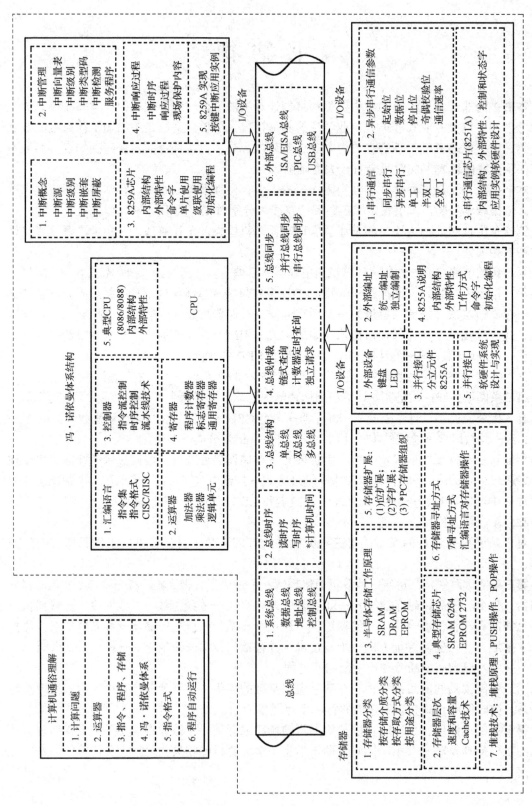

本书内容及其组织结构

目 录

第1章 绪 论

【学习目标】 了解计算机发展史；掌握计算机由专用到通用的基本思路；掌握冯·诺依曼体系。

【知识点】（1）机械式的计算器给我们留下了什么基本思路？（2）我们如今使用的计算机常常被称为"通用计算机"，其通用性如何体现？用什么技术实现通用性的？（3）计算机要解决的问题是什么？（4）计算机如何完成一次完整的计算？

【重点】 冯·诺依曼体系。

人类关于"计算机器"的设计和思考在几千年的历史上从未有停止过，在人类的发展过程中曾出现过许多种"计算机器"，而且每一种计算机器都包含着人类的智慧。但今天的计算机并非将所有的智慧简单地融合，那么人类到底都进行过什么样的思考？哪些思考成为了今天计算机的基本思想？而这些基本思想最终又产生了什么样的结果？这些都是我们感兴趣的问题。但由于篇幅所限，我们无法全面地去回顾，只能选择其中若干个历史史实，来完成我们本书的基本目标。在本章中，我们试图回答四个问题：（1）机械式的计算器给我们留下了什么基本思路？（2）我们今天的计算机常常称为"通用计算机"，其通用性如何体现？用什么技术实现通用性？（3）计算机要解决的问题是什么？（4）计算机如何完成一次完整的计算？

1.1 计算机发展简史

1946年2月14日，美国宾夕法尼亚大学正式对外公开了世界上第一台电子计算机 ENIAC（中文名：埃尼阿克，英文名全称：Electronic Numerical Integrator And Computer），如图1.1所示，它是由4位科学家和工程师埃克特、莫克利、戈尔斯坦、博克斯组成的"莫尔小组"共同研发的。

ENIAC 长30.48米，宽1米，占地面积约170平方米，拥有30个操作台，约相当于10间普通房间的大小，重达30吨，耗电量150千瓦，造价48万美元。它包含了17 468个电子管，7200个水晶二极管，包含70 000个电阻器，10 000个电容器，1500个继电器和6000多个开关，每秒执行5000次加法运算或357次乘法运算，计算速度是继电器计算机的1000倍、手工计算的20万倍。

图1.1 世界上第一台电子计算机 ENIAC

曾经的计算机是一个庞然大物，占地面积、功耗都非常大，而且内部结构非常复杂。但是，它的性能让所有的人为之兴奋，原来需要20多分钟才能计算出来的一条炮弹运行轨迹，现在只要短短的30秒！这一下子缓解了当时极为严重的计算速度大大落后于实际要求的局面。

ENIAC 可以实现编程，执行复杂的串行操作，可以包含循环、分支和子程序。获取一个问题并把问题映射到机器上是一个复杂的任务，通常要用几个星期的时间。当问题在纸上搞清楚之后，通过操作各种开关和电缆把问题"输入"ENIAC还要用去几天的时间。然后，还要有一个验证和测试阶段，利用的是机器的"单步执行"能力协助测试。

从今天的角度看来，ENIAC的问题相当多，运行也十分不可靠（17 468个电子管，每天至少坏一个），但是ENIAC诞生具有划时代的意义，标志着人类进入了全新的计算机时代。

虽然计算机首次是在1945年出现，但事实上人类对于计算的研究已经历经了2000多年的时间，本章中我们将通过计算机发展的历史来看一看人类在2000多年的时间里，经历了哪些思考，出现了哪些思想，这些思想有一些被现代计算机保留了下来，成为今天计算机的基本思想。

1.1.1　关于计算的历史

"什么是计算"一直是困扰着人类的一个难题，几千年来无数的科学家穷尽其一生的经历在探寻计算的真谛，解决了什么是计算的问题，就可以设计出可以进行自动计算的机器，这是人类的一个梦想。

图1.2　算盘

中国古代的数学是一种计算数学，当时的人创造了许多独特的计算工具及与工具有关的计算方法。早在公元前5世纪，中国人已开始用算筹作为计算工具，并在公元前3世纪得到普遍应用，一直沿用了两千年。后来，人们发明了算盘（如图1.2所示），并在15世纪得到普遍采用，取代了算筹。它是在算筹基础上发明的，比算筹更加方便实用，同时还把算法口诀化，从而加快了计算速度。后来更发现算盘对人类有较强的数学教育功能，因此沿用至今，并流传到海外，成为一种国际性的计算工具。

除中国外，其他的国家亦有各式各样的计算工具发明，例如罗马人的「算盘」，古希腊人的「算板」，印度人的「沙盘」，及英国人的「刻齿本片」等。这些计算工具的原理基本上是相同的，都是通过某种具体的物体来代表数，并利用对物件的机械操作来进行运算。到了近代，科学的发展促进了计算工具的发展。伽利略发明了「比例规」，它的外形像圆规，两脚上刻有刻度，可任意开合，是利用比例的原理进行乘除比例等计算的工具。15世纪以后，「格子算法」通行于中亚细亚及欧洲，纳皮尔筹便是根据「格子算法」的原理来实现计算的，但与格子算法不同的是，它把格子和数字刻在"筹"，即长条竹片或木片上，这便可根据需要拼凑起来计算。在1614年，对数被发明以后，乘除运算可以化为加减运算，对数计算尺便是依据这一特点来设计的。1620年，E.冈特最先利用对数计算尺来计算乘除。1632年，奥特雷德发明了有滑尺的计算尺，并制成了圆形计算尺。1652年，R.比萨克制成了有固定尺身和滑尺的计算尺。1850年，V. 曼南在计算尺上装上游标，因此被当时的科学工作者，特别是工程技术人员所广泛采用，如图1.3所示。

机械式计算机是与计算尺同时出现的，是计算工具上的一大发明。席卡德是最早构思出机械式计算机的人，他在给天文学家J. 开普勒的信上描述了他发明的四则计算机，但并没有成功制成。而成功创造第一台能计算加减法的计算机的人是B. 帕斯卡。在1671年，G.W.莱布尼茨发明了一种能进行四则运算的手摇计算机（如图1.4所示）。自此以后，经过人们在这方面多年的研究，特别是经过 L.H.托马斯、W.奥德内尔等人的改良后，出现了多种多样的手摇计算机，并风行全世界。17世纪末，这种计算机传入了中国，并由中国人制造了12位数的手摇计算机，独创出了一种算筹式手摇计算机。

图 1.3 计算尺

图 1.4 手摇计算机

1673 年，德国数学家莱布尼茨发明了乘法机，这是第一台可以运行完整的四则运算的计算机。莱布尼茨同时还提出了**"可以用机械代替人进行烦琐重复的计算工作"**的伟大思想，这一思想奠定了计算机发展的基本思路。读者在本书的阅读过程中将会发现，很多的时候我们通过分析计算的过程去寻找可能形成"烦琐重复"的"机械"动作。

到 19 世纪之前，科学家们努力完成用机械的方式实现计算的任务，也就是设计一个机器来完成一个或者几个计算过程。当有其他计算出现时，就必须重新设计另一款机器。也就是说，19 世纪之前的计算机器都是专用的机器，它不能通用，不能适合所有的计算。我们称之为**专用计算机器**。

19 世纪之前的计算机器基本上都是机械式的，这体现了两个思路：（1）用机械结构来实现数学计算，这种方式一方面是因为 19 世纪之前机械技术相对比较成熟；另一方面，软件控制硬件的思路还没有出现。（2）用机械性的工作来完成计算任务。这是一个有指导意义的思想，是今天计算机设计思想的一个最初的启蒙，同时也是计算机的基本实现方法。

1.1.2 通用数字电子计算机的出现

19 世纪初，法国的 J.M.雅卡尔发明了用穿孔卡片来控制的纺织机，用于将织布的过程步骤记录在一个打孔的纸带上（如图 1.5 所示），可以通过改变纸带上的孔来改变织布的流程，是一种能依照一定的"程序"自动控制的计算机，这是"程序"第一次出现在计算机器中。1822 年，英国的 C.巴贝奇便根据同一原理制成了一部能执行计算程序的差分机，并于 1834 年，设计了一部完全程序控制的分析机，可惜受当时的机械技术所限制而没有最终制成，但已包含了现代计算的基本思想和主要的组成部分了。

通过上面的简单介绍，可以看到在几千年的历史长河中，人类从未停止过关于计算的研究，而相关的计算工具也不断地出现。但直到 19 世纪初期，才浮现出"程序"控制的概念。"程序"概念的出现给了我们一个启示，我们能否设计一款机器，这款机器的硬件是固定不变的，而可以通过一系列指令，即"程序"的改变来适应不同的计算要求，也就是说，"程序"是作为"软件"部分的，可以由人来设计并修改。这种思想应该是给当时的科学家们带来了一个新的希望，但是，哪些可以设计成为硬件？哪些应该由软件实现？如何进行划分更合理等问题有待于进一步解决。

1904 年，弗莱明在真空中加热的电阻丝（灯丝）前加了一块板极，从而发明了第一只电子管（如图 1.6 所示）。他把这种装有两个极的电子管称为二极管。利用新发明的电子管，可以实现电流整流，使电话受话器或其他记录装置正常工作。如今，打开一台普通的电子管收音机，我们很容易看到灯丝烧得红红的电子管。它是电子设备工作的心脏，是电子工业发展的起点。

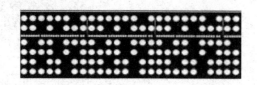

图1.5　最初计算机所用的纸带　　　　　　　　　　图1.6　电子管

　　此后不久，贫困潦倒的美国发明家德福雷斯特，在二极管的灯丝和板极之间巧妙地加了一个栅板，从而发明了第一只真空三极管。这一小小的改动，竟带来了意想不到的结果。它不仅反应更为灵敏，而且集检波、放大和振荡三种功能于一体。因此，许多人都将三极管的发明看作电子工业真正的诞生起点。德福雷斯特自己也非常惊喜，认为"我发现了一个看不见的空中帝国"。电子管的问世为计算机科学家们提供了一种新的技术，那么能否用"电"设备取代机械设备进行数学计算呢？

　　1945年，ENIAC的发明就是对上面这个问题的回答。虽然可以用电设备代替机械设备进行计算，但ENIAC要想适用新的计算所采用的方式就要改变电路，也就是说需要根据新的计算进行新的电路设计，其"硬件"依然是可变的，换句话讲，"硬件"和"软件"并没有分开。而且，存在一个非常实际的问题，电子管的体积庞大，发热量大，功耗大，曾经有一份报纸这样报道："当ENIAC启动时，整个费城都暗了下来"。很显然，这样的设备广泛使用存在实际的问题。

　　1945年，冯•诺依曼以"关于EDVAC的报告草案"为题，起草了长达101页的总结报告。报告广泛而具体地介绍了制造电子计算机和程序设计的新思想。这份报告在计算机发展史上具有划时代的意义，它向世界宣告：**电子计算机的时代开始了**。冯•诺依曼提出了"**程序存储**"的思想；用二进制取代了ENIAC的十进制，从而使得其主导设计的EDVAC计算机比ENIAC小了很多，最主要的革新是确实替代了改变电路适应新计算的老思路，而是通过改变"程序"来适应新的计算，彻底将"硬件"和"软件"分开了。（1.2.2节我们会详细介绍冯•诺依曼体系。）

　　1956年，威廉•肖克利、约翰•巴丁和沃尔特•布拉顿被授予了诺贝尔物理学奖。其主要贡献是发明了双极性结型晶体管（Bipolar Junction Transistor，BJT），俗称三极管（如图1.7所示）。双极性晶体管是电子学历史上具有革命意义的一项发明，由于晶体三极管的出现，使得数字电子计算机的实现成为了可能。

　　晶体管的出现代替了原来的电子管，使得体积、功耗等参数大幅度改善，人类跨入了一个新的电子时代。

　　ENIAC出现后，IBM公司及时发现了计算机宏伟的发展前景，IBM在ENIAC和EDVAC的基础上，利用晶体管技术研制出了小型数据处理计算机IBM1401，采用了晶体管线路、磁心存储器、印制线路这些先进技术，使得主机体积大大减小。随后，IBM在短短四五年里推出了不同型号的计算机，一共销售出14 000多台，同时也奠定了IBM在计算机行业的领先地位。在20世纪50～70年代，IBM公司一直垄断着大型计算机行业，被称为计算机领域的"蓝色巨人"。

　　1975年，计算机技术的发展激发了两个年轻人的创业梦想，由Steve Wozniak（斯蒂夫•沃兹尼亚克）和Steve Jobs（史蒂夫•乔布斯）在惠普公司办公室手工成功打造了第一代苹果APPLE I（如图1.8所示），它的模样有点像打字机。APPLE I属于第一代个人计算机，当初的形式还比较原始，虽然有了键盘，但仍然没有输出设备，也缺乏有效的软件，所以作为一个艺术品是有价值的，但作为一个计算设备，是无法满足计算要求的。

图 1.7 三极管实物

图 1.8 APPLE I 计算机

1977 年，在 APPLE I 基础上，斯蒂夫·沃兹尼亚克又设计了 APPLE II（如图 1.9 所示）。APPLE II 上附带了显示器和软盘读写器，为计算机增添了输出设备和存储设备，从此奠定了个人电子计算机的雏形。到目前为止，我们经常谈论的计算机，一般都指类似于 APPLE II 的 PC（Personal Computer）。当然，随着技术的不断进步，其外形虽然变化不大，但其内部的技术有了飞跃的发展。（内部结构请参见 1.3.2 节）。

图 1.9 APPLE II 计算机

从我们的叙述中可以看到，当今的计算机其通用的名称应该是**"通用数字电子计算机"**。这里面包含三层含义：（1）第一层含义是"通用计算机"，通用计算机概念的提出实际上是计算机技术的一个巨大的进步，其主要思路是：将软件从硬件中分离出来，通过改变软件来控制硬件适应不同的计算任务。所以谈到计算机系统时，我们不能只讨论硬件设备，还要讨论其软件部分，对于计算机而言，"硬件"和"软件"是两个不可分割的部分，缺一不可。（2）第二层含义是数字计算机。在 EDVAC 之后问世的计算机都属于数字计算机，即在计算机内部无论是谈到运算、存储、输出、输入等概念时，都是以"数字"信号出现。那么什么是数字信号呢？简而言之就是用"二进制"形式存储信息。二进制在计算机上的应用简化了计算机的设计与制造过程，使得计算机变得微型化，这也是计算技术的重要进步。（3）第三层含义是"电子计算机"。它体现了当代计算机所使用的技术，这当然和电子技术的飞速发展密不可分。随着集成电路、超大规模集成电路技术的出现，计算机技术得以快速发展。现在的计算机已经可以做得非常轻巧美观，而且是低功耗设备。

在后面的章节中，本书将着力讲解"通用数字电子计算机"的基本组成和工作原理，显然不可避免地会用到二进制和数字电子的相关知识，请读者参照附录 A 的相关内容进行学习。

1.2 计算思想的发展历史

上节主要讲述了计算机发展过程中经历的几个基本思路：**从"机械专用计算器"到"通用数字电子计算机"；用机械代替人进行烦琐重复计算的基本思想；将软件功能从硬件功能中分离出来的基本思想；二进制代替十进制的演变过程**等。但这些基本思路其实都需要一个最基本的思想——"计算思想"，即计算理论。由于篇幅所限，本书拟通过计算思想的发展说明一个基本思想：任何一项技术都是理论和实践相结合的产物。

1900 年，德国著名数学家希尔伯特在巴黎第二届国际数学家大会上所做的演讲中提出了 23 个问题。其中第 10 个问题是"能否通过有限步骤来判定不定方程是否存在有理整数解"（也就是通常称为丢番图方程可解问题），这引起了数学家普遍的兴趣。

1950 年前后，美国数学家戴维斯（Davis）、普特南（Putnam）、罗宾逊（Robinson）等人取得了关键性技术突破。1970 年，巴克尔（Baker）、费罗斯（Philos）针对含两个未知数的方程得到了肯定结论。1970 年，苏联数学家马蒂塞维奇最终证明：在一般情况下答案是否定的。尽管得出了否定的结果，却产生了一系列很有价值的新思想，其中不少和计算机科学有密切联系。

在这里还要提到一个人物，乔治·布尔（George Boole）（图 1.10）。乔治·布尔是皮匠的儿子，1815 年 11 月 2 日生于英格兰的林肯。由于家境贫寒，布尔不得不在协助养家的同时为自己能受教育而奋斗，尽管他考虑过以牧师为业，但最终还是决定从教，而且不久就开办了自己的学校。在备课的时候，布尔不满意当时的数学课本，便决定阅读伟大数学家的论文。在阅读伟大的法国数学家拉格朗日的论文时，布尔有了变分方面的新发现。

1848 年，布尔出版了《逻辑的数学分析》，这是它对符号逻辑诸多贡献中的第一个。1854 年，他出版了《思维规律》，这是他最著名的著作。在这本书中布尔介绍了现在以他的名字命名的布尔代数。布尔代数的出现解决了数理逻辑的问题，虽然在发明之初并没有过多的用处，但却为 100 年以后计算机的出现打下了坚实的基础。

1936 年 5 月 28 日，阿兰·麦席森·图灵（图 1.11）在他的重要论文"论可计算数及其在判定问题上的应用"（*On Computable Numbers, with an Application to the Entscheidungs problem*）里，对哥德尔在 1931 年的证明和计算的限制结果做了重新论述，他用"图灵机"的简单形式代替了哥德尔的以通用算术为基础的形式语言，图灵证明了这样的"图灵"机器有能力解决任何可想像的数学难题，前提是这些难题可以用一种"算法"来表达。"图灵机"就是现代计算机的数学模型，虽然它并不是物理的机器，不能完成实际的计算，但是其关于计算的思想是伟大而深刻的，也成为了当今计算机的一个数学基础。

图 1.10　乔治·布尔　　　　　　　　图 1.11　图灵

1.2.1*　图灵机简介

图灵的基本思想是用机器来模拟人们用纸笔进行数学运算的过程，他把这样的过程看成是下列两种简单的动作：

1）在纸上写上或擦除某个符号；

2）把注意力从纸的一个位置移动到另一个位置。

而在每个阶段，人要决定下一步的动作，依赖于：（a）此人当前所关注的纸上某个位置的符号和（b）此人当前思维的状态。至于是如何模拟的，我们将在第 2 章中讨论。

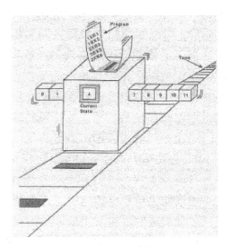

图 1.12 图灵机模型

为了模拟人的这种运算过程，图灵构造出一台假想的机器（如图 1.12 所示），该机器由以下几个部分组成：

1）一条无限长的纸带 **TAPE**。纸带被划分为一个接一个的小格子，每个格子上包含一个来自有限字母表的符号，字母表中有一个特殊的符号表示空白。纸带上的格子从左到右被依次编号为 0,1,2,…，纸带的右端可以无限伸展。

2）一个读/写头 **HEAD**。该读/写头可以在纸带上左右移动，它能读出当前所指的格子上的符号，并能改变当前格子上的符号。

3）一套控制规则 **TABLE**。它根据当前机器所处的状态以及当前读/写头所指的格子上的符号来确定读/写头下一步的动作，并改变状态寄存器的值，使机器进入一个新的状态。

4）一个**状态寄存器**。它用来保存图灵机当前所处的状态。图灵机的所有可能状态的数目是有限的，并且有一个特殊的状态，称为停机状态。

这个机器的每一部分都是有限的，但它有一个潜在的无限长的纸带，因此这种机器只是一个理想的设备（物理世界无限长的纸带并不存在）。图灵认为这样的一台机器就能模拟人类所能进行的任何计算过程。

从图灵机的描述来看，计算机的模型并不是一个非常复杂的模型，相反却是一个非常简单的模型，这样一个简单的模型如何能够解决复杂的计算问题呢？恐怕是每个读者都想知道的，关于此内容在第 2 章中我们会用一些通俗的手法来进行简单的解释。

但图灵机中仍然会有一些概念似乎很难理解，诸如：什么是状态？什么是控制规则？状态如何表示？规则如何描述？可描述的规则机器如何理解等问题。在此，请读者耐心读完本书，也许你就会有一个答案。

图灵机是一个计算机的数学模型，其从数学角度解答了如何进行计算的问题。但是阅读中我们发现，图灵机中有一个物理界难以实现的概念：无限长纸带。如果我们不能将无限长纸带的概念实现，图灵机就无法实现，计算机也就无法实现，但"无限长"确实又是一个现实无法解决的问题，那么，我们现在用的计算机是解决了"无限长纸带"的问题吗？还是采用了一种非图灵机的数学模型呢？

1.2.2 冯·诺依曼体系

说到计算机的发展，就不能不提到美籍匈牙利科学家冯·诺依曼。从 20 世纪初，物理学和电子学科学家们就在争论制造可以进行数值计算的机器应该采用什么样的结构。人们一直被十进制这个习惯的计数方法所困扰。所以，那时以研制模拟计算机的呼声更为响亮而有力。

图 1.13 冯·诺依曼

20 世纪 30 年代中期，美国科学家冯·诺依曼（图 1.13）大胆地提出：抛弃十进制，采用二进制作为数字计算机的数制基础。同时，他还提出"存储程序"的思想，即让计算机来按照人们事前制定的计算顺序来执行数值计算工作。

冯·诺依曼理论的要点是：数字计算机的数制采用二进制；计算机应该按照程序顺序执行。 人们把冯·诺依曼提出的理论应用于计算机设计上，并将这种设计思想称为冯·诺依曼体系结构，又称为普林斯顿体系结构（Princeton architecture）。从 EDVAC 到当前最先进的计算机沿用的都是冯·诺依曼体系结构。所以冯·诺依曼是当之无愧的"数字计算机之父"。

现在一般认为 ENIAC 是世界第一台电子计算机，它是由美国科学家研制的，于 1946 年 2 月 14 日在费城开始运行。ENIAC 证明了电子真空技术可以极大地提高计算性能。不过，ENIAC 本身存在两大缺点：（1）没有存储器；（2）它用布线接板进行控制。布线接板要搭接几天，计算速度的优势也就被这一工作抵消了。ENIAC 研制组的莫克利和埃克特感到了这个问题的存在，他们也想尽快着手研制另一台计算机，能够解决这些问题。

1944 年夏天，正在火车站候车的冯·诺依曼巧遇戈尔斯坦，并同他进行了短暂的交谈。当时，戈尔斯坦是美国弹道实验室的军方负责人，他正参与 ENIAC 的研制工作。在交谈中，戈尔斯坦告诉了冯·诺依曼有关 ENIAC 的研制情况。具有远见卓识的冯·诺依曼为这一研制计划所吸引，他意识到了这项工作的深远意义。

冯·诺依曼由 ENIAC 研制组的戈尔德斯廷中尉介绍加入了 ENIAC 研制小组后，他带领这批富有创新精神的年轻科技人员，向着更高的目标进军。1945 年，他们在共同讨论的基础上，发表了一个全新的"存储程序通用电子计算机方案"——EDVAC（Electronic Discrete Variable Automatic Computer）。在研制过程中，冯·诺依曼显示出他扎实的数理基础知识，充分发挥了他的顾问作用及探索问题和综合分析的能力。冯·诺依曼以"关于 EDVAC 的报告草案"为题，起草了长达 101 页的总结报告。报告广泛而具体地介绍了制造电子计算机和程序设计的新思想。这份报告是计算机发展史上一个划时代的文献，它向世界宣告：电子计算机的时代到来了。

冯·诺依曼体系结构（如图 1.14 所示）有以下几个特点：

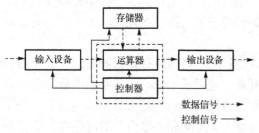

图 1.14　冯·诺依曼体系

（1）数据和程序以二进制数表示。

（2）采用存储程序方式，指令和数据不加区别混合存储在同一个存储器中，数据和程序在内存中是没有区别的，它们都是内存中的数据。指令和数据都可以发送到运算器中进行运算，即由指令组成的程序是可以修改的。

（3）存储器是按地址访问的线性编址的一维结构，每个单元的位数是固定的。

（4）指令由操作码和地址码组成。操作码指明本指令的操作类型，地址码指明操作数和地址。操作数本身无数据类型的标志，它的数据类型由操作码确定。

（5）必须有一个控制器，通过执行指令直接发出控制信号控制计算机的操作。指令在存储器中按其执行顺序存放，由指令计数器指明要执行的指令所在的单元地址。指令计数器只有一个，一般按顺序递增，但执行顺序可按运算结果或当时的外界条件而改变。

（6）以运算器为中心，I/O 设备与存储器间的数据传送都要经过运算器。

冯·诺依曼体系结构的本征属性就是两个一维性，即一维的计算模型和一维的存储模型，正是这两个一维性，成就了现代计算机的辉煌，也成为了计算机的限制。

冯·诺依曼结构中，运算器完成基本计算，包括加、减、乘、除四则运算和基本的逻辑运算；运算器和控制器合为一个整体称为 CPU（中央处理单元，Central Processing Unit）；存储器中存储以二进制数形式编码的程序和数据，不区分程序和数据，这是冯·诺依曼对计算机发展领域的一个很大的贡献；输入/输出设备（I/O 设备）用来建立人与计算机之间的沟通渠道。

冯·诺依曼结构是现在计算机的一个主要结构，对该结构的理解，有利于掌握计算机的基本原理。所以本书将以冯·诺依曼结构为基本线索，深入讲解每一部分的机理，讲解计算机的工作机理。

从图灵机模型到冯·诺依曼体系，乍看起来似乎没有什么必然的联系，但仔细分析实际上两者是基本一致的。（1）我们可以将运算器和控制器合起来称为 CPU，该 CPU 相当于图灵机中的读写头、控制规则、状态寄存器；（2）存储器相当于图灵机中的无限长纸带，只是存储器是有限的，无限长纸带是无限的，我们是否可以理解为，冯·诺依曼体系是对图灵机的一个近似。（3）输入和输出设备是图灵机中没有的，是冯·诺依曼考虑到计算机需要与人之间进行交互而设立的。从上述比较中，我们可以说图灵机是计算机的数学模型、理想模型，而冯·诺依曼体系是将上述模型进行了一个物理的实现，从基本思想上看两者是一致的。

1.3　现代计算机系统结构

1.3.1　计算机系统层次结构

通常提到的计算机，一般是指计算机系统。计算机系统由计算机硬件和软件两部分组成。计算机硬件（Computer hardware）是指计算机系统中由电子、机械和光电元件等组成的各种物理装置的总称。这些物理装置按系统结构的要求构成一个有机整体为计算机软件运行提供物质基础。计算机软件（Computer software）是指计算机系统中的程序及文档。

从计算机发展历程来看，最初的计算机设计倾向于专用的计算设备，即加法器就是加法器，乘法器就是乘法器，如果要改变计算设备的功能（将加法器变成乘法器），则需要重新设计，重新生产计算设备。即使是 ENIAC，要想改变其功能，也需要重新设计电路，重新连线，也就是说，ENIAC 虽然可以实现多种功能，但需要通过改变其内部的电路才可以完成，换句话说，需要改变物理结构才能适应新的功能。

冯·诺依曼结构提出了程序存储的概念，这个概念的含义是，一旦物理设备建成，就不需要再进行改变，改变功能只需要改变程序即可，这样计算机就可以实现"通用"的功能。虽然将硬件和软件分开的思想并不是冯·诺依曼第一个提出的，但是冯·诺依曼提出的"程序存储"的思想却是对这一理念的最好诠释。

早期的程序是二进制的形式。二进制的引入使得计算机硬件实现变得简单而且可靠，到目前为止，计算机一直延续二进制的实现方式。二进制虽然简单，硬件实现也相对简单，但是，对于人来讲，二进制的阅读一直是一个头疼的问题。为了兼顾程序员编写程序的方便，后来人们采用了助记符的形式来表示计算机的程序，即用简写的符号来表示某个二进制数，这就出现了汇编语言。但是汇编语言容易理解，计算机却无法认识，此时一个新的工具诞生了：**汇编程序**。即通过运行该程序，计算机会自动将汇编语言翻译为二进制语言。汇编的出现，为今后高级语言的实现奠定了基础。

随着史蒂夫·乔布斯的 APPLE 公司的 APPLE II 个人计算机的出现，个人计算机迅速发展，很快使得计算机从军工国防领域转入到了老百姓的日常生活中，性能和功能也逐步得以改进。为了适应计算机硬件性能提升，计算机软件对硬件的管理方式也有了突飞猛进的发展。到目前为止，计算机系统已经可以清晰地分出硬件部分和软件部分，计算机行业也在不断分化中。

计算机从硬件到软件可以分为六个层次，每个层次相对独立，层与层之间相互依赖，共同协调完成计算机的各种应用需求。计算机系统的六个层次如图 1.15 所示。

第6层	用户(应用程序)	软件
第5层	高级语言(C++、Java)	
第4层	汇编语言	
第3层	系统软件(操作系统)	
第2层	机器(指令集组织结构)	硬件
第1层	控制系统(微代码)	
第0层	数字逻辑电路(逻辑门等)	

图 1.15　计算机层次结构图

第 0 层是数字逻辑层，在这里我们所面对的是计算机系统的物理构成：各种逻辑电路和连接线路，它们是组成计算机硬件的基础。

第 1 层是控制层，这一层的核心是计算机硬件控制单元。控制单元会逐条接收来自上层的机器指令，然后分析译码，产生一系列的操作控制信号，并由这些控制信号控制下层的逻辑部件按照一定的时间顺序有序地工作。

第 2 层是机器层，这是面向计算机体系结构设计者的层次。计算机系统设计者首先要确定机器的体系结构，如机器的硬件包含哪些部件，采用什么样的连接结构和实现技术等。在这一层次上提供的是机器语言，也是机器唯一能直接识别的语言，其他各种语言的程序最终都必须翻译成机器语言程序，由机器通过其硬件实现相应的功能。

第 3 层是系统软件层，其核心就是操作系统。操作系统对用户程序使用机器的各种资源（CPU、存储器、输入输出设备等）进行管理和分配。例如，当某一用户程序需要运行程序时，首先由操作系统将其调入内存中，这需要操作系统为其分配内存空间进行存储。再如，某程序需要使用某一输出设备进行结果输出时，需要操作系统为其提供对该设备的控制等。

第 4 层是汇编语言层，它包括各种类型的汇编语言。每一个机器都有自己的汇编语言，上层的高级语言首先被翻译成汇编语言，再进一步翻译成机器直接识别的机器语言。机器通过执行机器语言程序来最终完成用户所要求的功能。

第 5 层是高级语言层，它由各种高级语言组成，如 C、C++、Java、Web 编程语言等。这些高级语言用于满足该层用户为完成某一特定任务而编写高级语言程序的需要。一方面，所编写的这些高级语言程序提供给上层用户层的用户使用，另一方面这些高级语言程序是通过编译或解释成低级语言在计算机上实现的。虽然使用这些高级语言编写程序代码的程序员需要了解所使用语言的语法、语义及各种语句等，但这些语法、语义的实现及语句的执行过程对他们来讲是透明的。

第 6 层是用户层，也是面向一般用户的层次，换句话说，一般用户在使用计算机时所看见的就是这一层次。在这一层次上，用户可以运行各种应用程序，如字处理程序、制表程序、财务处理程序、游戏程序等。对用户层而言，用户不必了解各底层是如何实现的也能方便地使用计算机。

计算机系统的各个层次并不是孤立的，而是互相关联、互相协作的。一般来讲，下层为上层提供服务或执行上层所要求的功能，而上层通过使用下层提供的服务实现该层程序员的需求。计算机这种层次划分的好处是：某一个层次的设计者可以专注于该层功能的实现，通过采用各种技术，提高本层次的性能，从而提高计算机系统整体性能。

计算机的硬件包含第 0～2 层，第 3～6 层属于软件层。本课程主要讲解的是第 0～2 层，外加第 4 层即汇编语言层。

分层思想在计算机行业应用比较广泛，如网络的 7 层协议等。分层思想的优点在于每一层具有相对独立的功能，这样无论在设计或在研究方面都比较方便。在本书还有很多的介绍都体现出分层思想，请读者细细体会。

1.3.2　计算机内部硬件结构

到目前为止，"计算机"的概念已经有了很大的扩展，包括：高性能计算机（HPC），多核计算机，嵌入式计算机……其本质都是冯·诺依曼计算机体系的一种变体，可能在某些方面为了某些特殊的应用进行了结构上的改变。例如 HPC 是为了实现大规模的计算而设计的，满足运算速度快、运算能力强等需要，适用于军事或复杂的科学研究等；而嵌入式计算机是将目标定义为小规模的计算，其体积、功耗等指标要求比较高，适用于比较单一的应用场合。而随着计算机技术的发展，很多新的概念也相继出现，例如，多核、多周期、并行计算、普适计算等。本书为了便于读者理解，我们将目标定义为单核、单周期的计算机，涉及部分计算机体系结构的内容，主要是让读者了解计算机完整的工作过程。

为了方便大家对计算机系统的理解，我们先领大家到计算机内部看一下，看一看计算机硬件的外部组成。

到目前为止，计算机的形式种类非常多，如大家所熟悉的台式计算机（如图 1.16 所示），笔记本电脑，还有平板式计算机、手持式计算机；工业上还有工控机；军队用的军用计算机；网络服务器……

无论外形如何变化，内部的组成结构大同小异，我们以台式计算机为例让大家作为参考。

计算机外部一般包括主机箱、显示器、键盘、鼠标。其中键盘、鼠标为标准输入设备；显示器为标准输出设备。

主机箱内部结构如图 1.17 所示，其中主要包含：（1）主机电源；（2）主板；（3）硬盘；（4）光驱；（5）CPU 风扇等。

图 1.16　台式计算机

图 1.17　主机箱内部结构

简单来看，计算机的主要部件是主板，但作为一个计算机系统而言，电源、硬盘、风扇等部件是计算机不可或缺的组成部分，离开了这些部件计算机同样无法正常工作。

随着计算机技术和生产技术的提升，主板的改变比较大。以当前比较流行的主板（如图 1.18 所示）为例。由图 1.18 可见，主板上很多的部件都是可以拆卸的，如 CPU、内存条、扩展板等。有一些其实也是可以拆卸的，只是有的主板厂家为了某些原因将其固化在主板上，如音频卡、显示卡等。

　　这种主板结构，在 1974 年由 MITS 公司的爱德华·罗伯茨（E. Roberts）发明，命名为 Altair 8800，而后这项发明触动了史蒂夫·乔布斯和比尔·盖茨，从而出现了 APPLE Ⅰ 和 APPLE Ⅱ，及微软的 DOS 操作系统，从此 PC（Personal Computer）走上了历史的舞台。在主板上设计一些可以拆卸的部件其实是一种创新，部件可拆卸带来的一个突出优点就是，硬件系统可以随时进行升级换代，例如 1GB 的内存条可以替换为 2GB 容量；扩展槽插入各种扩展板可以实现计算机各种功能。

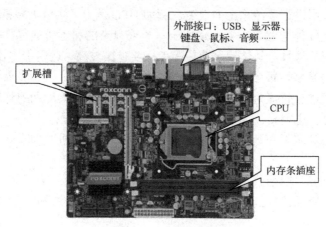

图 1.18　计算机主板

思考题及习题 1

1. 在计算机发展过程中，你认为出现了几种关键的思想？分别是什么？
2. 从专用的"计算机器"到通用的"计算机器"之间，发生了哪些本质的变化？哪些基本思路没有变化？从中你体会到了什么？
3. 我们现在所讨论的计算机，具体应该称为哪种计算机？这种称呼体现了计算机的什么思想？
4. 图灵机的数学模型是什么？带给你什么启示？
5. 图灵机为什么只是一个数学模型，而不能物理实现？在数学模型和物理实现之间存在什么鸿沟？冯·诺依曼是如何解决这个鸿沟的？
6. 冯·诺依曼体系是如何叙述的？该体系提出了什么样的全新思想？请画出冯·诺依曼体系的结构图。
7. 为什么冯·诺依曼体系采用二进制而抛弃了十进制？
8. ENIAC 是如何通过改变结构来适应不同的应用的？冯·诺依曼体系又是通过改变何种方式来适应不同的应用的？两者比较，你认为哪种方式更合理。
9. Altair 8800 问市后出现了哪些新的技术？该技术是如何推动计算机技术迅猛发展的？
10. 你是如何理解计算机的硬件和软件的？
11. 计算机为什么设计了显示器、鼠标、键盘等设备？
12. 你是如何理解计算机系统的？它应该包含哪些部件？

第 2 章　通用计算机工作原理的通俗理解

【学习目标】 了解计算机的基本组成；了解计算机软硬件划分的原则。

【知识点】（1）计算机只要能完成基本的四则运算，就可以基本完成绝大多数计算，为什么？（2）如何理解程序？（3）如何理解指令？（3）如何理解存储？（4）冯·诺依曼体系是如何工作的？（5）如何区分"硬件"和"软件"？

【重点】 理解计算机为什么会出现冯·诺依曼体系。

在本章中我们试图用通俗易懂的语言来讲解计算机的工作原理，这中间会包含作者对计算机工作过程的个人理解，我们的意图是使初次接触计算机工作原理的学生，对计算机有一个大致的、全方位的观察，所以，要放弃一些过于详细的细节描述。

本章的重点内容：（1）计算机只要能完成基本的四则运算，就基本能完成绝大多数计算，为什么？（2）如何理解程序？（3）如何理解指令？（3）如何理解存储？（4）冯·诺依曼体系是如何工作的？（5）如何区分"硬件"和"软件"？

2.1　关于计算问题

关于计算问题是一个困扰了人类长达几千年的问题，其中一个重要的问题就是：到底什么是计算？人类还有一个梦想：能否让计算自动进行？这些问题直到 20 世纪初才有了答案。

20 世纪 30 年代，为了讨论是否对于每个问题都有解决它的算法，数理逻辑学家提出了几种不同的算法定义。K.哥德尔和 S.C.克林尼提出了「递归函数」的概念，A.丘奇提出「λ 转换演算」，A.M.图灵和 E.波斯特各自独立地提出了「抽象计算机」的概念（后人把图灵提出的抽象计算机称为"图灵机"），并且证明了这些数学模型的计算能力是一样的，即它们是等价的。著名的丘奇-图灵论题也是丘奇和图灵在这一时期各自独立提出的。后来，人们又提出许多等价的数学模型，如 A.马尔可夫于 20 世纪 40 年代提出的「正规算法」（后人称之为「马尔可夫算法」），20 世纪 60 年代初提出的「随机存取机器模型」（简称 RAM）等。20 世纪 50 年代末和 60 年代初，胡世华和 J.麦克阿瑟等人各自独立地提出了「定义在字符串上的递归函数」。

可计算理论（Computability Theory）是当今数学领域的一个分支，是研究计算的一般性质的数学理论，也称算法理论或能行性理论。它通过建立计算的数学模型（例如抽象计算机），精确区分哪些是可计算的，哪些是不可计算的。计算的过程就是执行算法的过程。可计算性理论的重要课题之一，是将算法这一直观概念精确化。算法概念精确化的途径很多，其中之一是通过定义抽象计算机，把算法看成是抽象计算机的程序。通常把那些存在算法计算其值的函数称为可计算函数。因此，可计算函数的精确定义为：能够在抽象计算机上编出程序计算其值的函数。这样就可以讨论哪些函数是可计算的，哪些函数是不可计算的。

可计算性（Calculability）是指一个实际问题是否可以使用计算机来解决。从广义上讲如"为我烹制一个汉堡"这样的问题是无法用计算机来解决的（至少在目前）。而计算机本身的优势在于数值计算，因此可计算性通常指这一类问题是否可以用计算机解决。事实上，很多非数值问题（比如文字识别、图像处理等）都可以通过转化成为数值问题来交给计算机处理，但是一个可以使用计算机解决的问题应该被定义为"**可以在有限步骤内被解决的问题**"。故哥德巴赫猜想这样的问题是不属于"可计算问题"之列的，因为计算机没有办法给出数学意义上的证明，因此也没有任何理由期待计算机能解决世界上所有的问题。分析某个问题的可计算性意义重大，它使得人们不必浪费时间在不可能解决的问题上（因而可以尽早转而使用除计算机以外更加有效的手段），集中资源在可以解决的问题上。

我们并不需要详细了解可计算理论问题，但其基本思路对计算机的产生是具有决定意义的，所以了解其基本思想是必要的。我们举一个简单的例子来理解计算的基本思路。

【例2.1】 若 m 和 n 是两个正整数，并且 $m \geq n$，求 m 和 n 的最大公因子的欧几里得算法可表示为：

$E1$: [求余数] 以 n 除 m 得余数 r。

$E2$: [余数为0吗?] 若 $r=0$，计算结束，n 即为答案；否则转到步骤 $E3$。

$E3$: [互换] 把 m 的值变为 n，n 的值变为 r，重复上述步骤。

依照这三条规则指示的步骤，可计算出任何两个正整数的最大公因子，可以把计算过程看成执行这些步骤的序列。我们发现：（1）计算过程是有穷的（有限性）；（2）计算的每一步都是能够机械实现的（机械性）。

上述例子并不难理解，但是否所有的计算都可以变为：**可以在有限步内机械地完成？** 如果是，那么所有的计算问题都可以解决了；如果不是，那可计算的问题在计算类中的问题占比有多大，如果超过90%，显然此项研究还是有价值的。在很多数学家的努力下，从理论上证明了，只有有限的问题是不能"**在有限步内机械地完成**"，因此，计算的问题可以说基本上解决了。

【例2.2】 求 $\sin(x)$ 的值常用的方法是泰勒级数展开

$$\sin(x) = x - \frac{x^3}{3!} + \frac{x^5}{5!} - \frac{x^7}{7!} + \cdots + (-1)^{m-1}\frac{x^{2m-1}}{(2m-1)!} + \cdots \quad (-\infty < x < +\infty) \quad (2.1)$$

从上述例子中我们看到：（1）虽然泰勒级数可以无穷展开，但实际应用中可能只需要在一定的精度范围内，也就是说，用泰勒级数的前几项展开式就可以满足应用的需要，步骤即变为有限步；（2）每一项的算法步骤基本一致，只是个别地方有数字的变化；（3）将求正弦函数值的问题转化成了四则运算（基本计算）。这给了我们一个思路：**是否可以将一些复杂的计算转换为简单的、基本的计算（四则运算）？** 从数学角度出发，这是一个已经解决了的问题。

上例我们可以将其前5项化简为基本的四则运算，公式如下：

$$\sin(x) = x \cdot (1 - x \cdot x / (2\times3) \cdot (1 - x \cdot x / (6\times7) \cdot (1 - x \cdot x / (8\times9)))) \quad (2.2)$$

四则运算无外乎加、减、乘、除运算，而乘法是加法的变体，即乘法是可以通过加法实现的；除法和减法是同样道理。那就可以进一步简化为更基本的运算：加、减运算。那么是否可以说：**再复杂的计算都可以用加、减运算来实现，只是精度有差异而已。** 现在下结论为时尚早，以我们今天的视野，至少还存在逻辑运算（与、或、非）是无法归结为加、减运算的。

到目前为止，我们似乎看到了一丝曙光：对于求正弦函数值这样一个复杂问题，可以转化为机械地用有限步的加、减运算来得到具有一定精度的正弦值（其实，正弦、余弦表中的值就是人手工按照例2.2中的方法计算出来的）。

我们幻想一下：是否可以设计一台机器，该机器具备加、减法运算能力，按照泰勒级数的公式自动运行来计算正弦函数值呢？很显然存在几个问题：（1）x 是一个变量，每次计算时会给定一个确定的值，例如 $\pi/3$，其他的数都是常数（1,2,3,4,5,6,7,8,9…），很显然这些数包含整数、小数，还有一个无限不循环小数，机器如何认识这些数？（2）虽然简化运算为四则运算，但是机器如何知道什么时候用加法？什么时候做减法？……换句话说，机器如何认识"+"、"–"、"×"、"÷"呢？（3）公式中含有括号，就是说运算过程中存在着运算的顺序，先计算括号内的，后计算括号外的，而且加、减、乘、除本身也有先计算乘、除后计算加、减的顺序，机器如何按照数学要求的顺序执行呢？

先看问题（3），我们不妨分析一下人工是如何计算的。先计算括号内的，$(1-x\cdot x/(8\times 9))$ 是最内层括号，要先计算，而括号内又包含乘、除和减法，具体步骤如下：

① 计算 8×9 得到 72，记录在纸上；

② 计算 $x\cdot x$ 得到一个值 $\pi^2/9$（1.0955），记录在纸上；

③ 计算 1.0955/72，得到一个值 0.0152，记录在纸上；

④ 计算 1–0.0152 得到 0.9848，记录在纸上；

⑤ 按同样的方法和步骤计算出 $x\cdot x/(6\times 7)$ 的值，记录在纸上，再将该值按照公式乘以 0.9848；

⑥ 用 1 减去⑤得到的值；

⑦ ……

由人工计算步骤我们看到，实际上每次计算都分为几步来完成的：（1）先找到优先级最高的基本运算；（2）看其公式（例如 8*9），知道运算是乘法，参与运算的数有两个（我们知道只要是乘法运算，参与运算的数一定是两个数，一个乘数、一个被乘数，至于哪个是乘数、哪个是被乘数没有关系，因为乘法可交换），为 8 和 9；（3）按照乘法运算规则得到一个值 72；（4）将 72 写在纸上。先抛开问题（1），实际上人类在做计算的时候，每一次计算只是完成一种运算，而不会同时几种运算一起计算。

这给我们一个思路，如果设计一台机器用于计算，则每一个时刻都只需要进行加、减、乘、除四则运算中的一种，机器就需要选择做哪种计算。每一种运算显然都需要有参与运算的数据，人类是通过感觉器官获得的数据（眼睛看、耳朵听、手触摸……），机器如何获得该数据呢？这是问题之一。获得了数据，显然需要运算，我们知道 1+2=3，6*7=42……而这些是我们非常熟悉的公式，数学运算都需要按照上述公式计算，换句话讲，机器如果想计算，必须也要知道这些运算规则，然而机器如何获得这些规则，这是问题之二。假设机器能获得运算数据，也知道运算规则，从人类的计算步骤看，都有一个"记"下中间运行结果的过程，该中间结果可能参与后面的计算，那机器如何记录中间结果，又如何能够将中间结果告知人类，或者参与下面的计算呢？这是问题之三。

2.2　运　算　器

我们将加法计算的方式用以图 2.1 的方式表示。

我们先称之为加法器，有两个输入（加数 1、加数 2），一个输出（和），方框内存有加法规则（先不考虑进位与借位问题）。

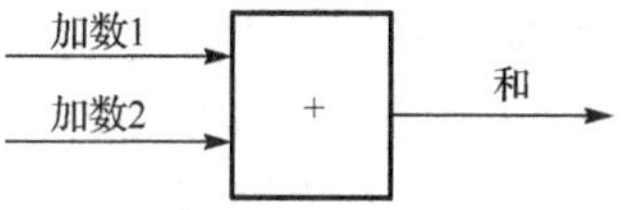

能不能实现一个类似的加法器？这成了我们的首要问题。

如果用十进制数的方式实现，显然困难较多，我们换一个思路，试一试用二进制数的方式（请参看附录 A）。二进制数只有两个值：0、1。我们用+5V（高电平）表示"1"，用 0V（低电平）表示"0"。根据二进制数加法的运算规则，有：

图 2.1　加法计算示意图

0+0 = 0 　；　　1+0 = 1　　；　　0+1 = 1　　　；　　　1+1 = 10（最低位为 0 ， 1 为进位位）

不考虑进位位的情况下，有：

0+0 = 0 　；　　1+0 = 1　　；　　0+1 = 1　　　；　　　1+1 = 0（进位位被丢掉）

分析上述式子发现，参与加法运算的数如果相同（不管是 0，还是 1），本位的结果都为 0，

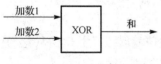

图 2.2　加法计算示意图

如果不同，本位的结果为 1。这和数理逻辑中的异或是相同的，也就是说，对于一位二进制加法运算而言，不考虑进位的情况下，加法规则和异或逻辑是一致的，所以图 2.1 又可以画成图 2.2。

如果考虑到进位的话，相当于又有一位二进制位参与运算，即"被加数+加数+进位位"，无论是加数、被加数、进位位都是一位二进制数，都应该符合二进制单位加法运算规则，也就是在和的基础上再实现一次加法运算，即再实现一次异或即可，等于进行了两次加法运算，如果考虑进位问题，每一次加法运算都会产生进位，而进位只能有一个，所以需要对两次加法进位位进行一次"或"操作，即只要有一次为 1，进位即为 1。逻辑图如图 2.3 所示。

很显然，对于一个加法运算，一个完整的一位二进制数加法运算需要考虑 5 个内容，被加数、加数、从其他位运算来的进位、和、进位（进到其他位中）。其中包括 3 个输入和 2 个输出，如图 2.4 所示。

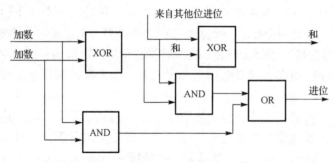

图 2.3　带进位加法计算示意图

图 2.4　带进位加法逻辑图

这只是一位二进制位加法器，要实现一个加法运算，例如 8+7，则需要至少 4 位二进制数加法，8 表示为二进制数为 1000，而 7 表示为二进制数为 0111，因此需要用 4 个一位二进制位加法器组合成为一个加法器，如图 2.5 所示。为了说明问题，我们只采用其逻辑图，不再去考虑具体实现方式。

很显然，读者也可以根据需要合成 8 位二进制位加法器，同理可以合成 9、10、16、32 位等加法器。

通过加法器内容的分析我们解决了几个问题：（1）数据的识别问题。用二进制表示数据，而二进制数的每一位可以用物理的+5V 或 0V 来表示，数据问题从而转换为电压问题。（2）加法规则利用了数理逻辑的与、或、非门电路实现，即将加法规则融入到了电路中，并采用电压形式"记录"所得到的计算结果。

到目前为止，应该说我们完成了正弦值求解中的一个

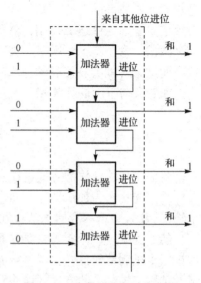

图 2.5　4 位带进位加法逻辑图

步骤，即实现了一个加法计算。当然，我们还可以利用数字电路的知识解决乘法、除法和减法问题（请参考相关的书目）。

假设我们已经用数字电路分别实现了加、减、乘、除运算器，也就是说四则运算已经可以分别进行了。这里的加法器是用数字电路实现的，在数字电路设计完成之后，它的功能和实现加法的步骤等就已经固定了，不可能再变化了。如果要变化则需要重新设计新的数字电路。换句话讲，这部分电路可以理解为是固化（硬化）的部分，我们称之为"硬件"，是不需要改变的部分，而又是完成计算不可缺少的部分。现在我们要计算正弦值还需要做以下的工作：

① 选择一个乘法器，实现 8*9，得到一个结果 $y1$；

② 选择一个乘法器，实现 $x·x$，得到一个结果 $y2$；

③ 选择一个除法器，实现 $y1/y2$；

④ ……

这部分工作是在加、减、乘、除四则运算都已经由"硬件"实现了的基础上进行的，即已经具备了加法运算器、减法运算器、乘法运算器和除法运算器，只要重新安排一下四则运算的先后顺序和参与运算的具体数值就可以了。显然，各种不同的运算，如三角函数、对数运算、积分运算、微分运算等，需要的运算顺序是不一致的，即运算顺序和参与运算的数值要发生变化。如果要想使设计出的机器能够适应多种运算规则，那么运算顺序和参与运算的数值等内容是不能固定不变的，也就是不能"硬化"。我们将不能（或者说不便）硬化的部分称之为"软件"。如果我们确实能够区分出哪些可以硬化，哪些可以软化，一个很明显的结果是：一个固定的"硬件"，可以通过改变"软件"来实现不同计算任务，这就是"通用计算机"的概念。当然，我们在此只是作一个通俗的讲解，至于如何区分硬件、软件，有兴趣的读者可以参看图灵和冯•诺依曼的相关著作。

上述的步骤如果由人来选择，和我们人类的计算方式是一致的，只是每一个具体的计算步骤是由机器来实现的，类似于人拿着计算器进行复杂计算，人依然会觉得很烦琐、很无聊。一个理想的结果是：**人告诉机器执行的步骤，由机器自动按照人类设定好的步骤自动执行**，那么我们就要思考下列几个问题：（1）谁来选择乘、除法运算器？（2）得到的结果 $y1$、$y2$，如何"记录"？还是记在纸上？（3）既然已经有了一个算法流程，能不能让流程自行运转？（4）如果能够运转，如何表述该流程？（5）流程如果可以表述，不同的计算显然流程不同，参与运算的数据也不相同，实现的机器能否接受由人来改写流程，从而实现不同的计算呢？这些问题不断地浮现在冯•诺依曼的脑海中。

2.3　指令、程序和存储器

1974 年 Von Neumann 和 Burks、Goldstine 说出了这样一段话：

用形式逻辑的方法可以很容易看到，在理论上存在着某种「指令集」足以控制任何的操作序列并使之执行……从当前的观点出发，在选择一个「指令集」时，真正的决定性因素是要更多地考虑其实际性质：「指令集」要求的设备具有简单性，它的应用对于解决实际重要问题的明确性以及它提升该类问题的处理速度具有重要意义。

在 Von Neumann 的描述中将前面提出的算法流程描述为操作序列，两者的概念应该是一致的。也就是说，表述流程的办法是存在的，先可以称之为"指令集"，那么是否就可以说人类是可以通过指令集来控制机器按照人类预先设定好的"指令"进行执行，从而得到我们想要的结果？那么指令集到底是什么？机器如何识别指令集？操作序列又如何可以自动执行呢？

我们做一个假设，假设已经找到了某种介质，可以存储二进制信息，也就是说：我们可以往该设备中写入任意的 8 位二进制数，该设备可以保留其信息（8 位二进制位），下次如果想要用这个信息，可以从该设备中读取此信息。就像在火车站寄存处将你的行李存在寄存处，寄存处会给你发个号牌，下次来你将号牌交给工作人员，就可以拿到你的行李，这种设备可以称之为"存储器"。第 5 章我们再介绍"存储器"的工作原理。

假设有三个"存储器"，为了叙述方便我们给三个存储器命名为：A、B、C。A 中放加数，B 中放被加数，C 用来存放和。要实现 8+7，我们需要把这个任务分解为如下几个步骤：（1）将数字 8 放在存储器 A 中；（2）将数字 7 放在存储器 B 中；（3）选择加法器；（4）从 A 中读出数字 8 放在加法器的加数端；（5）从 B 中读出数字 7 放在加法器的被加数端；（6）加法器自动按规则计算出和与进位位；（7）将和 15 放在存储器 C 中。这是计算加法的算法流程，也是一个分为 7 步的操作序列，我们现在用一个英文的缩写将上述流程重新写一遍：

```
① MOV  A, 8     ；将数字 8 放在 A 存储器中
② MOV  B, 7     ；将数字 7 放在 B 存储器中
③ ADD  C, A, B  ；选择加法器；从 A 中读取数字 8 放在加法器的加数端；从 B 中读出数字 7
                 ；放在加法器的被加数端；加法器自动按规则计算出和与进位位；将和 15 放
                 ；在存储器 C 中
```

这是一种描述方法，每一条我们先称之为"指令"，每条指令相当于一个操作，上述三条指令组成一个操作序列。我们人类是可以看懂的，但机器如何能理解还是一个问题。从这个描述中我们看到，我们的思维是按照一定顺序进行思考的，机器显然也要按照我们给它设定好的顺序执行，也就是说，先执行步骤①，然后执行步骤②，再执行步骤③，……而这个步骤的顺序是由人预先为机器设定好的，机器只是机械地执行，不用改变其先后顺序。我们将这个操作序列称为"程序"，机器按照程序的设定一步一步地执行，而程序通常要由人来编写。

新的问题又出现了：（1）机器如何识别"指令"？或者说，机器如何能理解"指令"？（2）假设机器可以识别"指令"，那么是否要存储程序？如果需要，机器又如何存储程序？（3）机器如果能够存储程序，那么机器如何找到每一条指令，或者说通过什么手段或方法找到每一条指令，而且指令的顺序是不可变的，是否意味着存储程序需要按照某种顺序存储？顺序又是什么呢？

我们先假定机器可以识别指令，有两种方法可以操作机器：（1）一条指令输入到机器中，执行该指令，得到结果，然后再输入下一条指令，再执行，如此循环下去。此时，指令是写在纸上（或者记忆在头脑中），如果我们要改变其中一个数据（或者一条程序），需要重新将程序从头完整地输入一遍，对需要经常改变数据或者指令的程序，有点儿麻烦，但确实可以执行。（2）如果程序可以存储，那么需要设计一个自动执行的机构，执行完一条指令，自动跳转到下一条指令，……依次执行，即可得到程序运行的结果，而改变数据（或指令），则只要修改个别地方即可，就像有涂改液将纸上的数据（或指令）涂掉，然后重新写上新的数据或指令一样。显然，程序如果可以存储则修改过程是非常方便的。

那么如何存储？先以一个加法程序为例来说明。

① 将被加数放在一个存储器中（X1）；

② 将加数放在另一个存储器中（X2）；

③ 实现加法运算，将和存在某一个存储器中（Y）；

④ 结束程序。

用简化的语言描述如下：

```
① MOV  X1, 23
② MOV  X2, 56
③ ADD  Y, X1, X2
④ HALT
```

每一条指令能完成一个简单的功能，此处假设 X1，X2，Y 都是可以存储的器件（存储器）。在假设指令是可以被机器识别的基础上，一个图 2.6 所示的存储器结构显然是合理的。

X1	23
X2	56
Y	79

图 2.6　存储器结构

但这里存储的只是数据，而不是指令，那指令该如何存储呢？到目前为止，我们所说的指令，都是人可以看懂的，而机器如何看懂指令，还要进一步讨论。

首先"指令"是完成某一种功能的，例如，存数、加法、减法、逻辑运算等，那么这些功能是不是数量有限的呢？这可以利用数学和逻辑学的原理推导，结论是有限的。也就是说，指令的个数是有限的（指令集是有限的）。既然是有限的，是否可以用编码方式来区分每一个指令呢？例如，000 代表存数，001 代表加法，010 代表减法，⋯⋯若可以，加法程序就可以写成如下的序列：（这里采用二进制数进行编码）

```
① 000  X1, 23
② 000  X2, 56
③ 001  Y, X1, X2
④ 011
```

如果我们将 X1、X2、Y 也用数字来代表，000 代表 X1，001 代表 X2，010 代表 Y，则上述可以写成：

```
① 000  000  23
② 000  001  56
③ 001  010  000  001
④ 011
```

当机器读到第一个 000 时，机器知道是将某一个数字存储到某一个存储器中，而存储到哪一个存储器中？从其读到的第二个数 000 可以知道是存储在 X1 中，以下同理。那么，所谓的指令无外乎就是一种数字编码，也就是用编码代表某一个具体的功能，即每一个指令的第一个数字代表的是某一个具体的指令功能，实现一个具体的任务，任务需要处理的数据就由其后的几个数字代表，而且每个数字代表的意义是不同的。例如，存数指令的第二个数字代表的是要存到的存储器地址，而第三个数字代表存到存储器中的实际数据。将上述指令序列进行一个顺序的存储，将得到图 2.7 所示的结果。

机器如何能做到自动执行该序列？我们不妨为每个存储单元设定一个"地址"，分别表示每个存储单元和其他存储单元之间的区别，如图 2.7 所示。因为序列是顺序存放的，所以地址是连续的，为 10，11，12，13，14，15，16，17，⋯⋯。当机器知道第一个指令的第一个数的地址时（此处为 1），读到的是第一条指令的功能，然后继续读取第二个地址中的数据，⋯⋯

以此类推。如果存在一个可以自动加"1"的计数器，就可以从第一个地址跳到第二个地址，然后到第三个地址，……一直计数下去，如果程序是按地址顺序存储的，而且存在一个部件可以从第一条程序依次计算下去，就可以实现程序的自动运行。所以需要设定一个自动加"1"的程序计数器（PC，Program Counter），该 PC 需要预先设定为指令序列的第一个地址，然后依次自动加"1"。当然还需要一个功能，将指令从存储器读出来，然后进行解释，这部分通常由控制器实现，我们暂时不讲这部分内容。

"程序存储" 思想是冯·诺依曼提出的体系结构中一个创新的概念，而且冯·诺依曼还表述说：不区分程序和数据。从前面的叙述中可知，虽然指令和数据都是用数字表示，但显然指令和数据是不同的，那机器如何区分哪些是数据，哪些是指令呢？

存储器的结构如图 2.8 所示。其包含两个部分：存储单元用于存储程序或数据；每个存储单元有唯一的一个地址。该结构类似于大学学生宿舍，每个房间对应于存储单元，每个房间有一个唯一的房间号。只要知道房间号，就可以找到房间里的学生。对于计算机，可以通过存储器地址访问到存储单元中的内容。

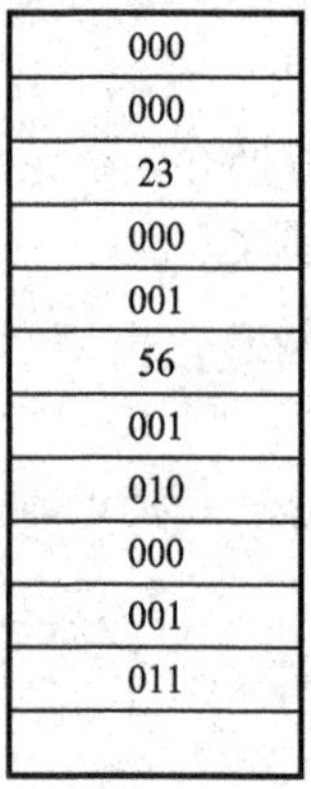

000	
000	
23	
000	
001	
56	
001	
010	
000	
001	
011	

10	000
11	000
12	23
13	000
14	001
15	56
16	001
17	010
18	000
19	001
20	011
21	

图 2.7　存储器存储指令 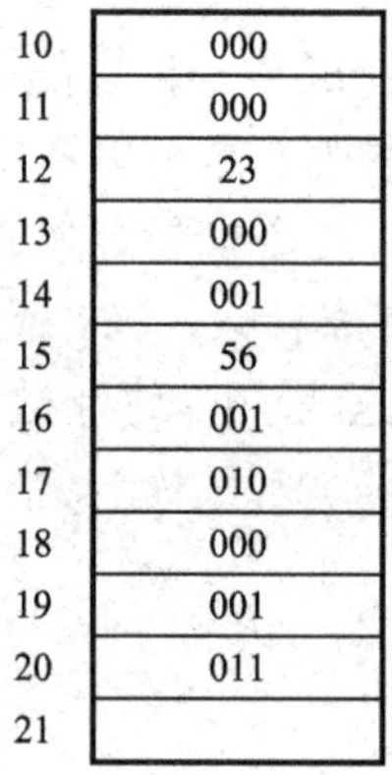　　　　　图 2.8　为存储器建立地址

2.4　指　令　格　式

在讲指令格式之前我们先澄清几个概念，存储器是计算机中存储程序和数据的部件，但从冯·诺依曼体系设计之初即将 CPU 和存储器分开为两个部分，我们前面叙述的内容并没有明确 CPU 和存储器之间的关系。

CPU 内部包含有几个部分（在 CPU 相关章节中会详细讲解）：运算器(ALU)、控制器(CU)、寄存器（Register）。其中寄存器也是存储器的一种，只是它位于 CPU 内部，而且其访问速度比存储器的访问速度要快，但是数量较少。一般 CPU 内部只会有几个～十几个寄存器（或更多）。寄存器的作用是为了存放运算的中间结果。

操作码	操作数（或操作数地址码）

图 2.9　指令格式图

在计算机中，为了表示指令的方便，汇编语言的每一条指令一般由两个部分组成：操作码和操作数（或操作数地址码），其格式如图 2.9 所示。

设计计算机的指令系统时，对指令系统的每一条指令都要指定一个操作码，表明指令操作性质。CPU 从存储器中每次取出一条指令，指令中的操作码告诉 CPU 应该执行什么性质的操作。例如，当读到操作码"000"时表示"加法"操作，当读到操作码"010"时表示"减法"操作等，不同的操作码就代表不同的指令。

组成操作码字段的位数一般取决于计算机指令系统的规模，所需指令数越多，组成操作码字段的位数也就越多。例如，一个指令系统只有 8 条指令，则需要 3 位操作码（$2^3=8$）；如果有 32 条指令，则需要 5 位操作码（$2^5=32$）。一般来说，一个包含 n 位操作码的指令系统最多能够表示 2^n 种操作码。

指令系统中的地址码用来描述指令的操作对象。在地址码中可以直接给出操作数本身，也可以给出操作数在存储器或寄存器中的地址或操作数在存储器中的间接地址等。

根据指令功能的不同，一条指令中可以有一个、两个或者多个操作数地址，也可以没有操作数地址。一般情况下要求有两个操作数地址，但若要考虑存放操作结果，就需要有 3 个操作数地址。

根据地址码的数量，可以将指令的格式分为：零地址指令、一地址指令、二地址指令、三地址指令和多地址指令。各种不同地址码的指令格式如图 2.10 所示。

指令的格式可能存在不同的形式，可能占据的字节数也不相同。

零地址指令	操作码	操作码		
一地址指令	操作码	A		
二地址指令	操作码	A1	A2	
三地址指令	操作码	A1	A2	A3
多地址指令	操作码	A1	...	An

图 2.10　指令格式

1．零地址指令

在该指令格式中没有地址码部分，只有操作码。

该类指令分两种情况：一种是无须操作数，如空操作指令 NOP、停机指令 HALT 等；另一种则是操作数为默认的（或称之为隐含的），比如操作数在累加器或者堆栈中，它们的操作数就由硬件结构直接提供。

2．一地址指令

常称为单操作数指令，该指令中只有一个地址码。这种指令可能是单操作数运算，给出的地址既作为操作数的地址，也作为运算结果的存储地址；也可能是二元运算，指令中提供一个操作数，另一个操作数则是隐含的。例如，以运算器中寄存器 ACC 中的数据为一个操作数，指令字的地址码字段所指向的数为另一个操作数，运算结果又放回寄存器 ACC 中。其数学含义为

$$(ACC) \quad OP \quad (A) \quad \rightarrow \quad ACC$$

式中，OP 表示操作性质，如加、减、乘、除等运算；(ACC)表示累加器 ACC 中的数；(A)表示主存中地址为 A 的存储单元中的数或者是运算器中地址为 A 的通用寄存器中的数；"→"表示把操作（运算）结果传送到指定的地方。

例如，8086CPU 中会有这样的指令：ADD AX, [2000H]，其含义为将存储器地址为[2000H]中的数与寄存器 AX 中的数相加，"和"存放在 AX 中。

注意：地址码字段 A 指明的是操作数的地址，而不是操作数本身。

3. 二地址指令

这是最常见的指令格式，又称为双操作数指令。通常，在这种指令中包括两个参加运算的操作数的地址码，运算结果保存在其中一个操作数的地址码中，从而使得该地址中原来的数据被覆盖。其数学含义可表示为

$$(A1)OP(A2)\rightarrow A1$$

式中，两个地址码字段 A1 和 A2 分别指明参与操作的两个数在主存或通用寄存器中的地址，且地址 A1 兼做存放操作结果的地址。

4. 三地址指令

在这种指令中包括两个操作数地址码和一个结果地址码，可使得在操作结束后，原来的操作数不被改变。其数学含义可表示为

$$(A1)OP(A2)\rightarrow A3$$

式中，A1 和 A2 指明两个操作数地址，A3 为存放操作结果的地址。

5. 多地址指令

我们以四地址指令为例，四地址指令比三地址指令增加了下一条要执行的指令地址，因此其优点是非常直观，指令所用的所有参数都有各自的存放地址，并且有明确的下一条指令地址，程序的流程很明确，但是其缺点也是显而易见的，这就是指令太长。

从操作数的物理位置来说，二地址指令格式又可归结为 3 种类型：

（1）存储器-存储器（Storage-Storage, SS）型指令

这种指令在操作时需要多次访问主存，参与读、写操作的数都放在主存里。

（2）寄存器-寄存器（Register-Register, RR）型指令

这种指令在操作时需要多次访问寄存器，从寄存器中读取操作数，把操作结果放到寄存器中。

由于不需要访问主存，因此机器执行寄存器-寄存器型指令的速度很快。

（3）寄存器-存储器（Register-Storage, RS）型指令

这种指令在操作时既要访问主存单元，又要访问寄存器。

计算机选择什么样的指令格式，包括多方面的因素：在一般情况下，地址码越少，占用的存储器空间就越小，运行速度也越快，具有时间和空间上的优势；而地址码越多，指令内容就丰富，指令功能就越强。因此，要通过指令的性价比来选择指令的格式。在计算机中，一个指令系统所采用的指令地址结构并不是唯一的，往往混合采用多种格式，以增强指令的功能。

为了硬件实现的简单化，一般采用二进制数进行数据表示和编码，汇编语言的实现也是用二进制数来表达的，可以直接和数字电路的高低电平相对应，实现起来很方便。

一般来讲汇编语言的格式采用操作码和操作数（或操作数地址）来合成，以 Intel 公司的一款 CPU 芯片 8086 为例来说明。

```
MOV  AX,1234H
```

这是一条汇编语言指令，此处用的是助记符的表达方式，即程序员编写的程序。但是计算机并不能直接识别，其中 MOV 代表操作码，即实现数据传送，传送的目标是 AX 寄存器，而被传送的是数据 1234H（十六进制数），这个指令的意义为：将立即数 1234H 传送到寄存器 AX 中。将其转换成二进制机器指令为

```
1011wrrr 1234H
```

其中 1011 为操作码，表示将后面的立即数 1234H 传送到寄存器 rrr 中，AX 在 8086 系统中是一个寄存器，由两个字节组成（即每个字节为 8 位二进制位），称之为按字（此处为双字节）操作，w=1 表示按字操作，w=0 表示按字节操作。AX 在寄存器中的地址为 000，则上述指令进一步可以翻译为

```
1011 1 000 1234H
```

转化成十六进制数表示则为 B83412。

总而言之，对计算机而言，它所能接收的语言只能是二进制数，无论是程序还是数据，最终都要被表示成二进制数形式，之所以这么做是因为计算机的硬件是用数字电路实现的，数字电路可以直接识别二进制信息。但是如何区分程序还是数据呢？这依然还需要进一步讨论。

2.5　关于程序的自动执行

在第 1 章中，我们介绍了冯·诺依曼体系结构，此处我们根据第 1 章图 1.14 和上一节的分析，来总结一下冯·诺依曼体系结构的计算机工作过程。

首先，将用汇编语言编好的源程序翻译成为二进制代码（称之为目标代码），将该代码存储在计算机的存储器中（先忽略如何输入到存储器的过程），此时的程序（或指令序列）已经存储在存储器中。第一条指令存储在存储器的某个地址内，例如地址为 2000H。

【例 2.3】　假定存在如下的一个汇编语言的指令序列：

```
MOV AX, 1234H <-----------> B8 34 12
ADD AX, 2345H <-----------> 05 45 23
```

其中左侧为汇编语言指令，右侧为翻译后的机器码。这两条指令完成两个功能：（1）将 1234H 这个立即数存储到 AX 寄存器中；（2）实现 AX 中的内容和立即数 2345H 的求和运算，将运算结果存储在 AX 寄存器中。

2000H	B8H
2001H	34H
2002H	12H
2003H	05H
2004H	45H
2005H	23H

图 2.11　程序存储示意图

上述两条指令，每一条指令占 3 个字节，分别存储在存储器的相邻地址中，如图 2.11 所示。第一条指令的第一个字节存储在地址为 2000H 的存储单元中。34H，12H 依次存储在 2001H，2002H 地址中。2003H 开始存储第二条指令的第一个字节，45H，23H 依次存储到相邻的两个地址中。

CPU 中的程序计数器在程序执行前需要对其进行初始化，即将该计数器初值设定为 2000H（(PC)=2000H），正好和存储器中第一条指令的地址吻合。然后，通过一个控制结构，将存储器 2000H 地址中的内容读到 CPU 中来，根据之前的设计可知，该地址的内容一定是操

作码，也就是要计算机完成的第一个功能。因为每一个操作码对应一个功能，即对应一部分的数字电路，而操作码正好选中该部分电路，使得该部分电路进行相应的操作。

从 2000H 中读出的是 B8H，该编码的意义是将后面两个存储单元中的内容存放在 AX 寄存器中，显然，需要将后面的两个地址中的内容分别读出放置在 AX 中。当 CPU 分析完 B8H 的意义后，PC 自动加"1"，将 34H 读出放于 AX 的低 8 位 AL 中，PC 再加"1"，将 12H 读出置于 AX 的高 8 位 AH 中。可以看到，将数据读完后，CPU 已经完成了将 1234H 这个数送至 AX 的过程。此时，PC 再自动加"1"，PC 中存放的数据变成了 2003H，再读出的内容将是下一条指令的第一个字节（下一条指令的操作码）。该指令的操作码为 05H，通过 05H，CPU 知道此次任务是实现一个加法操作，而且被加数已经放在 AX 寄存器中，而加数是一个立即数 2345H，这个立即数由两个字节组成，分别放置在 2004H 和 2005H 地址中。之后，PC 自动加"1"，跳到 2004H，将 2004H 地址中的数据读到 CPU 中。PC 再加"1"，地址跳到 2005H 中，将 2005H 中的数据读到 CPU 中，两次读进来的数据形成一个完整的字，放置在加法器的加数端。而 CPU 需要将 AX 中的内容连接到加法器的被加数端。当加数和被加数准备好后，加法器完成加法任务，最后，将和保存在 AX 中。（此处先不考虑加法的进位问题）。该任务结束，计数器自动加"1"，准备读入下一条指令的操作码。

很显然，每条指令占几个存储单元对于计算机是已知的（由计算机设计者设计的），每完成一个任务，计算机需要读几个存储器单元也是预先设计好的，如此一来，存储在存储器中的程序将自动地由 CPU 依次执行，从而实现了各种计算的任务。

在上述过程中，我们看到一个现象，当存储器将程序存储在 2000H 地址中，而 CPU 的计数器也初始化为 2000H 地址时，CPU 读到的二进制数将被 CPU 当成一个操作码。换句话说，CPU 从计数器初始地址读到的每一个数，都将被解释为指令。这样一来，虽然无论程序还是数据都以二进制数形式存储在存储器中，但 CPU 仍然有办法分辨出哪个是程序，哪个是数据。只要 CPU 一上电时，其计数器初始化为一个固定地址，而该地址中存储的是指令，CPU 就可以将数据和指令分开。

PC（Program Counter）是冯·诺依曼为了解决程序自动执行而设计的一个专用寄存器，该寄存器专门用来存放程序的地址，并且该寄存器能够自动加"1"，从而用这样一个简单的设计就实现了指令的自动执行的问题。所以，CPU 中普遍存在一个程序计数器，只是不同的 CPU 的命名不同，例如，Intel 公司的 CPU 将 PC 寄存器命名为 IP 寄存器。请读者思考一下，如果执行的程序有分支和循环的时候，PC 又该如何找到下一条要执行的指令地址呢？

2.6　本章小结

本章主要描述了通过分析计算机计算的步骤，可以知道哪些是可变的内容（参与运算的数据和运算的顺序是可变的），哪些是不可变的内容（加、减、乘、除的运算规则是不可变的），将不可变的的内容"硬化"，将可变的内容"软化"，形成了计算机的硬软件部分。

通过数学证明，我们知道了实现计算所需要的指令集是有限的，可以通过枚举的方法将所有的指令依次列出，组成一个指令集。指令集中的每一条指令都设计用来完成单一的动作，如加、减、移动、与、或、非等，所以可以将每一条指令的第一个字节设计成为"动作"，将"动作"用二进制数进行编码，每个动作对应的编码是唯一的，则 CPU 只要"看"到编码就知道要完成什么动作，就可以控制相应的硬件电路来实现动作。

　　指令按照一定的顺序形成一个指令序列，即构成了一个程序，该程序由人来设计和编写代码，并有序地存储在存储器中，将第一条指令的第一个字节所在的位置写到 PC 寄存器中，PC 寄存器通过自动加"1"的操作，可以顺序地将指令依次取出，分别执行。程序执行完成，则一个运算的结果就得到了。

　　为了使得计算机能够自动执行程序，冯·诺依曼设计了一个存储结构，该结构包含两部分内容：存储单元和每个单元所对应的存储单元地址，存储单元地址也用二进制形式编码，而且地址和存储单元是一一对应的，地址一定是按顺序排列的。这样的设计，既方便查找程序和数据，又能够实现程序存储并自动执行的任务。

　　所以，我们看到冯·诺依曼体系结构的计算机中每一个部件都是完全按照冯·诺依曼思想所描述的计算机结构精心设计的，是一个完整的整体，缺一不可。本书将在通俗讲解的基础上，分别详细介绍冯·诺依曼体系结构中的各个部件，并且为了叙述和理解方便，将 Intel 公司的 CPU（8086/8088）作为一个具体的实例来讲解。同时，在原理介绍的基础上将穿插一些计算机体系结构的内容，以方便读者对最新计算机技术有一定的了解。

思考题及习题 2

1. 冯·诺依曼体系计算机的特点是什么？由几部分组成？分别是什么？各部分之间的关系是什么？请画出冯·诺依曼计算机的逻辑关系图。

2. 8 位加法运算器如何实现？为什么二进制位加法运算器可以用数字逻辑电路实现？

3. 存储器的数学模型是什么？由几部分组成？作用分别是什么？

4. 所有复杂的数学计算都可以转化为基本的四则运算，而四则运算又可以归结为加、减运算，你怎么理解这个描述？

5. 计算机的程序是一个指令序列，该指令序列是按预先设定好的顺序依次执行，这种说法正确吗？为什么？

6. 冯·诺依曼计算机如何区分指令和数据？

7. 机器指令的格式什么样？为什么计算机要采用此类型的格式？好处是什么？

8. 设想一下计算机的基本结构应该是什么样的？在该结构下，指令以何种形式出现？指令集应包含哪些内容？

9. 现在的计算机严格来讲应该称之为"通用数字电子计算机"，其基本思想是利用数字电路来实现基本的硬件系统，硬件系统一旦设计实现，是不需要改变的。如果要变换计算机的功能，需要通过改变"软件"的变化来实现，换句话讲，是用"软件"来控制硬件。设想一下，什么是软件？软件将通过什么方式来控制硬件？

10. 指令的格式是什么？为什么指令的第一个数必须是操作数？这样的设计应该会使某些问题变得简单，那么基本思路是什么？

11. 你是如何理解指令和数据的？两者之间是什么关系？

第3章 CPU的构成及工作原理

【学习目标】 掌握CPU的组成；了解CPU的工作过程；了解典型CPU的内部组成和外部属性。

【知识点】（1）CPU的基本构成；（2）CPU的工作过程；（3）CPU的协调机制；（4）典型CPU的内部组成和外部属性。

【重点】 CPU的组成和工作原理。

在冯·诺依曼体系的计算机中，运算器与控制器组合成为CPU（Central Processing Unit），本章将主要讲解CPU的构成及主要工作原理，但是我们的注意力在于解释CPU的工作原理，而不在于设计一款CPU，所以对于具体的实现内容涉及较少。

在冯·诺依曼体系的计算机中，运算器与控制器合为CPU（Central Processing Unit），本章将主要讲解CPU的构成及主要工作原理，但是我们的注意力在于解释CPU的工作原理，而不在于设计一款CPU，所以对于具体的实现内容涉及较少。

3.1 通用CPU的构成

冯·诺依曼体系计算机将运算器、控制器、寄存器组合在一起，称之为CPU，它是计算机的核心部件，现在我们在市场上经常看到的诸如Intel 8x86、Pentium、酷睿i3、酷睿i5、酷睿i7等均是Intel公司不同时期的产品，如图3.1所示。在CPU的发展过程中，其内部构成出现过很多的变化（例如流水线的加入等），但无论现在计算机的体系发生何种变化，其基本原理没有本质性的变化，本节将基于基本原理进行讲解。

(a) 酷睿CPU   (b) 8086 CPU

图3.1 Intel不同时期的CPU

3.1.1 运算器的组成

在第2章中，我们谈到了计算机的基本思路是由机器按照预先设定好的流程自动进行数值计算。而计算通过数学推导可以基本归结为加、减、乘、除四则运算，而四则运算在二进制体系中可以归结为加法运算（详见附录 A：计算机的数制和编码），也就是说，实际上的运算器原则上可以归结为单一的加法器，第 2 章中我们也运用数字电路实现了一个 4 位的串行加法器，从原理上讲，已经能够理解 CPU 中的加法器是如何实现的，以及如何工作的。但 CPU 为了提高运算速度，一般除了加法器之外，还会设计乘法器、除法器等运算单元。以下我们以乘法器为例进行探讨。

首先，通过普通的二进制数乘法来回忆一下乘法用人工手算的实现步骤。取两个二进制数 1100 和 1001 进行乘法运算，按照小学时老师教给我们的实现步骤：

```
        1100        ；被乘数
    ×   1001        ；乘数
    ─────────
        1100        ；乘数最右位 1，分别乘以被乘数各位的结果
       0000         ；乘数右边第 2 位 0，分别乘以被乘数各位的结果
      0000          ；乘数右边第 3 位 0，分别乘以被乘数各位的结果
     1100           ；乘数最左位 1，分别乘以被乘数各位的结果
    ─────────
    1101100         ；将上述对应为相加得到的结果
```

可以观察到，积的位数远远大于乘数和被乘数，事实上，如果忽略符号位，若被乘数为 n 位，乘数为 m 位，则积的位数为 $n+m$ 位，即需要 $n+m$ 位才能表示所有可能的积。所以，乘法计算需要考虑积的存储问题和溢出问题（参见附录 A）。

在这个例子中，我们选择了二进制数的乘法，实际上规则只有两种可能：

（1）当乘数为 1 时，只需要将被乘数复制到合适的位置。

（2）当乘数为 0 时，只需要 0 放置到合适的位置。

如果再仔细分析一下上述运算，我们会发现乘法实际上只是加法和移位算法的合成结果：

```
        1100        ；被乘数
    ×   1001        ；乘数
    ─────────
        1100        ；乘数最右位 1，将被乘数复制下来，右对齐
       00000        ；乘数右边第 2 位为 0，在最后一位加 0，右对齐
    ─────────
       01100        ；将中间运算结果保存在 A1 中
      000000        ；乘数右边第 3 位 0，将 0 复制，最后位添加
                    ；两个 0，实现右对齐
    ─────────
      001100        ；求和后，将中间运算结果保存在 A2 中
     1100000        ；乘数右边第 4 位为 1，将被乘数左移 3 位，
                    ；后面填入 0，加到 A2 上
    ─────────
    1101100         ；最终的结果
```

根据纸上运算过程的分析，我们可以假设一个逻辑关系，如图 3.2 所示。

4 位被乘数放在一个 8 位的二进制位寄存器中，8 位积寄存器被初始化为 0，从纸和笔计算方法中可以清楚地看到，每一步运算，被乘数需要左移一位，与前面的运算结果相加，经过 4（乘数的位数）步后，4 位长的被乘数将被移成 8 位，所以需要一个 8 位的被乘数寄存器，且在初始化时 4 位的被乘数要放在右边，左 4 位清零，然后每执行一步，被乘数寄存器中的值左移一位，右边填入 0，将被乘数与 8 位积寄存器中的中间结果对其累加。

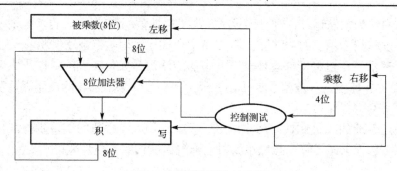

图 3.2　乘法器硬件结构图

我们将上述过程用语言分步骤描述如下：

① 检测乘数最右位，如果为 1，则跳到②；如果为 0，则跳到③；

② 将被乘数加到部分积上，并将结果保存在积寄存器中；

③ 将被乘数寄存器中的值左移一位；

④ 将乘数寄存器中的数值右移一位；

⑤ 是否重复 4 次？否，则跳到①；是，则跳到⑥；

⑥ 结束。

上述过程就是 CPU 完成乘法过程的步骤，从这个步骤中，我们可以看到：（1）乘法计算和纸笔计算的步骤很类似（基本完全一致）；（2）这个过程 CPU 是自动执行的，是按照我们描述的步骤，一步一步执行，丝毫不允许出现差错；（3）图 3.2 所示其实就是最早的乘法器的硬件原理图，只是这个方法并不是最好的方法，其所花的时间并不经济（改进方法读者可以参考相关文献），但对问题的理解是合适的。（4）上述 6 步是一步一步执行的，也就是说，先执行①，然后按照逻辑跳到②或③，……这里有一个疑问，这个所谓的"步"到底是什么？如何划分的？直观上，应该是从时间上划分的，那么时间该如何划分？这个问题留待第 3 章中给出答案。

当然，上述乘法器还有几个问题没有涉及：（1）溢出问题；（2）有符号乘法问题。在 CPU 中，因为寄存器的二进制位数是有限的，两个相同位数（比如 8 位）二进制数相乘，可能出现超出所能表示的最大位数的情况，此时得到的积的结果可能不是我们想要的结果（参看附录 A），此时必须有进位和溢出的判断，否则结果会不正确。每一个 CPU 都会设定一个标志寄存器（FLAG Register），该寄存器中包含若干个位，每一位都是二进制位，可以有 0 和 1 两种情况，分别代表两种状态，例如对于溢出位而言，可以设定 0 为正常（不溢出），1 为溢出，通过该位的判断程序可以知道在运算中是否出现了溢出现象。以 Intel 的 8086 为例说明标志寄存器，如图 3.3 所示。

15	14	13	12	11	10	9	8	7	6	5	4	3	2	1	0
				OF	DF	IF	TF	SF	ZF		AF		PF		CF

图 3.3　8086 标志寄存器

8086 标志寄存器用了 16 位二进制位，其中 9 位有明确含义，另外 7 位暂时没有用。其中每一位分别代表的含义如表 3.1 所示。

当有运算时，由于 CPU 寄存器位数的限制，有可能出现进位或者溢出的状态，程序完成一个运算之后，要检查 FLAG 寄存器的相应位，看是否有异常出现，一旦出现溢出（溢出的判断请参看附录 A），表明运算结果会出错，需要程序进行处理，以保证运算结果的正确。

表 3.1   8086 CPU 标志位定义表

标志位名称		取值为 1 的意义		取值为 0 的意义
溢出标志 OF(Over flow flag)	OV(1)	溢出	NV(0)	没有溢出
方向标志 DF(Direction flag)	DN(1)	串操作变址寄存器减少	UP(0)	串操作变址寄存器增加
中断标志 IF(Interrupt flag)	EI(1)	允许中断	DI(0)	中断禁止
符号标志 SF(Sign flag)	NG(1)	负数	PL(0)	正数
零标志 ZF(Zero flag)	ZR(1)	结果为 0	NZ(0)	结果不为 0
辅助标志 AF(Auxiliary carry flag)	AC(1)	有半进位	NA(0)	没有半进位
奇偶标志 PF(Parity flag)	PE(1)	1 的个数为偶数	PO(0)	1 的个数为奇数
进位标志 CF(Carry flag)	CY(1)	有进位	NC(0)	没有进位

对于有符号乘法和无符号乘法是有区别的，关键区别在于符号的处理。因为比较复杂，此处暂时不讨论。

上述讲解了 CPU 中的运算器，可以假设某 CPU 中含有多个硬件的运算器（加、减、乘、除……），而每个运算器是 CPU 中的一个较完整的小系统，其可以在指令的控制下，完成相应的运算，我们暂命名其为运算单元。

以 8086/8088 为例，其算术运算包含几种指令，如表 3.2 所示。

表 3.2   8086/8088 所支持的算数运算指令

助记符	说明	注释
ADD DST,SRC	(DST)← (SRC)+(DST)	加法指令
ADC DST,SRC	(DST)←(SRC)+(DST)+CF	带进位加法指令
INC OPR	(OPR)←(OPR)+1	加 1 指令
SUB DST,SRC	(DST)←(DST)-(SRC)	减法指令
SBB DST,SRC	(DST)←(DST)-(SRC)-CF	带借位减法指令
DEC OPR	(OPR)←(OPR)-1	减 1 指令
NEG OPR	(OPR)←0- (OPR)	求补指令
MUL SRC	8 位无符号乘法： (AX)←(AL)*(SRC) 16 位无符号乘法： (DX,AX)←(AX)*(SRC)	无符号数乘法指令
IMUL SRC	8 位有符号乘法： (AX)←(AL)*(SRC) 16 位有符号乘法： (DX,AX)←(AX)*(SRC)	带符号数乘法指令
DIV SRC	8 位无符号除法 (AL)←(AX)/(SRC)-------商 (AH)←(AX)/(SRC)-------余数 16 位无符号除法 (AX)←(DX,AX)/(SRC)-------商 (DX)←(DX,AX)/(SRC)-------余数	无符号数除法指令
IDIV SRC	8 位有符号除法 (AL)←(AX)/(SRC)-------商 (AH)←(AX)/(SRC)-------余数 16 位有符号除法 (AX)←(DX,AX)/(SRC)-------商 (DX)←(DX,AX)/(SRC)-------余数	带符号除法指令
CBW	AL 的内容符号扩展到 AH，即如果(AL)的最高有效位为 0，则(AH)=00；如(AL)的最高有效位为 1，则(AH)=0FFH。指令不影响标志位	字节转换为字指令
CWD	AX 的内容符号扩展到 DX，即如果(AX)的最高有效位为 0，则(DX)=0；否则(DX)=0FFFFH。指令都不影响标志位	字转换为双字指令
CMP OPR1,OPR2	(OPR1)-(OPR2)	比较指令，不保存结果，只影响标志位

其中，CBW，CWD 指令为符号扩展指令，有时为了计算需要，要将 8 位有符号数扩展为 16 位有符号数，为了保持符号不变，数值不变，需要将高位进行符号扩展，如果符号位为 0，那么高位扩充 0；如果符号位为 1，那么高位扩充 1。

【例 3.1】 数字 8AH 为 8 位有符号数值，请将其扩展为 16 位二进制数，要求数值不变，符号不变。

答案： 8AH=10001010B，按照补码原理该数为负数，其真值为 $-(01110101B+1)=$ $-(01110110B) = -76H = -118D$，将其扩展为 16 位二进制数按照符号扩展原则为：FF8AH。FF8AH=1111 1111 1000 1010B 依然以补码形式存在，其原码为：$-(0000\ 0000\ 0111\ 0101B+1) =$ $-(0000\ 0000\ 0111\ 0110B) = -0076H = -118D$。

经过符号扩展数值和符号均未发生变化。

在 CPU 中还包含另外几类运算：（1）逻辑运算；（2）移位运算；（3）数值比较运算。

逻辑运算包含与、或、非三种基本运算，其他的运算可以利用逻辑代数的基本定律和规则从与、或、非运算中推导出来。也就是说，逻辑运算只要实现与、或、非三种基本运算即可，其他的逻辑运算可利用数字电路组合或者指令组合来实现。而数字电路基本是 1 位的二进制数计算，在计算机中常常需要多位逻辑运算（譬如：8 位、16 位、32 位等），为什么 CPU 需要逻辑、移位运算、比较运算呢？首先，运算器中的加法和乘法等运算器都是利用逻辑运算和移位运算实现的；其次，在分析计算的过程中发现其实很多的计算是有多个分支的，例如：

$$f(x) = \begin{cases} x+2, & x \leqslant -1 \\ x^2, & -1 < x < 2 \\ 2x, & x \geqslant 2 \end{cases} \quad (3.1)$$

很显然进行上述数学运算，首先需要判断 x 的取值范围，也就是说，在 x 的不同取值范围内，其函数是不同的，每一个函数对应一个程序段，需要程序中进行不同程序段之间的切换。如何判定条件是否满足呢？满足条件后程序应如何执行呢？

我们将式（3.1）用一个图形的方式表示如图 3.4 所示。很显然，每一次需要判断一个条件，上述的判定方法采用的是数字比较方式，比较的结果应该包含两个：或者为真；或者为假。按二进制数来表示，即：或为 1；或为 0。也就是说当出现此类函数时，每一次对条件的判断会出现分支（每个支路对应不同的程序），按我们已有的数学知识，此种情况是无法避免的，因此，计算机在设计汇编语言时必须要考虑支持分支程序。在一般的计算机语言中都会有如下的语句：

```
if(condition) then {…} else {…}
```

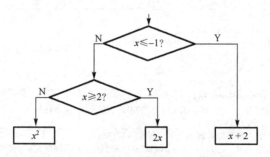

图 3.4　分支函数计算流程分析图

此类语句即支持数学计算中的分段函数的计算。在汇编语言层次，只能实现到两个数据之间的比较，例如，$x \leqslant -1$，而类似于 $-1 < x < 2$ 的判断，需要进行两次，即 $-1 < x$ 为真并且 $x < 2$ 也为真。从这段叙述可以看到，x 与-1 比较是一次比较运算，x 与 2 比较是另一次比较运算，两次运算的结果进行逻辑的"与"运算，如果为真则 $-1 < x < 2$ 的条件满足，否则只要有一个不成立则条件为假，如果将上面的叙述用一个流程来表示，如：

① 比较 $-1 \geqslant x$，如果成立，则执行 $f(x) = x + 2$；

② 否则，比较 $x \geqslant 2$，如果成立，则执行 $f(x) = 2x$；

③ 否则，条件 $-1 < x < 2$ 满足，执行 $f(x) = x^2$；

换成助记符表示如下（此处的助记符我们是为了说明问题假设出来的）：

① CMP X，−1	；比较 $-1 \leqslant x$
② JLE (6)	；如果小于等于，则跳到⑥
③ CMP X,2	；比较 $x \geqslant 2$
④ JGE (6)	；如果大于，则跳到⑥
⑤ MOV AX,X	；满足 $-1 < x < 2$ 条件，执行指令⑤
⑥ ……	；$-1 < x < 2$ 条件不满足，则执行相关指令

从上述的过程中，读者可以注意到几个问题，（1）每一个指令完成的是一个最基本的数学运算；（2）过程中的序号是计算机执行的一个顺序，计算机要严格执行该顺序；（3）这个顺序是操作者设定的，而不是计算机本身自带的；（4）过程中并没有出现前面所讲的"与"运算，但如果读者按照顺序走下来，就会发现"与"运算包含在过程中，所以这个过程必须严格遵守；（5）在此过程中，会出现指令顺序的跳转，即从指令②跳到指令⑥，如何实现该过程是一个问题（此问题的答案在控制器中给出）；（6）指令中应包含跳转指令，否则某些数学运算无法实现。

表 3.3 为 8086/8088 所支持的逻辑运算指令。表 3.4 为 8086/8088 所支持的移位运算指令。

表 3.3　8086/8088 所支持的逻辑运算指令

助记符	说明	注释
AND DST,SRC	(DST)←(DST) AND (SRC)	逻辑与指令
OR DST,SRC	(DST)←(DST) OR (SRC)	逻辑或指令
NOT OPR	(OPR)←NOT (OPR)	逻辑非指令
XOR DST,SRC	(DST)←(DST) XOR (SRC)	逻辑异或指令
TEST DST,SRC	(DST) AND (SRC)	测试指令，两个操作数相与的结果不保存，只影响标志位

表 3.4　8086/8088 所支持的移位运算指令

助记符	说明	注释
SHL reg/mem, 1		逻辑左移：最高位移至 CF，最低位补 0
SHR reg/mem, 1		逻辑右移：最低位移至 CF，最高位补 0
SAL reg/mem, 1		算数左移：最高位移至 CF，最低位补 0

续表

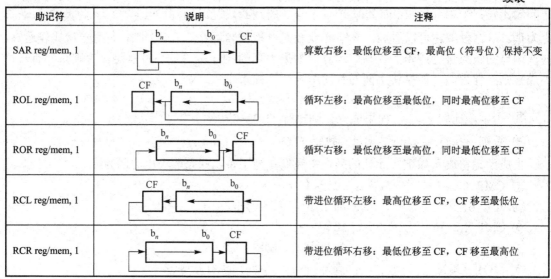

助记符	说明	注释
SAR reg/mem, 1		算数右移：最低位移至 CF，最高位（符号位）保持不变
ROL reg/mem, 1		循环左移：最高位移至最低位，同时最高位移至 CF
ROR reg/mem, 1		循环右移：最低位移至最高位，同时最低位移至 CF
RCL reg/mem, 1		带进位循环左移：最高位移至 CF，CF 移至最低位
RCR reg/mem, 1		带进位循环右移：最低位移至 CF，CF 移至最高位

注：表中 reg 代表寄存器；mem 代表存储器

　　到目前为止，我们知道为了尽量完成所有可能的数学运算，CPU 的运算器需要包含算术运算单元、逻辑运算单元、移位运算单元等，而且每一种运算单元又会根据不同需要设计多种的运算指令，每一条指令对应一种运算单元，显然 CPU 中包含多种运算单元。为了便于区分每一种运算单元，将每一种运算单元用二进制数方式进行一个编码。编码的方式有很多，效率也不同，为了便于理解，我们采用最简单但是效率最低的编码方式：顺序编码，如表 3.5 所示。

表 3.5　指令顺序编码

二进制编码	对应的汇编指令	说明
0001	ADD DST,SRC	加法指令
0010	ADC DST,SRC	带进位加法指令
0011	SUB DST,SRC	减法指令
0100	SBB DST,SRC	带进位减法指令
0101	DEC OPR	减 1 指令
…	…	…

　　为了便于理解，将二进制编码理解为操作码，当 CPU 读到操作码时，例如 0101，CPU 就知道编程者希望计算机完成减 1 运算，至于是谁减 1，后面的 OPR 会给出答案。CPU 按照 0101 编码找到减 1 运算的相关硬件电路（命名为 DEC），将 OPR 中的信息给到 DEC 的电路中，实现减 1 运算后，将结果回送到 OPR 中。

　　实际的操作码没有如此的简单，我们以 8086 的加法指令为例，说明一个具体的操作码将会如何设计。在 8086/8088 系统中，加法指令形式为：ADD AX，3。其中 ADD 为助记符，表示加法运算；"AX" 作为一个存放加数的位置，在此称之为 "寄存器（Register）"，同时该寄存器又作为运算结果的暂存器，即 "和" 存放的位置，"3" 为一个具体的数，称之为立即数（immediately number），作为另一个加数。这是一种助记符的表示方法，对于人类而言，这并不难理解。但对计算机而言，则无法理解，所以，我们需要将其转换成计算机可以理解的二进制数据，如表 3.6 所示。

表 3.6　指令的设计方式

操作码			寻址方式			数据		数据	
OP(6)	D(1)	W(1)	MOD(2)	REG(3)	R/M(3)A	Data_L 或 DISP_L	Data_H 或 DISP_H	Data_L	Data_H

REG	W=0	W=1	R/M	MOD=00	MOD=01	MOD=10	MOD=11 W=0	MOD=11 W=1
000	AL	AX	000	BX+SI	BX+SI+DISP8	BX+SI+DISP16	AL	AX
001	CL	CX	001	BX+DI	BX+DI+DISP8	BX+DI+DISP16	CL	CX
010	DL	DX	010	BP+SI	BP+SI+DISP8	BP+SI+DISP16	DL	DX
011	BL	BX	011	BP+DI	BP+DI+DISP8	BP+DI+DISP16	BL	BX
100	AH	SP	100	SI	SI+DISP8	SI+DISP16	AH	SP
101	CH	BP	101	DI	DI+DISP8	DI+DISP16	CH	BP
110	DH	SI	110	DISP16	BP+DISP8	BP+DISP16	DH	SI
111	BH	DI	111	BX	BX+DISP8	BX+DISP16	BH	DI
D=0	目的操作数			源操作数				
D=1	源操作数			目的操作数				

在 8086/8088 系统中，操作码为 8 位，其中前 6 位为操作码的编码，第 7 位为 D 位，当 D = 1 时，寻址方式中的寄存器为目的操作数；当 D = 0 时，寻址方式中的寄存器为源操作数。第 8 位为 W 位，当 W=1 时按 16 位方式操作；当 W=0 时按 8 位操作。第二个 8 位是寻址方式，参见第 5 章中的内容，暂时我们可以理解为对存储器的访问（读/写）方式。后面的 8 位为立即数。所以，ADD AX，3 的十六进制数形式为：05 03 00，换算为二进制则为：

操作码						D	W	Disp_L								Disp_H							
0	0	0	0	0	1	0	1	0	0	0	0	0	0	1	1	0	0	0	0	0	0	0	0

图 3.5　ADD AX，3 的机器码结构

读者可以将此二进制数和表 3.6 中的内容比较来理解 8086 的机器指令的编码方式。

从上面的分析可以看到，运算单元一般都有其具体的功能和操作方式，例如乘法需要被乘数、乘数、积、进位等数据参与运算，很显然要想使乘法运算单元工作，这些数据必须都出现在乘法运算器的输入/输出端，数据什么时候、如何来到运算单元的输入端？操作运算单元必须通过指令控制，指令又如何选择运算单元呢？

我们在设计计算机的时候，基本思路是"用软件去控制硬件执行"，对硬件运算器我们有了一定的了解，它是一个个的数字电路系统，例如，加法器、乘法器、"与"运算器、"或"运算器等。而软件是什么？我们到目前为止还不十分清楚。但我们可以设想一下：每一个数学计算可能需要用到多个运算器，按照一定的运算顺序有条不紊地执行，即可得到计算所需要的结果。而每一个运算器的运算应该需要几个步骤：①选中一个运算器；②将参与运算的数据送到运算器的输入部分（加数、被加数）；③运算器实现运算；④将运算结果保存在某个地方。经过上述 4 个步骤，就可以完成一个基本运算，而通过前面的分析，我们知道，可以用一条"指令"实现上述 4 个步骤。完成一个运算常常是由人设计好一个计算顺序，而后按顺序运算，每个计算完成单一的任务（例如，加、减、乘、除），每个任务用一条指令表述，一个复杂的运算由多个指令按顺序组成，我们称之为指令序列。换句话讲，一个计算可能对

应着至少一个"指令序列"。我们将这个指令序列称之为**软件**。软件是指令序列，在冯·诺依曼体系中，将指令存储在存储器中，而不是存在 CPU 中，CPU 需要到存储器中获取指令，然后根据具体的指令来控制硬件的执行。那么 CPU 通过何种办法获得指令？指令又是如何控制硬件执行的呢？

如果我们将运算单元比喻为一个个加工点，显然需要一个传输带，将相应的指令和数据通过传输带分别依次地送到相应的加工点，这个传送带显然需要一个控制（调度）系统来进行调度才能使得生产有条不紊地工作。这个调度系统我们称之为**控制器**。

3.1.2　控制器的组成

我们现在所谈论的计算机，严格意义上讲应该称之为"通用数字电子计算机"，其硬件部分是用数字电子技术实现的，而且一经设计完成就已经成型，不需要根据功能的变化而改变。要改变其功能，也就是实现"通用"性，只需要改变其上运行的软件即可。

前一章节我们已经了解了 CPU 的运算器中包含若干个运算单元（算术运算单元、逻辑运算单元、移位运算单元、比较运算单元等），这些运算单元都可以完成单一的功能，而一个数值运算可能需要上述多种运算单元的组合才能完成，而且运算的顺序是根据不同的计算而不同，也就是说，每一个运算，我们都需要设计一个运算的流程（过程），计算机需要机械地、正确地按照我们预先设定的步骤进行运算，从而得到我们所需要的结果。换句话讲，程序流程是人为设定的，而 CPU 只需要按照流程一步一步运算即可。

那么由谁，如何实现对设定流程严格地执行呢？很显然，这里需要一个调度系统，该系统的作用是获得已设定的流程，理解流程每一步的工作，调度相应的运算单元进行工作，保存运算结果。也就是说，调度系统的工作是：获得、理解、调度、保存。我们给这个调度系统取个名字就叫：**控制器**。

1．指令流控制

在冯·诺依曼体系中，指令序列存储在存储器中，而不是存储在 CPU 中，CPU 若想按照指令执行，必须首先从存储器中获得二进制指令，我们称这个过程为**取指令过程**。存储器的模型在前面已经讲过了，由两部分构成：地址和存储单元，每个存储单元对应唯一一个地址，指令存储在存储单元中，要想从存储器中读取指令，首先需要给出存储器地址。而程序是一个指令序列，由若干个指令按照一个严格的顺序存储在存储器中，也就是说，知道了第一条指令的存储器地址，如果存在一个自动加"1"的单元，使得地址可以在首地址上依次增加，则可以自动读取其后的若干条指令，所以，在 CPU 中需要设置一个寄存器存储指令的地址，而且该寄存器可以自动加"1"，我们将其称之为 PC（Programmer Counter）。在 8086/8088CPU 中该寄存器命名为 IP（Instruction Pointer），严格意义上讲应该是由 CS:IP 组合而成的，在 3.2 节中将详细介绍。先撇开如何将 PC 中的地址信息传送到存储器中，我们先假设存在一条通路，能将 PC 中的内容传递到存储器中，其逻辑图如图 3.6 所示。

存储在 PC 中的内容只能是地址，换句话讲，为 PC 赋的任何一个数值，都只能出现在存储器的地址端。我们现在可以说 PC 和存储器之间存在一条地址线，称之为地址线是因为其传输的二进制信息将永远是地址信息。至于 PC 寄存器如何与存储器相连，如何能将地址信息传递给存储器，我们将在第 4 章中讲解。现在我们不妨假设存在这样一条通路，可以将 PC 中的地址传递给存储器。

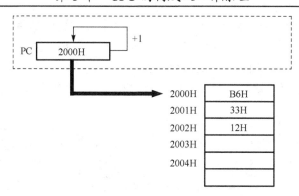

图 3.6　PC 与存储器之间的联系

　　PC 的存在，为指令按顺序读取存储器中的信息提供了很好的实现方案。这就要求指令序列（程序）必须按顺序存储在存储器中。但是从前一章节的讲述中我们发现很多的数学运算需要在不同条件下执行不同的指令，也就是说，随着条件的变化，程序的地址应该是可变化的（可跳转的）。所以我们在设计 CPU 时，PC 是被设计成一个寄存器，也就是说，PC 中的内容是可以被更改的。在图 3.6 中，PC 中的内容是 2000H，如果我们将其改变为 2004H，此时将要读取的将是 2004H 中的内容，而再不是 2000H 中的内容，就是说 PC 的地址值是多少就访问该地址的存储单元。所以，PC 的设计为我们随机存取存储器中的内容提供了条件。

　　虽然我们可以通过地址线找到相应的存储单元，但其中的内容如何读到 CPU 中呢？如果还利用地址线读回存储器中的内容，那么 PC 中的内容将被读回来的数据所覆盖，出现随机的变化，顺序读取的思路将被改变，此路不通。我们需要另外建一条通路，将存储器中的内容读到 CPU 中来，如图 3.7 所示。

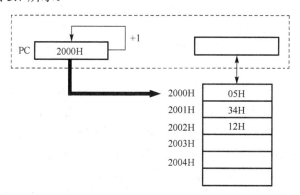

图 3.7　PC 与存储器之间的联系

　　该通路和存储器单元中的内容相连，读出的将是指令或者数据，我们称之为数据线。地址线上传送的是地址信息，数据线上传送的是指令或者数据信息。

　　【例 3.2】　8086CPU 中的加法指令助记符为 ADD AX, 1234H，其对应的机器指令（二进制指令）为 05H, 34H, 12H，即该指令由三个字节组成，其中 05H 为操作码，说明是加法指令；被加数存放在 AX 寄存器中；加数是一个 16 位的立即数 1234H，存储在 05H 后两个字节中。如果 05H 存储在 2000H，则 34H 存储在 2001H 中，12H 存储在 2002H 中。要使 CPU 完成加法操作，3 个二进制数都必须读到 CPU 中来，其分别有不同的用途，如图 3.7 所示。

　　从这个例子中我们看到，指令由操作码和操作数组成，这条是三字节的指令，在图 3.7

中我们并没有命名和存储器内容相连的寄存器，原因是此时这个名称没有办法给出。从数据线回来的数据可能是数据信息，也可能是指令信息。对于数据和指令而言，虽然都是二进制编码，但显然其含义是不一样的，CPU 必须区别对待。所以，信息在进入到 CPU 之后会走不同的路径：指令走一条路；数据走另一条路。我们将图 3.7 重新画为图 3.8。

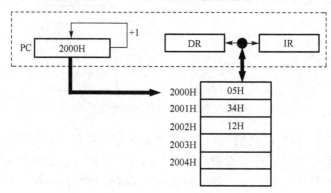

图 3.8　PC 与存储器之间的联系

图 3.8 中增加了两个寄存器分别为 IR（指令寄存器，Instruction Register）、DR（数据寄存器，Data Register）。如果是操作码暂存到 IR 中，数据暂存到 DR 中，这就出现了一个问题，CPU 如何知道读回来的二进制数字是操作码还是操作数呢（是指令还是数据）？我们前面明确地讲了，任何机器指令必须符合一个固定的格式，如图 3.9 所示。

操作码	操作数（或操作数地址）

图 3.9　指令格式

第一个字节必须是操作码，其后的字节才可以是操作数（或操作数地址）。这就要求 PC 初始化的地址必须是一条指令第一个字节（操作码）所在的地址，此时取出的二进制信息必然是操作码，存储到 IR 中。换句话讲，PC 寄存器中的初始地址必须是操作码所在内存单元的地址，而不能是数据地址。

此时 CPU 要做另外一件事，分析操作码的含义，即要知道该操作码命令 CPU 完成何种操作，当 CPU 分析出操作码为 05H 时，CPU 就知道，该指令要完成加法操作，而且知道被加数在 AX 中，需要为 AX 和加法器建立一个数据通路，而另外一个加数是一个立即数，一定存储在该操作数所在存储器地址的后两个连续地址中，然后 CPU 连续读取两个地址（PC 会通过自动加"1"找到另外两个地址）中的二进制信息，不用考虑肯定存在 DR 中，CPU 根据分析出的指令信息，为 DR 和加法器建立一个数据通路，加法器的两个参与运算的操作数就准备好了，启动加法器，计算出和值，将和值存储在 AX 寄存器中。到此该条指令执行结束。

由上述分析可知，存储到 IR 中的操作码还需要进行其他几个工作：译码、控制执行，如图 3.10 所示。

译码和控制执行的过程比较复杂，我们在此不做更详细的说明，有兴趣的读者请参看相关书籍。但我们想说明的是，随着计算机技术的提高，控制执行的技术出现了较大的变化，最初的控制执行是用数字电路的技术实现的，而现在多采用微程序的控制方式来实现，微程序的方式相对简单而且灵活。在这里我们抛开具体实现方式不谈，为理解方便只给出一个简单的示意图，示意一个加法运算器的数据通路，如图 3.11 所示。从图中可以看到，被加数和组合开关 I 相连，而组合开关的另一端分别于 AX、BX、CX、DX 相连，至于是 AX~DX 中的哪一个寄存器的数值连接到加法器被加数端，需要看组合开关 I 的控制，当控制端 I 将开关连接到 AX 时，则 AX 与被加数端相连，AX 成为被加数，而 BX、CX、DX 是断开的，我们可以理解组合开关为一个多选一的开关。我们说这是一个示意图，是因为这里有多个 AX、BX、CX、DX，实际上应该只有唯一一组。

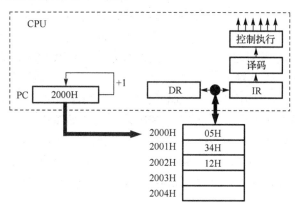

图 3.10　PC 与存储器之间的联系

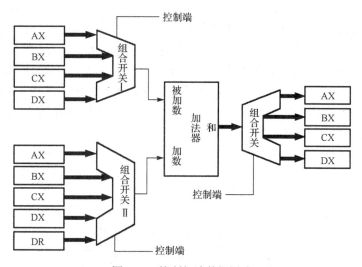

图 3.11　控制加法数据通路

细心的读者可能已经注意到了，在指令格式中操作码是唯一的，而后面紧跟的是操作数或操作数地址。一个"或"会给计算机带来很多的困惑。到底是操作数还是操作数地址？虽然都是二进制数值，但是其含义又大相径庭。操作数将直接参与运算，而操作数地址又说明什么？很显然是一个地址，而不是直接参与到运算中的数值。既然是地址，显然和存储器相关，也就是存储器地址，这又是怎么回事？计算机如何区分是操作数还是操作数地址呢？如果是地址，那又应该如何处理呢？

为了让人能够区分，汇编语言在设计时一般会将立即数和地址用不同的形式表达，例如8086 计算机中会采用如下形式表达：

```
ADD  AX, [1234H]
```

将其和上面的加法指令对比一下可以看出区别。这条指令中的"1234H"不再是加数，而是存储器中的地址，也就是说，加数现在已经存储在存储器中，存入以"1234H"为地址的存储单元中，CPU 读到 1234H 后，需要将 1234H 传送到地址线上，再从 1234H 存储单元中读出其中信息，通过数据总线传送到 DR 中，再完成之后的操作。很显然，CPU 对该指令的解释就不同于 ADD AX，1234H，那么操作码也就不能再是 05H 了。该指令在计算机中的机器指令为 03H，06H，34H,12H，是一个四字节的指令。因为编码不同，解释也不同，对控制器来讲这不是问题。而问题在于，1234H 不再是一个立即数，而是一个存储器地址，那就意味着需要通过 CPU 与存储器相连的地址线传送到存储器去，而我们现在所设计的 CPU 只有 PC 寄存器和地址总线相连，如果将 1234H 送到 PC 寄存器中，虽然可以找到地址为 1234H 的存储单元，但是，PC 寄存器中的内容（2000H）也将被 1234H 所替代，而 2000H 是存储指令序列的地址，接下来的指令序列已经存储在 2000H 之后的存储器中，一旦 PC 寄存器中的内容被修改就意味着指令序列的地址被 1234H 这个地址"修改"了，原来的"2000H"将从 PC 中彻底消失，替代它的将是 1234H，CPU 将从 1234H 地址处取指令，而我们的指令在 2000H，这样指令序列的顺序就被打乱了，CPU 无法再找到真正的指令序列所在的地址。所以，PC 的内容不能这样被修改。

那 CPU 又如何去读取 1234H 地址中的数据呢？唯一的办法只有改变 CPU 中寄存器的布局，我们将图 3.10 修改为图 3.12，增加了一个寄存器 MAR，同时将 PC 的位置进行了移动。MAR（Memory Address Register）直接与地址总线相连，PC 寄存器和 MAR 之间存在一条数据通路。如此一来，当上述指令 ADD AX，[1234H]出现时，其中的 1234H 作为指令中的数据通过数据线读入 CPU 中，控制器根据译码的结果知道该数不是立即数，而是一个地址，通过数据通路直接将 1234H 送到 MAR 寄存器中，存到 MAR 寄存器中的数据立即出现在地址总线上，成为一个存储器地址，选中存储器的一个存储单元。当控制器发出读信号后，将 1234H 中的内容读入 CPU 中作为加法器的加数。

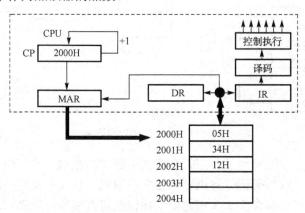

图 3.12   PC 与存储器之间的联系

细致的读者可能会产生另一个问题：PC 和 MAR 是相连的，1234H 送到 MAR 中，PC 中的 2000H 是否也要往 MAR 中送？都要存储到同一个寄存器中，如何协调？这就是控制器的作用了，控制器在将 1234H 送往 MAR 寄存器之前，一定要产生一个控制信号，将 PC 和 MAR 之间的数据通路断开，而只保留存储器和 MAR 之间的数据通路，就不会出现拥挤的状态了。当 1234H 地址中的数据读取完，ADD AX，[1234H]指令执行完后，需要将 PC 和 MAR 之间的通路打开，同时断掉存储器和 MAR 之间的通路。这里面有一个概念，即 MAR 是**分时复用**

的。即 MAR 存的是地址，但既可以是程序地址，也可以是数据地址；但不能在同一个时刻既是指令地址又是数据地址，必须从时间上分隔开，称为分时复用。分时复用的概念在计算机中经常被使用，可以有效地提高硬件资源的利用率。

我们将运算器添加到图 3.12 中，基本上一个较完整的 CPU 就形成了，如图 3.13 所示。在这里，运算器完成运算任务，控制器完成协调调度任务，寄存器完成中间运算结果的存储任务，各司其职协调动作，形成了一个较完整的计算系统。而具体执行什么样的计算，要看程序（指令序列）的设置，这部分任务是交给人来完成的。

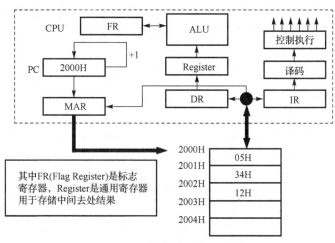

图 3.13　PC 与存储器之间的联系

在上面的表述中提到了一个词"协调动作"，那么这么多的部件，这么多的功能，如何才能"协调动作"？下面的时序控制将告诉我们答案。

2. 时序控制

将上节的 ADD AX，1234H（机器码为 053412H，存储在 2000H 开始的连续三个存储单元中）的操作过程按照时间顺序重写如下：

（1）PC 寄存器初始化为 2000H，PC→MAR，2000H 出现在地址总线上；

（2）存储器选中 2000H 地址单元，操作码 05H 出现在数据总线上；

（3）CPU 从数据总线上将 05H 读入 CPU 中；

（4）将 05H 传送到 IR 寄存器中；

（5）控制器对 05H 进行译码；

（6）启动控制执行电路；

（7）建立 AX 与加法器数据通路；

（8）PC=PC+1，2001H 出现在地址总线上；

（9）存储器选中 2001H 存储单元，34H 出现在数据总线上；

（10）CPU 将 34H 读入 CPU 的 DR 中；

（11）PC=PC+1，PC→MAR，2002H 出现在地址总线上；

（12）存储器选中 2002H 存储单元，12H 出现在数据总线上；

（13）CPU 将 12H 读入 CPU 的 DR 中，形成 1234H；

（14）建立 DR 与加法器的数据通路；

（15）启动加法运算，将运算结果送到 AX 中，并判断是否有进位、溢出，相应的 FLAG 位是否有变化；

（16）加法指令结束。

从上面的叙述中可以看到，其中主要的过程是从存储器中取指令和数据，总共有 3 次对存储器的读操作，每次操作的过程完全一致，只是地址值和数据值有变化，而过程没有变化，很显然这个过程可以成为一个**机械化**的过程。我们将这个过程称之为**访存过程**（读取指令的过程）。在控制器的调度下，各个寄存器、运算器协调动作完成指令的功能，称之为**执行过程**。

图 3.14　指令操作顺序图

早期的 CPU 一般分为这两个过程，这两个过程仔细分析发现是有时间顺序的，即先取指令，然后执行，如图 3.14 所示。

程序是一个指令序列，由若干条指令按照设定的顺序存储在存储器中，而控制器需要按照某种设计好的顺序取出指令，并完成执行指令的任务，从而得到计算结果。如果上面所说的指令操作顺序成立，那么控制器的任务就变得很简单，即逐条取出指令，执行指令，周而复始。也就是说，控制器完成的任务有两个：取指和执行，对于每一条指令而言，都是如此。那么，一个程序的控制过程就变成了如图 3.15 所示的时间序列。

取指	执行	取指	执行	取指	执行	取指	执行

T

图 3.15　程序执行顺序图

程序（指令序列）的执行过程将变成一个取指、执行过程的反复重复，一直到程序结束。很显然这个过程很机械，完全可以用自动化的方式实现。

通过前面的分析，如果我们将计算逐步分解为小的、独立的运算单元，而且用机器可以识别的固定的指令方式表达，上述过程就可以成为现实。当然，是否可以应用于所有的计算可通过数学证明来确定，图灵和丘奇等数学家为此已经做出了相当大的数学贡献。

在图 3.15 中，我们添加了一个时间轴，也就是说，程序的执行是有时间顺序的，首先对第一条指令取指，完成第一条指令的执行；而后，对第二条指令取指、执行；……虽然每条指令的长短不一，功能各异，但是可以肯定的是，一定可以在一个时间段内完成，我们将一条指令取指、执行的全过程所需要的时间称之为**指令周期**。显然，不同指令的指令周期是不同的（对于 CISC 指令集指令周期差别很大，但对于 RISC 指令集指令周期基本相同，参看 3.3 节）。

在上一节中，我们提到了一个问题：如何"协调动作"？在冯·诺依曼体系中，提出的一个观点就是利用二进制数实现计算机的功能，其中的一个主要原因就是二进制数的运算可以利用数字电路的技术来实现，实现起来比较简单。

而二进制数无外乎两个元素："1"和"0"，在电路中可以用+5V 代表"1"，而用 0V 代表"0"。根据数字电路的知识，我们知道数字电路可以用方波来实现同步工作（参看附录 A）。方波如图 3.16 所示。

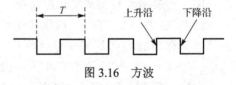

图 3.16　方波

为了使计算机中的所有部件能够协调一致工作，计算机需要一个统一的方波来协调各个部件之间的工作，该方波与计算机的主频有密切的关系。方波是一个具有固定周期的信号，周期为 T，则该方波的频率为：$f = 1/T$。每个方波周期代表一个时间段，称之为**时钟周期**。该方波由 CPU 来产生，因为 CPU 是控制计算机工作的核心部件，所有部件的工作需要听从

CPU 的统一调度和指挥，所以主频首先要保证 CPU 能够正常工作。在理论上讲，如果主频较高，则每个时钟周期较短，CPU 的运行速度就较快。在 CPU 的控制器中会有一部分电路用于产生方波。

在计算机中一般包含两种不同的逻辑：组合逻辑和时序逻辑。组合逻辑是处理数据值的单元，它们的输出只取决于当前的输入。当输入相同时，输出也相同。例如，运算器中叙述的与、或、非等逻辑单元属于组合单元。典型的特征是没有内部存储功能。时序逻辑带有内部存储功能，例如，存储器、寄存器等属于时序逻辑。

每个组合逻辑至少有两个输入和一个输出，两个输入为：要写入单元的数值和何时写入的时钟信号，例如 D 触发器即为 1 位的时序逻辑，如图 3.17 所示。

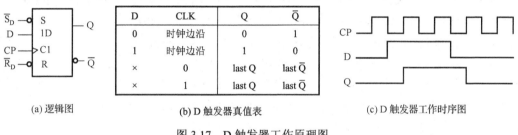

(a) 逻辑图　　　　　　(b) D 触发器真值表　　　　　　(c) D 触发器工作时序图

图 3.17　D 触发器工作原理图

根据数字电路中时序逻辑的原理，连接到输入端 D 的是一个二进制的数据（电压值），何时出现在输出 Q 端，要具体看 CP 的变化。也就是说虽然 D 触发器可以将输入 D 端的数据锁存到输出 Q 端，但必须受控制端 CP 的控制，此处的时序图中可以看到，D 触发器的 Q 端的变化与 CP 的上升沿有关。如果数据"1"已经到达 D 端，CP 上升沿未出现之前，Q 端将维持之前的值 0；当 D 变为 0，一直等到 CP 的上升沿到达，Q 才变为 0。所以从时序图中可以看到，Q 的时序和 D 的时序存在一个时间差，并不完全同步。

对于组合单元而言，不需要考虑时间的先后。但对于状态单元就要考虑时间的问题。例如，对于存储器而言，是既可以读又可以写的单元，规定其读/写的时间非常关键，如果一个信号同时被读出和写入，所读出的信号可能是写入前的值，也可能是写入后的值，也就是说，此时读出的值是不确定的，很显然，计算机是不允许这种不确定的情况出现。

那么时序是如何"协调"程序的取指、执行等操作过程的呢？对于状态单元的时间冲突问题，计算机又该如何进行协调呢？这些问题我们将在总线一章中的时序部分给出答案。

3.2　典型 CPU 的构成

1978 年英特尔公司生产的 8086CPU 是第一个 16 位的微处理器，如图 3.1（b）所示。很快 Zilog 公司和摩托罗拉公司也宣布计划生产 Z8000 和 68000，这就是第三代微处理器的起点。1979 年，英特尔公司又开发出了 8088CPU。

1981 年 8 月 12 日是一个普通的日子，但对全球计算机产业来说则是一个值得纪念的日子。在这一天，IBM 公司正式推出了全球第一台个人计算机——IBM PC/XT（如图 3.18 所示），它基于 4.77MHz 主频运行微软公司专门为 IBM PC 开发的 MS-DOS 操作系统。

图 3.18　IBM PC/XT

　　之后，IBM 又推出了 IBM PC/AT 16 位 PC，从此奠定了 IBM 在微型计算机界的位置，同时 Intel 与 Microsoft 公司也成为了计算机行业的领先公司。因此，8086/8088 两款 CPU 在计算机发展史上占据着重要的地位。

　　8086/8088 CPU 内部设计有很大的相似性，其运算器和寄存器均采用 16 位二进制位的运算方式设计，因此我们习惯称之为 16 位微处理器。8088 CPU 与外部存储器交互的数据总线采用 8 位二进制位方式，而 8086 采用 16 位方式，所以也称 8088 CPU 为准 16 位机，而 8086 CPU 为 16 位机。到目前为止，CPU 的设计已经扩展到 32 位、64 位，性能也提高了许多，内部结构也出现了较大的变化，但 CPU 的基本构成和运行方式基本没有变化，所以，我们还是以 8088/8086 CPU 为例来讨论 CPU 的构成。

　　8086/8088 CPU 内部构成如图 3.19 所示。从图中我们看到 8086/8088 CPU 内部被分割为两个部分：执行单元 EU（Execute Unit）和总线接口单元 BIU（BUS Interface Unit），这个分割是引入了 CPU 的一个优化技术：流水线技术（参见 3.3 节），是一个二级流水。和通用的 CPU 类似，其包含 8 个 16 位的寄存器，按功能分为两组，一组包括 AX、BX、CX 和 DX 4 个寄存器，称为通用数据寄存器，用来存放操作数或地址。其中 AX 又称为累加器。另一组包括 DI、SI、SP 和 BP 4 个寄存器，每个寄存器分别有各自的专门用途，故称为专用寄存器。其中 SI 称为源变址寄存器；DI 称为目的变址寄存器；SP 称为堆栈指示器，即堆栈指针；BP 为对堆栈操作的基址指示器，即基址指针，BP 中存放的是堆栈段中某一存储单元的偏移地址。

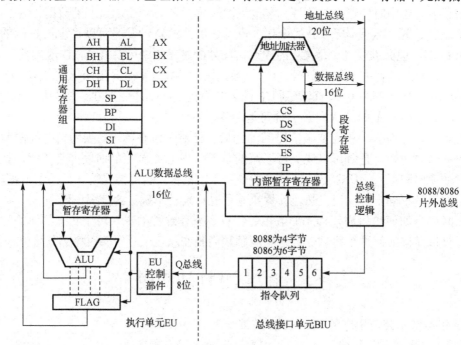

图 3.19　8086/8088 CPU 内部构成

　　CPU 中包含运算器（ALU）、控制器（CU）、寄存器（REG）。8086/8088 CPU 有 8 个寄存器，分别命名为 AX、BX、CX、DX、SP、BP、SI、DI，其中 AX、BX、CX、DX 4 个 16 位寄存器还可以按 8 位分别操作。AH、AL 组成 AX；BH、BL 组成 BX；CH、CL 组成 CX；DH、DL 组成 DX。IP 为指令寄存器，相当于通用 CPU 中的 PC，可以自动加"1"。FLAG 为标志寄存器，存储运算过程中产生的各种标志，如图 3.3 所示。

CPU 中建立了一个内部的 16 位数据总线,用来在寄存器、ALU、BIU 之间传递数据信息。BIU 作为 CPU 和外部存储器进行信息交互的部件。8086/8088 CPU 的一个重要特点是:CPU 内部的操作为 16 位,而可以访问 1MB 的存储空间。按照我们已有的知识,16 位二进制数有 2^{16} 种组合,即 64K 种可能,如果用 16 位二进制数作为地址线,则只能访问 64KB 存储空间。为了能访问 1MB 存储空间,8086/8088 CPU 做了一个特殊的设计,即在 BIU 部分设立了 4 个段寄存器:CS、DS、ES、SS,每个段寄存器可以存储 16 位二进制信息,同时设计了计算物理地址的方法:

$$物理地址 = 段寄存器*16 + 偏移地址 \qquad (3.2)$$

式(3.2)中的 16 为十进制数,换句话讲,将段寄存器中的二进制信息左移 4 位,相当于乘以 16。

【例 3.3】 如果 CS 中的内容为 2000H,而 IP 中的内容为 3000H,则按照式 3.2 得到:

$$外部地址 = 2000H*16 + 3000H = 20000H + 3000H = 23000H$$

两个 16 位二进制数据经过式(3.2)的运算后,得到一个 20 位二进制数据,而 2^{20} 可以组成 20 位地址信息。所以在 8086/8088 CPU 系统中,一个外部地址(23000H)是由两个内部地址(2000H、3000H)合成的,我们称外部地址为**物理地址**,两个内部地址称为**逻辑地址**。存在段寄存器中的逻辑地址称为**段地址**,另外一个非段寄存器中的地址为**偏移地址**,经常用 2000H:3000H 来表示。

当初的这个设计应该是一个权宜之计,按照传统 CPU 内部的操作一般以 8 位二进制数的整数倍来进行,称 8 位二进制数为一个字节,8086/8088 CPU 的操作按 2 个字节进行设计,因此 8086/8088 CPU 的一个字是由 2 个字节组成。而在 20 世纪 80 年代,技术还不够先进,更多的字节组成的操作成本会比较高,为了平衡成本和计算速度之间的关系,选用了上述的一个设计。

3.2.1　8086 微处理器的功能结构

Intel 8086 微处理器属于第三代微处理器,在冯·诺依曼体系的基础之上,设计者引入了流水线的技术,提高了 CPU 的运行效率,8086/8088 微处理器采用了较初级的二级流水线技术,虽然比较简单,但体系结构变化的思路已经体现出来了。

1. 指令执行单元(EU,Execute Unit)

指令执行单元 EU 的功能是负责执行指令,即负责全部指令的译码和执行,同时管理 CPU 内部的有关寄存器。执行单元 EU 由一个 16 位的算术逻辑单元(ALU)、16 位的标志寄存器(实际仅用 9 位)、8 个 16 位的寄存器,以及数据暂存器等组成。

1)算术逻辑运算单元(ALU,Arithmetic Logic Unit)

它是一个 16 位的运算器,可用于 8 位或 16 位二进制数算术运算或逻辑运算,运算结果可通过片内总线传送到通用寄存器或标志寄存器,还可经 BIU 写入存储器。16 位的暂存器用来暂存参加运算的操作数。

2)标志寄存器

也称为程序状态字(PSW,Program Statute Word)寄存器,简称状态寄存器。其作用是用来存放 ALU 运算后的结果特征或机器运行状态,标志寄存器长 16 位,实际使用了 9 位。

3）通用寄存器组

它包含 8 个 16 位的寄存器，按功能分为两组，一组包括 AX、BX、CX、DX 这 4 个寄存器，称为通用数据寄存器，用来存放操作数或地址。其中 AX 又称为累加器。另一组包括 DI，SI，SP 和 BP 这 4 个寄存器，每个寄存器分别有各自的专门用途，故称为专用寄存器。其中，SI 称为源变址寄存器；DI 称为目的变址寄存器；SP 称为堆栈指示器，即堆栈指针；BP 为对堆栈操作的基址指示器，BP 中存放的是堆栈段中某一存储单元的偏移地址。这 4 个专用寄存器在 CPU 寻址中起着重要作用，寻址方式将在存储器一章讲解。

4）EU 控制器

EU 控制器的作用是从 BIU 的指令队列中取指令，并对指令进行译码，根据指令要求向 EU 内部各部件发出相应的控制命令以完成每条指令所规定的功能。因此相当于传统计算机 CPU 中的控制器。

8086/8088 CPU 由于引入了流水线技术，将原来由控制器独立完成的工作，分成两部分，分别由 BIU 和 EU 控制器来完成，BIU 负责 EU 与外部存储器之间传送数据，EU 控制器负责译码和执行工作。

指令执行单元 EU 的工作就是执行指令，并不直接与外部发生联系，而是从总线端口单元 BIU 的指令队列中源源不断地获取指令并执行，省去了访问存储器取指令的时间，提高了 CPU 的利用率和整个系统的运行速度。如果在指令执行过程中需要访问存储器或需要从 I/O 端口取操作数时，则 EU 向 BIU 发出操作请求，并将访问地址（有效地址 EA）传送给 BIU，由 BIU 从外部取回操作数送入 EU。当遇到转移指令、调用指令和返回指令时，EU 要等待 BIU 将指令队列中预取的指令清除，并按目标地址从存储器取出指令送入指令队列后，EU 才能继续执行指令。这时 EU 和 BIU 的并行操作显然要受到一定的影响，这是采用并行操作方式不可避免的。但只要转移指令、调用指令出现的概率不是很高，EU 和 BIU 间既相互配合又相互独立工作的工作方式仍将大大提高 CPU 的工作效率。

2．总线接口单元（BIU，Bus Interface Unit）

BIU 是 8086 微处理器中的总线接口单元，负责对全部引脚的操作，即 8086 对存储器和 I/O 设备的所有操作都是由 BIU 完成的。所有对外部总线的操作都必须有正确的地址和适当的控制信号，BIU 中的各部件主要是围绕这个目标设计的。BIU 提供了 16 位双向数据总线、20 位地址总线和若干条控制总线，其具体任务是：负责从内存单元中预取指令，并将其传送到指令队列缓冲器暂存。CPU 执行指令时，BIU 根据指令的寻址方式通过地址加法器形成指令在存储器中的物理地址，然后访问该物理地址所对应的存储单元，从中取出指令代码送到指令队列缓冲器中等待执行。指令队列一共 6 个字节，BIU 从存储器中预取出几条指令，存放在指令队列中；EU 从指令队列中依次取出指令分别执行；遇到转移类指令时，BIU 将指令队列中的已有指令作废，从新的目标地址中取指令送到指令队列中；EU 读/写数据时，BIU 将根据 EU 送来的操作数地址形成操作数的物理地址，从内存单元或外设端口中读取操作数或者将指令的执行结果传送到该物理地址所指定的内存单元或外设端口中。

总线接口单元 BIU 主要由 4 个段寄存器、1 个指令指针寄存器、1 个与 EU 通信的内部寄存器、先入先出的指令队列、总线控制逻辑和计算 20 位物理地址的地址加法器组成。4 个段寄存器分别称为代码段寄存器（CS）、数据段寄存器（DS）、堆栈段寄存器（SS）和附加数据段寄存器（ES）。

1）地址加法器和段寄存器

8086 微处理器的 20 位物理地址可直接寻址 1MB 存储空间，但 CPU 内部寄存器均为 16 位的寄存器。20 位的物理地址是由专门的地址加法器将有关段寄存器内容（段的起始地址）左移 4 位后，与 16 位的偏移地址相加获得的。如在取指令时，由 16 位指令寄存器（IP）提供一个偏移地址（逻辑地址），在地址加法器中与代码段寄存器（CS）内容相加，形成 20 位物理地址，传送到总线上对指令进行寻址。

2）16 位指令寄存器（IP，Instruction Pointer）

指令寄存器 IP 用来存放下一条要执行指令的偏移地址 EA（也称为有效地址），IP 只有和 CS 相结合，才能形成指向指令存放单元的物理地址。在程序执行过程中，IP 的内容由 BIU 自动修改，通常进行加"1"修改（此处的加"1"，不是加一个字节，而是一条指令），当 EU 执行转移指令、调用指令时，BIU 装入 IP 的则是目标地址。IP 寄存器是 16 位寄存器，IP 与 CS 段寄存器配合使用，而 CS:IP 按照地址运算公式形成物理地址（外部地址），该地址用于访问存储器中指令，所以 CS:IP 两个逻辑寄存器相当于通用计算机的 PC（Program Counter，程序计数器）。

3）指令队列缓冲器

指令队列的作用是预存 BIU 从存储器中取出的指令代码。当 EU 正在执行指令，且不需要占用总线时，BIU 会自动地进行预取指令操作。8086 微处理器的指令队列为 6 个字节，可按先后次序依次预存 6 个字节的指令代码。该队列寄存器按"先进先出"的方式工作，EU 按顺序执行指令。其操作遵循以下原则：

（1）每当指令队列缓冲器中存满一条指令后，EU 就立即开始执行。

（2）每当 BIU 发现队列中空闲了足够的空间时，就会自动地寻找空闲的总线周期进行预取指令操作，直至填满为止。

（3）每当 EU 执行一条转移、调用或返回指令后，BIU 就会清除指令队列缓冲器，并从新地址开始预取指令，实现程序的转移。

BIU 和 EU 是各自独立工作的，在 EU 执行指令的同时，BIU 可预取下一条或几条指令。因此，在一般情况下，CPU 执行完一条指令后，就可立即执行存放在指令队列中的下一条指令，从而减少了 CPU 为取指令而等待的时间，提高了 CPU 的利用率，加快了整机的运行速度。另外也降低了对存储器存取速度的要求。

（4）总线控制逻辑电路

总线控制逻辑电路将 8086 微处理器的内部总线和外部总线相连，是 8086 微处理器与内存单元或 I/O 端口进行数据交换的必经之路。它包括 16 条数据总线、20 条地址总线和若干条控制总线，CPU 通过这些总线与外部取得联系，从而构成各种规模的计算机系统。

3.2.2　8086 微处理器的寄存器结构

由图 3.19 可知，8086 微处理器内部具有 14 个 16 位的内部工作寄存器，用于提供指令执行、指令及操作数的寻址。14 个寄存器按功能不同可分为 3 组，分别为通用寄存器组、段寄存器组和控制寄存器组，如图 3.20 所示。

1. 通用寄存器组

8086/8088 微处理器各有 8 个 16 位通用寄存器，分为两组：数据寄存器及地址指针和变址寄存器。

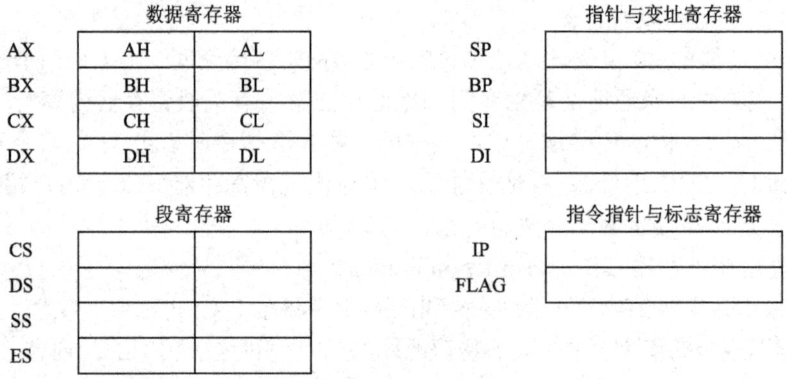

数据寄存器			指针与变址寄存器	
AX	AH	AL	SP	
BX	BH	BL	BP	
CX	CH	CL	SI	
DX	DH	DL	DI	

段寄存器		指令指针与标志寄存器	
CS		IP	
DS		FLAG	
SS			
ES			

图 3.20　8086 寄存器结构

1）数据寄存器

数据寄存器包括 AX、BX、CX、DX，位于 CPU 的 EU 中。数据寄存器主要用来存放算术/逻辑运算操作数、中间结果和地址。由于这些寄存器的存在，避免了每次算术/逻辑运算都要访问存储器，因为访问存储器需要较长时间，因而 CPU 内有较多的通用寄存器，不仅为编程提供了方便，更主要的是可以加快 CPU 的运行速度。

数据寄存器 AX、BX、CX、DX，既可作为一个 16 位的寄存器使用，存放 16 位的数据或地址，也可以分别作为两个 8 位寄存器使用，低 8 位分别称为 AL、BL、CL、DL，高 8 位分别称为 AH、BH、CH、DH。作为 8 位寄存器使用时只能存放数据，这些寄存器的双重性使得 8086 微处理器可以处理字也可以处理字节数据，也就较好地实现了与 8 位微处理器的兼容。

2）地址指针和变址寄存器

地址指针和变址寄存器包括 SP、BP、SI、DI 4 个 16 位寄存器，它们一般是用来存放操作数的偏移地址。其中 SP 称为堆栈指示器，SP 中存放的是当前堆栈段中栈顶的偏移地址，堆栈操作中压栈操作和出栈操作指令就是从 SP 中得到段内偏移地址的。

BP 为对堆栈操作的基址寄存器，BP 中存放的是堆栈中某一存储单元（某一栈单元）的偏移地址。当操作数在堆栈中时，用 BP 作堆栈的基址寄存器，指出操作数在堆栈段中的基地址。SP 和 BP 通常与 SS 联用，为访问当前堆栈段提供方便。

SI 和 DI 称为变址寄存器，通常与 DS 或 ES 联用，为访问当前数据段提供段内偏移地址。SI 和 DI 除作为一般变址寄存器外，在串操作指令中还作为指示器使用，其中 SI 规定用作存放源操作数的偏移地址，称为源变址寄存器，DI 规定用作存放目的操作数的偏移地址，称为目的变址寄存器，且二者不能混用。由于串操作指令规定源操作数（源串）必须位于当前数据 DS 中，目的操作数（即目的串）必须位于附加数据段 ES 中，所以 SI 和 DI 中的内容是当前数据段或当前附加数据段中某一存储单元的偏移地址。因此，在串操作中，SI、DI 必须与 DS、ES 联用，这是一种约定。

当 SI、DI 和 BP 不作为地址指针和变址寄存器使用时，也可将其作为一般数据寄存器使用，用来存放操作数或运算结果，当然这时只能作为 16 位寄存器用，不能作为 8 位寄存器。SP 只能作为堆栈指示器，而不能作为数据寄存器使用。

以上 8 个 16 位通用寄存器在一般情况下都具有通用性，从而提高了指令系统的灵活性。

通用寄存器除具有通用特性外，还具有各自的特定用法，有些指令还隐含地使用这些寄存器。例如，串操作指令和移位指令中约定必须使用 CX 寄存器（而不能用其他寄存器）作为计数寄存器，其作用是存放串的长度和移位次数，这样，在指令中就不必给出 CX 寄存器号，缩短了指令长度，简化了指令的书写形式。通常称这种使用方式为"隐含寻址"，隐含寻址实际上就是给某些通用数据寄存器规定一些特殊用法，程序设计者编程时必须遵循这些规定。由于隐含寻址的原因，把 AX 寄存器又称为累加器，BX 寄存器称为基址寄存器，DX 寄存器称为数据寄存器。

2. 段寄存器组

前面已经指出，访问存储器的地址码由段基址和段内偏移地址两部分组成。段寄存器用来存放段地址。总线端口单元（BIU）可用来设置 4 个 16 位的段寄存器，它们分别是代码段寄存器（CS）、数据段寄存器（DS）、堆栈段寄存器（SS）和附加数据段寄存器（ES）。CPU 可通过 4 个段寄存器访问存储器中 4 个不同的段（每段 64KB）。4 个段寄存器以及它们所指示的 4 个逻辑段分别如下。

（1）代码段寄存器（CS，Code Segment）。它存放当前代码段地址值。CS 的内容左移 4 位再加上指令指针 IP 的内容就是下一条要执行的指令。例如，某指令在代码段内的偏移地址为 0100H，即 IP=0100H，当前代码段寄存器 CS=2000H，则该指令在主存储器中的物理地址(PA)为

$$PA=(CS)左移~4~位+(IP)=20000H+0100H=20100H$$

（2）数据段寄存器（DS，Data Segment）。它存放当前数据段的段基址。通常数据段用来存放数据和变量。DS 的内容左移 4 位，再加上按指令中存储器寻址方式计算出来的偏移地址，即为对数据段指定单元进行读写的地址。例如，当访问数据段中某一变量时，该变量的物理地址(PA)为

$$PA=(DS)左移~4~位+该变量的偏移地址$$

（3）堆栈段寄存器 （SS，Stack Segment）。它存放当前堆栈段的段基址。堆栈是程序执行中所需要的临时数据存储区（堆栈区），采用"后进先出"工作方式，堆栈操作所处理的就是该段中的数据，堆栈段的起始地址（段基址）由堆栈段寄存器 SS 指出。堆栈段一旦定义好之后，系统则自动以 SP 为指针指示栈顶位置（即栈顶的偏移地址）。对堆栈进行压入/弹出数据的操作时，只能使用 PUSH 和 POP 指令，这时栈顶的物理地址(PA)应为

$$PA=(SS)左移~4~位+(SP)$$

当其他指令要访问堆栈段中的某一存储单元时，必须通过基址寄存器 BP 进行，即将该存储单元的偏移地址置入 BP 中，这时该存储单元的物理地址(PA)应为

$$PA=(SS)左移~4~位+(BP)$$

（4）附加段寄存器（ES，Extra Segment）。附加段是一个附加数据段，附加段是在进行字符串操作时作为目的区使用的，ES 存放附加段的段基址，DI 存放目的区的偏移地址。

一般来说，当程序较少，数据量又不大时，代码段、数据段、堆栈段和附加段可设置在同一段内，即包含在 64KB 之内。当程序和数据量较大，超过 64KB 时，可定义多个代码段、数据段、附加段和堆栈段。这时在 CS、DS、SS 和 ES 中存放的是当前正在使用的逻辑段段基址，使用中可以通过修改这些段的寄存器的内容，以访问其他段扩大程序规模。必要时，可通过在指令中增加段超越前缀符来指向其他段。

当读者读到此处时，通常会产生几个问题：（1）为什么一定要采用存储器分段形式？（2）存储器分段又为什么分为 CS、DS、SS、ES 段？（3）这种分段方式和冯•诺依曼体系是否冲突？

采用分段形式是一种在当时条件下不得已的一种选择。我们可以设想一下，如果不采用分段形式，又要同时保证地址总线是 20 位，就要求每个寄存器的位数为 20 位，这是要增加成本的。同时考虑数据操作的位数保证是 16 位，那 20 位寄存器又是一种浪费。难道数据就不可以是 20 位吗？当然可以，如果选择数据是 20 位，那么存储单元的位数又该如何选择呢？每个单元存 10 位，而 10 位又不是 2 的 n 次方的关系，综合考虑这些因素，一个比较好的选择依然是寄存器 16 位，（常常将 CPU 中寄存器的位数称为机器字长；将存储器中每个存储单元存储的位数，称为存储字长，而存储器又可以按照字节编址或按照字编址），而同时又要求地址为 20 位。那就只有存储器分段才是相对比较好的技术解决方案。

至于分割为 CS、DS、SS、ES 段，我们不清楚其设计的基本思想，但可以推测设计者会考虑到几个问题：（1）堆栈是必需的，因为涉及函数（过程）的调用等问题，详细内容将在后续介绍；（2）数学计算有的是以程序（算法）为主，有的是以数据为主，将数据与指令分开存储，有利于分别管理。例如，对多个学生的多门功课进行成绩管理时，很多时候程序是不变的，而数据是可变的。分开后，我们可以只操作数据，而不用改变程序。

3. 控制寄存器组

1）指令指针（IP，Instruction Pointer）

指令寄存器（IP）和传统 CPU 中的程序计数器（PC）的作用是一致的，用来存放下一条要执行的指令在当前代码段中的偏移地址。在程序运行中，IP 的内容自动修改（+1），使之总是指向下一条要执行的指令地址，因此它是用来控制指令执行顺序的重要寄存器。其内容程序员不能直接修改，但当执行转移指令或程序调用指令时，其内容可被修改。对于转移指令，目的地址通过当前地址加位移量获得；而对于过程调用指令，是将 IP 的原内容压入堆栈，新的 IP 内容变为子程序的首地址，当过程返回时再从堆栈中弹出 IP 的值，返回到主程序。

2）标志寄存器（FLAG）

标志寄存器也称为程序状态字（PSW，Program Status Word）寄存器，在本章的前面我们曾经介绍过，是用来标识运算过程中的一些变化，保证运算的正确性。8086 CPU 中有一个 16 位的标志寄存器，用来存放运算结果的特征和机器工作状态，实际仅用了 9 位，具体格式内容参见图 3.3 所示。

3.2.3　典型 CPU 的外在特性

在讨论 CPU 时，一般会考虑两个问题：（1）CPU 的构成和工作原理；（2）CPU 的外特性。CPU 的外特性包括 CPU 的外部尺寸、封装方式、外部引脚、各个引脚的功能、时序等。在谈论外特性时，我们是希望了解典型 CPU 的系统设计方式。此处仍以 8086/8088 CPU 为例来讨论。

在下一章中我们将集中讨论 CPU 的总线技术，在此我们先提供给大家一个参考概念。CPU 和外部设备相连采用的是总线技术，CPU 与外部设备相连需要通过 3 种总线：**地址总线、数据总线、控制总线**，所有的 CPU 的引脚是 3 种总线的集合，**统称为系统总线**。而 3 种总线为了能够协调 CPU 与外部设备之间的通信，需要进行时序的配合，也就是说，3 种总线要满足一种时序关系，而不同 CPU 的总线时序是不一样的，无法统一，但其基本思路是一致的，我们还以 8086/8088 微处理器为例来讲解。

8086 微处理器采用 40 条引脚的双列直插式封装。为减少引脚，采用分时复用的地址/数据总线，因而部分引脚具有两种功能。8086 微处理器具有两种工作方式：最小工作方式和最大工作方式。在两种工作方式下，部分引脚的功能是不同的。8086 CPU 所谓的最大工作方式是指 8086 CPU 可以支持多 CPU 的系统，为了使问题变得简单，我们在此放弃了最大工作方式的相关介绍，集中在最小工作方式的介绍上。最小工作方式是指由单 CPU 组成的计算机系统。8086/8088 CPU 通过引脚 MN/MX 就可以选择 CPU 的工作状态。图 3.21 给出了 8086 CPU 的引脚图。

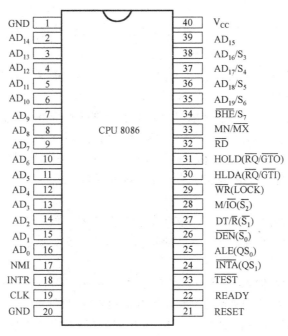

图 3.21　8086 CPU 的引脚图

1．两种工作方式公用引脚

8086 微处理器的引脚即微处理器外部总线。在 8086 微处理器的 40 个引脚中，引脚 1 和引脚 20 为接地端（GND），引脚 40 为电源输入端（V_{CC}），采用的电源电压为+5V±10%；引脚 19 为时钟信号输入端（CLK）。时钟信号占空比为 33%时是最佳状态。其余 36 个引脚按其功能来分，属地址/数据总线的有 20 个引脚，属于控制总线的有 16 个引脚。具体定义如下。

1）地址/数据总线

8086 微处理器有 20 根地址总线，16 根数据总线。为减少引脚，采用分时复用方式，共占 20 个引脚。分时复用是在芯片设计中常用的一种技术，我们可以这样理解，CPU 的尺寸是有限的，引脚的数量也有限，8086 为 CPU 选择了 40 个引脚。而为了增加 CPU 的寻址空间（1MB），需要 20 根地址线（地址范围：$0 \sim 2^{20}-1$），为了提高信息的交换速度，采用了 16 根数据线，这就至少需要 36 根线，再加上控制线，数量就变得较多。通过对 CPU 工作原理的分析，我们知道 CPU 的地址和数据并不同时出现，也就是说，地址的出现和数据的出现是可以不同步的。设计者根据这个原理将数据和地址线进行了复用设计，也就是说地址线 A_i 和数据线 D_i 用同一根线。空间上 A_N 和 D_N 是不区分的，但是为了分清什么时候是地址，什么时候是数据，必须在时间上进行划分，地址和数据不能同时出现，要有先后顺序，然后通过锁存器实现数据和地址的分离。详细内容请参看总线时序部分的内容。

（1）$AD_{15} \sim AD_0$（Address Data Bus, I/O, 三态）为分时复用的地址数据总线。即 $D_0 \sim D_{15}$ 为 16 位数据线，同时也为 $A_0 \sim A_{15}$ 地址线。

（2）$A_{19}/S_6 \sim A_{16}/S_3$（Address Status Bus, 输出, 三态）为分时复用的地址/状态信号线。$A_{16} \sim A_{19}$ 为地址线的高 4 位，同时该 4 根线还有其他的功能，也是分时复用的，主要用在最大工作模式下。

2）控制总线

控制总线有 16 个引脚。其中 24～31 这 8 个引脚在两种工作方式下定义的功能有所不同。两种工作方式下公用的 8 个控制引脚为：

（1）NMI（Non-Maskable Interrupt, 输入）：非可屏蔽中断请求信号输入引脚，上升沿有效。当该引脚输入一个由低到高的信号时， CPU 在执行完现行指令后，立即进行中断处理。CPU 对该中断请求信号的响应不受标志寄存器中断允许标志位 IF 状态的影响。

（2）INTR（Interrupt Request, 输入）：中断请求信号输入引脚，高电平有效。当 INTR 为高电平时，表示外部有中断请求。CPU 在每条指令的最后一个时钟周期对 INTR 进行测试，以便决定现行指令执行完后是否响应中断。CPU 对可屏蔽中断的响应受中断允许标志位 IF 状态的影响。

（3）$\overline{\text{RD}}$（Read, 输出, 三态）：读控制输出信号引脚，低电平有效。用以指明要执行一个对内存单元或 I/O 端口的读操作，具体是读内存单元，还是读 I/O 端口，取决于控制信号 $M/\overline{\text{IO}}$。

（4）RESET（Reset, 输入）：系统复位信号输入引脚，高电平有效。8088/8086 微处理器要求复位信号至少维持 4 个时钟周期才能起到复位的作用，复位信号输入之后，CPU 结束当前操作，并对处理器的标志寄存器、IP、DS、SS、ES 寄存器及指令队列进行清零操作，而将 CS 设置为 FFFFH。系统加电或操作员在键盘上进行"RESET"操作时产生 RESET 信号。

（5）READY（Ready, 输入）："准备好"状态信号输入引脚，高电平有效，"READY"输入引脚接收来自于内存单元或 I/O 端口向 CPU 发来的"准备好"状态信号（高电平），表明内存单元或 I/O 端口已经准备就绪，将在下一个时钟周期将数据置入到数据总线上（输入时）或从数据总线上取走数据（输出时），无论是读（输入）还是写（输出），CPU 及其总线控制逻辑都可以在下一个时钟周期完成总线周期。若 READY 信号为低电平，则表示存储器或 I/O 端口没有准备就绪，CPU 可自动插入一个或几个等待周期（在每个等待周期的开始，同样对 READY 信号进行检查），直到 READY 信号有效为止。可见，该信号是协调 CPU 与内存单元或 I/O 端口之间进行信息传送的联络信号。

（6）$\overline{\text{TEST}}$（Test, 输入）：测试信号输入引脚，低电平有效。TEST 信号与 WAIT 指令结合起来使用，CPU 执行 WAIT 指令后，处于等待状态，当 TEST 引脚输入低电平时，系统脱离等待状态，继续执行被暂停执行的指令。

（7）$MN/\overline{MX}$（Minimum/Maximum Model Control, 输入）：最小/最大工作方式设置信号输入引脚。该输入引脚电平的高、低决定了 CPU 工作在最小工作方式还是最大工作方式，当该引脚接+5V 时，CPU 工作于最小工作方式下；当该引脚接地时，CPU 工作于最大工作方式下。最小工作状态需要将该引脚接+5V 电平。

（8）$\overline{\text{BHE}}/S_7$（Bus High Enable/Status, 输出, 三态）：它也是一个分时复用引脚。$\overline{\text{BHE}}$ 信

号低电平有效。$\overline{\text{BHE}}$ 有效表示用高 8 位数据线 $AD_{15}\sim AD_8$；否则只使用低 8 位数据线 $AD_7\sim AD_0$。BHE 和地址总线的 A_0 状态组合在一起表示的功能如表 3.7 所示。同地址信号一样，BHE 信号也需要进行锁存。

表 3.7 BHE 的操作方式

操作	$\overline{\text{BHE}}$	A_0	使用的数据引脚
读或写偶地址的一个字	0	0	$AD_{15}\sim AD_0$
读或写偶地址的一个字节	1	0	$AD_7\sim AD_0$
读或写奇地址的一个字节	0	1	$AD_{15}\sim AD_8$
读或写奇地址的一个字	0 1	1 0	$AD_{15}\sim AD_8$：第一个总线周期放低位数据字节 $AD_7\sim AD_0$：第二个总线周期放高位数据字节

2. 最小方式下引脚定义

当 MN/$\overline{\text{MX}}$ 引脚接+5V 时，CPU 处于最小工作方式，引脚 24～31 这 8 个控制引脚的功能如下：

1）INTA（Interrupt Acknowledge，输出）：中断响应信号输出引脚，低电平有效。该引脚是 CPU 响应中断请求后，向中断源发出的认可信号，用以通知中断源，以便提供中断类型码，该信号为两个连续的负脉冲。

2）ALE（Address Lock Enable，输出）：地址锁存允许输出信号引脚，高电平有效。CPU 通过该引脚向地址锁存器 8282/8283 发出地址锁存允许信号，把当前地址/数据复用总线上输出的地址信号和 BHE 锁存到地址锁存器 8282/8283 中去。**注意：ALE 信号不能被浮悬空。**

3）$\overline{\text{DEN}}$（Data Enable，输出，三态）：数据允许输出信号引脚，低电平有效。表示 CPU 当前准备发送或接收一项数据。如果系统中数据总线接有双向收发器 8286，则该信号作为 8286 的选通信号。

4）DT/$\overline{\text{R}}$（Data Transmit/Receive，输出，三态）：数据收发控制信号输出引脚。CPU 通过该引脚发出控制数据传送方向的控制信号，在使用 8286/8287 作为数据总线收发器时，信号用以控制数据传送的方向，当该信号为高电平时，表示数据由 CPU 经总线收发器 8286/8287 输出，否则，数据传送方向相反。

5）M/$\overline{\text{IO}}$（Memory/Input &Output，输出，三态）：存储器、I/O 端口选择信号输出引脚。这是 CPU 区分进行存储器访问还是 I/O 访问的输出控制信号。当该引脚输出低电平时，表明 CPU 要进行 I/O 端口的读写操作，低位地址总线上出现的是 I/O 端口的地址；当该引脚输出高电平时，表明 CPU 要进行存储器的读写操作，地址总线上出现的是访问存储器的地址。

6）$\overline{\text{WR}}$（Write，输出，三态）：写控制信号输出引脚，低电平有效。用于配合实现对存储单元、I/O 端口所进行的写操作控制。

7）HOLD（Hold Request，输入）：总线保持请求信号输入引脚，高电平有效。这是系统中的其他总线部件向 CPU 发来的总线请求信号输入引脚。

8）HLDA（Hold Acknowledge，输出）：总线保持响应信号输出引脚，高电平有效。表示 CPU 认可其他总线部件提出的总线占用请求，准备让出总线控制权。在最小方式下，M/$\overline{\text{IO}}$、$\overline{\text{RD}}$ 和 $\overline{\text{WR}}$ 的组合根据表 3.8 决定传送类型。

表 3.8　存储器、I/O 端口读写信号配合

M/IO	RD	WR	传送类型
0	0	1	读 I/O 端口
0	1	0	写 I/O 端口
1	0	1	读存储器
1	1	0	写存储器

这里我们只是简单介绍了 8086 微处理器的外部引脚及其功能，但并没有说明 CPU 和外部设备之间如何协调工作，这是一个较复杂的问题，需要一些时序电路的知识，如果读者没有学过时序电路，请阅读相关书籍。

3.3*　CPU 优化技术——流水线技术

提高 CPU 的运算速度是计算机出现以来科学家们感兴趣的问题，前面我们提到，CPU 的运算速度决定于其主频的频率，频率越高则速度越快。但是在实际应用中发现，频率越高则 CPU 会发热（还会引起其他的问题，如干扰、延迟、逻辑竞争、波形畸变等），从而会影响 CPU 的速度的提升。所以，单纯提升主频的频率并不是提高 CPU 运行速度的最好的方法。

3.3.1　流水线基本思路

假设在不提高 CPU 的主频频率的基础上，有什么办法可以提高 CPU 的运行效率呢？也就是说能不能在单位时间内让 CPU 完成更多的工作？这从单纯提升 CPU 的速度问题，转变到了提升 CPU 的效率问题上。

在 3.1.2 节中，我们谈到了时序控制问题：一个程序的控制过程就变成了如图 3.22 所示的一个过程。

图 3.22　程序执行顺序图

该过程中，取指、执行是按顺序完成的，不是同时完成的。但通过 8086 微处理器的内部结构我们知道了取指是由 BIU 完成的而执行是由 EU 完成的，也就是说在 BIU 工作时，EU 是空闲的；在 EU 工作时 BIU 是空闲的。CPU 中的电子器件在一段时间内总有一部分工作，一部分不工作。

我们先假设图 3.22 中的取指、执行两个操作所用的时间是相等的（其实不然），那么可否将图 3.22 变换一下画法，如图 3.23 所示。

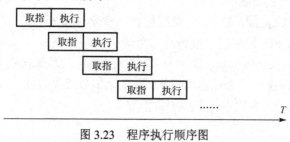

图 3.23　程序执行顺序图

就是说，第一条指令先取指，然后执行；在第一条指令执行的同时，第二条指令进行取指操作；在第二条指令执行时，第三条指令开始取指……除了第一条指令外，其他的时间内，都是 BIU 和 EU 同时工作，EU 执行的是当前的指令，而 BIU 取的是下一条将要执行的指令。这样一来，原来需要 T 时间完成的程序执行过程，将缩减到约 $T/2$ 时间内即可完成，从而提高了 CPU 的运行效率。这就是计算机系统结构中添加的流水线技术（Pipeline）。

假设我们可以继续分解，将取指、执行两个过程，分解为取指、分析、执行 3 个过程，如图 3.24 所示，我们发现 CPU 的执行效率将被提高近 3 倍。

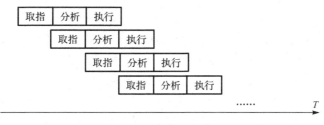

图 3.24　程序执行顺序图

到此为止，我们是否可以得出结论：执行过程分解的越细，CPU 的运行效率越高。如果能得出这样的结论，我们似乎可以将 CPU 的运行速度提高很多。先别着急。我们看看会遇到什么问题。

（1）我们在前面设定了一个"假设"，假设取指和执行所花的时间相等。但仔细研究一下 8086 CPU 的汇编语言指令就会发现，该指令集中包含有单字节指令、双字节指令、三字节指令和四字节指令，很显然取指的时间和执行的时间不相等，那么效率的提高就达不到一倍。

（2）CPU 在执行当前指令时，同时要读取下一条指令。如果当前执行的是跳转指令，那就意味着，程序需要跳转到其他地址处取指令，而不是本条指令的下一条指令。下一条指令已经被取出来，但不能执行，则下一条指令的取出将变为无效读取，CPU 就要放弃该条指令。如果一个指令序列的跳转指令很多，则流水线技术将失去其提高效率的优势。

"指令执行过程分解的越细，CPU 的运行效率越高"从表面上看是正确的，但是随着分解的细化也会出现很多的冲突。例如，我们分解的过程要求硬件是不相关的，如果相关则无法实现工作上的并行进行。另外，还会引起其他的冲突。我们下面分析一下会带来什么样的冲突。

3.3.2　流水线冲突

流水过程中通常会出现以下 3 种冲突，将会使流水线断流。

1）结构冲突

结构冲突是指多条指令进入流水线后在同一机器时钟周期内争用同一个功能部件所发生的冲突。假定一条指令流水线由 5 段组成（IF、ID、EX、MEM、WB 分别对应取指、译码、执行、访存、写回 5 个步骤）。由表 3.9 可以看出，在时钟 4 时，I1 与 I4 两条指令发生争用存储器资源的冲突（如果 I1 和 I4 访问的是同一个地址），则解决结构冲突的办法是：（1）第 I4 条指令停顿一拍后再启动；（2）设置多个硬件资源，比如增设一个存储器，将指令和数据分别放在两个存储器中。

表 3.9　结构相关时序图

时钟　指令	1	2	3	4	5	6	7	8
I1	IF	ID	EX	MEM	WB			
I2		IF	ID	EX	MEM	WB		
I3			IF	ID	EX	MEM	WB	
I4				IF	ID	EX	MEM	WB
I5					IF	ID	EX	MEM

2）数据冲突

在一个程序中，如果必须等前一条指令执行写回操作后，才能执行后一条指令，那么这两条指令就是数据相关的。在流水计算机中，指令的处理是重叠进行的，前一条指令还没有结束，第二、三条指令就陆续地流入流水线。由于多条指令的重叠处理，当后继指令所需的操作数刚好是前一指令的运算结果时，便发生数据冲突。如表 3.10 所示，ADD 指令与 SUB 指令发生了数据冲突：ADD 指令执行完的结果在第 5 个周期写回寄存器，而 SUB 指令在第 3 个周期就要读同一寄存器，而此时的数据上一条指令还没有得到，两条指令发生数据冲突。

表 3.10　数据冲突时空图

时钟　指令	1	2	3	4	5	6	7	8
ADD	IF	ID	EX	MEM	WB			
SUB		IF	ID	EX	MEM	WB		
AND			IF	ID	EX	MEM	WB	

解决数据冲突的办法是：在流水 CPU 的运算器中设置若干运算结果缓冲寄存器，暂时保留运算结果，以便于后继指令直接使用，这称为"向前"或定向传送技术。但是，有的数据冲突无法通过定向技术来解决，就需要等待冲突消失。

3）控制冲突

控制冲突是由分支指令引起的。当执行分支指令时，依据分支条件的产生结果，可能按顺序取下条指令；也可能转移到新的目标地址取指令，从而使流水线发生断流。

为了减小分支指令对流水线性能的影响，常用以下两种转移处理技术：（1）延迟转移法：由编译程序重排指令序列来实现。基本思想是"先执行再转移"，即发生转移时并不排空指令流水线，而是让紧跟在分支指令之后已进入流水线的少数几条指令继续完成。如果这些指令是与结果无关的有用指令，那么延迟损失时间片正好得到了有效的利用。（2）转移预测法：用硬件方法来实现，依据指令过去的行为来预测将来的行为。通过使用转移取指和按顺序取指方法取两路指令预取队列器以及目标指令 Cache，可将转移预测提前到取指阶段进行，以获得良好的效果。

3.4*　指令优化技术——RISC 技术

在我们前面所叙述的 8086/8088 CPU 中，汇编语言指令大约有 300 余条（包括衍生的）。这些指令每一条如果对应一部分硬件电路的话，显然其复杂形势可想而知的。但是长期以来，计算机性能的提高往往是通过增加硬件的复杂性来获得。随着集成电路技术（特别是超大规模集成电路）技术的迅速发展，为了便于软件编程和提高程序的运行速度，硬件工程师采用的办法是不断增加可实现复杂功能的指令和多种灵活的编址方式。这种设计的形式被称为复杂指令集计算机（Complex Instruction Set Computer，CISC）结构。一般 CISC 计算机所含的指令数目至少 300 条以上，有的甚至超过 500 条。

CPU 发展至今，起初有些人并没有随波逐流，他们回过头去看一看过去走过的道路，于是开始怀疑一些传统的做法。IBM 公司设在纽约 Yorktown 的 Jhomasl.Wason 研究中心于 1975 年组织力量研究指令系统的合理性问题。1979 年以 Patterson 教授为首的一批科学家也开始在美国加册大学伯克莱分校开展这一研究。结果表明，CISC 存在许多缺点，首先，在这种计算机中，各种指令的使用率相差悬殊：一个典型程序的运算过程所使用的 80% 指令，只占一个处理器指令系统的 20%。事实上最频繁使用的是"取"、"存"和"加"这些最简单的指令。也就是说，费了很大力气，花费大量的金钱设计出来的指令集，竟然有 80% 不经常被用到。其次，复杂的指令系统必然带来结构的复杂性，这不但增加了设计的时间与成本，还容易造成设计失误。此外，尽管 VLSI（Very Large Scale Integration，超大规模集成电路）技术现在已达到很高的水平，但也很难把 CISC 的全部硬件做在一个芯片上，这也就妨碍了单片计算机的发展。在 CISC 中，许多复杂指令需要极复杂的操作，这类指令多数是某种高级语言的直接翻版，因而通用性差。

针对 CISC 的这些弊病，Patterson 等人提出了精简指令的设想，即指令系统应当只包含那些使用频率很高的少量指令，并提供一些必要的指令以支持操作系统和高级语言。按照这个原则发展而来的计算机指令系统被称为精简指令集计算机（Reduced Instruction Set Computer，RISC）结构，简称 RISC。

从硬件角度来看 CISC 处理的是不等长指令集，它必须对不等长指令进行分割，因此在执行单一指令的时候需要进行较多的处理工作。而 RISC 执行的是等长精简指令集，CPU 在执行指令的时候速度较快且性能稳定。因此在并行处理方面 RISC 明显优于 CISC，RISC 可同时执行多条指令，它可将一条指令分割成若干进程或线程，交由多个处理器同时执行。

从软件角度看，CISC 指令发展时间较长，得到了许多软件生产厂商的支持，如 Microsoft 公司就是 CISC 的主要支持商。相对而言，RISC 的支持就要弱得多，但随着 RISC 的发展，这方面的劣势会逐渐消除。

RISC 架构的典型代表就是大家所熟悉的——ARM 处理器，ARM 处理器分为多个系列：

1）经典 ARM 处理器包括：（1）ARM11 系列——基于 ARMv6 体系结构的高性能处理器；（2）ARM9 系列——基于 ARMv5 体系结构的常用处理器；（3）ARM7 系列——面向普通应用的经典处理器。

2）ARM Cortex 嵌入式处理器系列包括：（1）ARM Cortex-A 系列；（2）ARM Cortex-M 系列；（3）ARM Cortex-R 系列等。ARM Cortex-A 系列应用型处理器可向托管丰富的 OS 平台和用户应用程序的设备提供全方位的解决方案，从超低成本手机、智能手机、移动计算平台、数字电视和机顶盒到企业网络、打印机和服务器等。Cortex-M 系列能够针对成本和功耗敏感的 MCU 和终端应用（如智能测量、人机接口设备、汽车和工业控制系统、大型家用电器、消费性产品和医疗器械）的混合信号设备进行优化。ARM Cortex-R 实时处理器为要求高可靠性、高可用性，拥有较强容错功能，可进行维护和实时响应的嵌入式系统提供了高性能计算解决方案。

　　ARM 体系的指令集为 RISC 指令集，各指令相对来说更加规整、对称、简单。而且指令小于 100 条，基本寻址方式只有 23 种，指令字长都比较一致，并都在单个时钟周期内完成，便于流水操作。在 ARM7 中采用的是 3 级流水线：取值、译码、执行。而 ARM9 和 ARM10 中采用的则是 5 级流水线和 6 级流水线。ARM 的访存采用的都是 LOAD-STORE 结构，这样可以把每条指令的执行时间都平均化，有助于高效的流水线的实现，采用这种结构也就同时意味着指令都要在寄存器间进行操作，所以 ARM 体系中有大量的寄存器（不少于 32 个）。

　　RISC 架构处理器是在 CISC 架构处理面临困境时提出的一种新型的架构模式，其基本思路是精简指令集，以降低硬件电路的复杂度。所以，虽然它好像是一种新的架构模式，但依然遵循冯·诺依曼体系结构，所以，其变化属于结构变化，而非原理性变化。

　　当今处理器的技术倾向于 RISC 和 CISC 的融合，诸如 Pentium Pro、Nx586、K5 就是一个最明显的例子，它们的内核都是基于 RISC 体系结构的，而它们接受 CISC 指令后再将其分解分类成 RISC 指令，以便在一时间内能够执行多条指令。

3.5　本章小结

　　本章在第 2 章计算机工作原理通俗理解的基础上开始集中探讨 CPU 的组成及工作原理。在冯·诺依曼体系中，CPU 由运算器、控制器、寄存器 3 个部分组成：运算器用来完成运算工作；寄存器用来存储中间结果；控制器用来实现程序的自动执行。

　　冯·诺依曼体系计算机在利用二进制和补码的基础上，运算器理论上只需要一个多位（8 位、16 位、32 位、64 位等）二进制位加法器与逻辑运算器就可以解决计算问题（参见附录 A）。但为了保障计算速度，CPU 的运算器中除了有二进制加法器外，一般还有二进制乘法器、二进制除法器、浮点运算器等。

　　要实现计算机的通用性，就必须引入"软件"。而软件在冯·诺依曼体系中是以指令序列（即程序）的形式存在的，指令是冯·诺依曼表达软件的一种方式，是用二进制来表达的。指令的表达形式是统一的，每一条指令均由操作码和操作数（或操作数地址）来表示。有限条指令形成指令集，该指令集被证明是有限集。计算机"软件"是由这些有限集中的指令按照预先设定好的顺序形成指令序列，在统一的时钟控制下，指令依次得到执行，来完成一个具体的运算。要想设计 CPU，需要先设计指令集，本章节以 8086/8088 为例，叙述了计算机要完成多种运算所需要的指令集，及每一条指令的功能。

　　根据设计好的指令集，接下来设计运算器和控制器。控制器的设计相对复杂，在不影响理解的情况下，本章概要地说明了控制器所要完成的任务和流程，但不涉及具体的控制器的设计。在冯·诺依曼体系中，程序（指令序列）存储在存储器中，很显然，计算机的执行需要从存储器中依次取出指令并执行才可能完成计算任务。为了方便存储器的存储和指令的依次读出，首先设计了存储器的存储模型（包含地址和内容两个部分）；然后在控制器中设计了访问存储器模型的基本结构。同时，通过一个精妙的可自动"+1"的 PC（Program Counter）寄存器的设计，非常巧妙地解决了程序的自动运行问题。同时，PC 作为一个寄存器，通过改写该寄存器中的内容，又可以实现程序的自动跳转的功能。

　　冯·诺依曼体系 CPU 的运算速度和主频的速度成正比关系（假设其他的影响忽略的前提下，如存储器的访存速度），主频速度越快，CPU 的运算速度越快。人们很自然地想到通过提高主频来提高 CPU 的运算速度。但在实施过程中发现，主频的提高会引起 CPU 的发热，人们又开始解决 CPU 的降温问题。那么，能否有一种方法，在不提高主频的前提下，仍然可以提高 CPU 的速度呢？

通过分析 CPU 指令执行的过程人们发现，当 CPU 取指部分工作的时候，CPU 的执行部分在休息；在 CPU 执行部分在工作的时候，其取指部分在休息。也就是说，CPU 内部的部件并不是总在工作，总有"一半"的时间在休息，能否让"休息"的部件工作起来呢？如果都在工作 CPU 的效率是否能够提高呢？为此，人们在冯·诺依曼体系的基础上发明了流水线技术，该技术可以在不提高主频的前提下，提高 CPU 的运行效率。但也发现流水线技术也存在着结构冲突、数据冲突、控制冲突等相关问题，为了应用流水线技术，人们又要想办法解决这几种"冲突"的问题。

思考题及习题 3

1．请思考一下为什么 CPU 需要由运算器、控制器及寄存器组成。如果省略一个是否可以？

2．请说明计算机的指令格式是什么。并说明为什么计算机的指令要按照这样的格式设计。其好处在哪里？

3．试说明 CPU 如何从存储器中读取指令。试说明如何保证计算机自动运行已经编写好的程序。

4．试说明 CPU 如何判定哪个是操作码，哪个是操作数。

5．说明 PC 寄存器在 CPU 中的作用。PC 和 8086/8088 中的 IP 寄存器什么关系？

6．在冯·诺依曼体系计算机中，程序存储在存储器中，而不是存储在 CPU 中，CPU 要执行指令，需要从存储器中将指令或数据读入到 CPU 的寄存器。而冯·诺依曼体系的存储是不区分指令还是数据的，请问控制器如何区分哪个二进制数是指令，哪个二进制数是数据。

7．在 8086/8088 系统中设计了 CS、DS、ES、SS 4 个寄存器，请说明 4 个寄存器的用途。说明是否所有的 CPU 都需要设计类似的 4 个寄存器。

8．在 8086 系统中，假设要访问的物理地址为（23100H），那么通过分解我们可知该物理地址可以由 2300:0100H 构成，也可以由 2310:0000H 构成，还可以由 2000:3100H 构成，甚至还可以分解为很多种逻辑地址的组合，换句话讲，物理地址唯一，但是组成物理地址的逻辑地址不唯一，即逻辑地址和物理地址不是 1:1 的关系，而是 $N:1$ 的关系，试说明这种 $N:1$ 的关系并不会影响 CPU 的正常访问内存。

9．8086/8088 CPU 的寄存器都是多少位的？其中哪些寄存器既允许 16 位存取，又允许 8 位存取？哪些只能按 16 位存取？

10．对于指令访问，需要哪两个寄存器配合使用？对于数据访问，需要哪几个寄存器配合使用？对于堆栈访问，需要哪两个寄存器配合使用？

11．8086/8088 CPU 中划分了两个部分，分别为 EU 和 BIU，请分别说明两个部分的作用。同时说明为什么要分成两个部分。这样分法的意义是什么？

12．8086/8088 微处理器的外部属性有哪些？分别包含哪几种总线？每一种总线的作用是什么？8088、8086 两种 CPU 各种总线分别是多少根？总线根数的不同会为 CPU 带来哪些好处？

13．分析 8086/8088 CPU 的内部组成。与第一章中讲解的冯·诺依曼体系相对照，它们有什么相同？有什么不同？

14．8086/8088 CPU 中 FLAG 寄存器是做什么用的？分别有哪几位是有意义的？分别是什么意义？

15. 计算机的指令中应该包括算术运算指令集、逻辑运算指令集、移位运算指令集，请分别说明 8086/8088 CPU 中这 3 种指令集分别有哪些指令？

16. 数字 B8H 为 8 位有符号数值，请将其扩展为 16 位二进制数。要求数值不变，符号不变。

17. 流水线的基本思路是什么？是否流水线的级数越多，流水线的效率越高？

18. 流水线会产生哪些"相关"问题？这些相关问题有何种解决方案？

19. RISC 架构和 CISC 架构的区别是什么？RISC 架构解决了 CISC 架构的哪些问题？为什么 RISC 架构在有优势的情况下还采用 RISC 和 CISC 架构相结合的方式设计处理器？

第4章 总线技术

【**学习目标**】 了解总线的基本概念；了解总线的结构；了解总线的同步方式；了解总线的仲裁方式；掌握系统总线的读写时序。

【**知识点**】（1）总线的基本思路；（2）总线工作的基本原理；（3）总线的时序；（4）总线的结构；（5）总线的仲裁方式；（6）比较流行的总线标准；（7）如何利用总线进行扩展。

【**重点**】 总线的读写时序。

总线是随着计算机的发展而出现的一种新的技术，该技术的出现使得计算机的扩展变得更加方便和容易，随着总线技术的发展，现代计算机的总线速度、宽度决定了计算机的性能，所以，总线逐渐成为计算机中一个重要的概念。

4.1 总线产生的思路

总线在冯·诺依曼提出的系统中并不存在，1975 年随着第一台个人电脑 Altair 8800 在 MITS 公司出现之际，总线的概念随即诞生，后来迅速得到了业界人士的认可。近些年来，随着人们对计算机的功能要求的迅速提高，总线技术也得到了迅猛的发展。

我们先来回顾一下冯·诺依曼体系的最初的逻辑图，如图 4.1 所示。

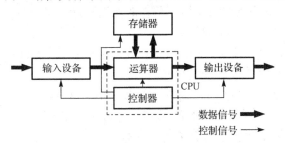

图 4.1　冯·诺依曼体系

人们逐渐将运算器和控制器整合为 CPU（Central Processing Unit），上图变化为图 4.2 所示。

如果进一步简化，将输入设备和输出设备变为 I/O 设备，则图 4.2 可以简化为图 4.3。

从图 4.3 中看到，CPU 和存储器、I/O 设备之间存在着数据交换，而且数据交换的方式是一致的，进一步化简图 4.3，可以得到图 4.4 所示的逻辑图。

图 4.2　简化的冯·诺依曼计算机逻辑图　　　　图 4.3　简化的冯·诺依曼计算机逻辑图 1

比较图 4.3 和图 4.4 发现，各个设备之间的位置虽然有所变化，但是它们之间的逻辑关系和信息交换的方式并没有发生变化，这是利用了拓扑学的原理。但图 4.4 却为我们带来了一个可喜成果：这种画法提出了一个新的概念，将 CPU 和其他设备（存储器、I/O 设备）分开为两个部分，CPU 和其他设备之间的信息交互方式是一致的，我们可以任意在图中添加存储器、I/O 设备，使得整个系统很方便地扩充和缩减。而图 4.4 中的一条黑线就起着连接各个设备的功能，我们称这条黑线为**总线（BUS）**[①]。那现在的问题是这条黑线是如何构成的？如何通信的？通过何种方式使得 CPU 和各个设备之间的信息顺利交互而且不产生冲突？这是接下来要解决的问题。

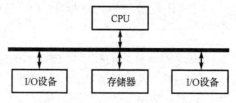

图 4.4　简化的冯·诺依曼计算机逻辑图 2

4.2　总线的概念

总线是构成计算机系统的互联机构，是多个系统功能部件之间进行数据传送的公共通路。传送的信息包含：数据信息、地址信息、控制信息等。

一个单 CPU 系统中总线大概分为三类：

（1）CPU 内部连接各个寄存器及运算部件之间的总线，称为片内总线。8088/8086 CPU 的 EU 和 BIU 之间设计了一个内部总线。

（2）CPU 和存储器（或高速部件）间的互连总线，称为系统总线。8086/8088 CPU 的系统总线包括数据总线、地址总线、控制总线。

（3）中、低速 I/O 设备之间的互联总线，称之为 I/O 总线。

总线发展到今天已经有很多的种类，具有多种用途，为了理解上的方便，我们先介绍系统总线，在此基础上，我们再扩展讲解流行的各种总线技术。

4.3　系统总线的构成

系统总线为 CPU 和存储器及高速部件之间的互连总线，包含地址总线、数据总线、控制总线三类。

数据总线（DB，Data BUS）：用于传送数据信息。数据总线是双向三态形式的总线，它既可以把 CPU 的数据传送到存储器或 I/O 接口等其他部件，也可以将其他部件的数据传送到 CPU。数据总线的位数是微型计算机的一个重要指标，通常与微处理的字长一致。例如 Intel 8086 微处理器字长 16 位，其数据总线宽度也是 16 位（需要说明的是，有的总线宽度和 CPU 的

---

① 这里讲到的总线概念，并不十分准确。原因是：总线除了线路之外，还应该包含总线控制器等相关的概念。而此处试图通过这样一种方式来启发读者思考总线的概念。

字长并不匹配，例如，8088 CPU 的内部字长为 16 位，而其数据总线为 8 位）。需要指出的是，数据的含义是广义的，它可以是真正的数据，也可以是指令代码或状态信息，有时甚至是一个控制信息，因此，在实际工作中，数据总线上传送的并不一定仅仅是真正意义上的数据。

地址总线（AB，Address Bus）：是专门用来传送地址的，由于地址只能从 CPU 传向外部存储器或 I/O 端口，所以地址总线总是单向的，这与数据总线不同。地址总线的位数决定了 CPU 可直接寻址的内存空间大小，例如，Intel 8086 微处理器的地址总线为 20 位，其可寻址空间为 $2^{20}=1M$。一般来说，若地址总线为 n 位，则可寻址空间为 2^n 个地址单元。

控制总线（CB，Control Bus）：用来传送控制信号和时序信号。控制信号中，有的是微处理器送往存储器和 I/O 接口电路的，如读/写信号、片选信号、中断响应信号等；也有是其他部件反馈给 CPU 的，如中断请求信号、复位信号、总线请求信号、设备就绪信号等。因此，控制总线的传送方向由具体控制信号而定，（信息）一般是双向的，控制总线的位数要根据系统的实际控制需要而定。实际上控制总线的具体情况主要取决于 CPU。

在 Intel 8086 CPU 的 40 个外部引脚中，$AD_0 \sim AD_{15}$ 为 16 位数据、低 16 位地址总线，即此 16 位是数据总线和地址总线的复用，$A_{16} \sim A_{19}$ 为高 4 位地址总线，其余的引脚均为控制总线。

4.4 系统总线的工作时序

CPU 通过系统总线和存储器及 I/O 设备相连，而 CPU 的工作需要和外部设备之间进行配合才能有效地工作，例如，CPU 要从存储器单元中读出数据，需要通过地址总线给出存储单元的地址，存储器得到地址信息后找到相应的存储单元，将单元中的数据准备好，等待 CPU 的命令，CPU 发出读命令后，存储单元将数据传送到数据总线，CPU 将数据总线的数据读入 CPU 的寄存器中。整个过程需要 CPU 和存储器的协调动作，很显然这需要能使两个设备协调动作的控制信号，我们称之为**时序**。

在 Intel 8086 微处理器中，当 CPU 对存储器或 I/O 接口进行读操作时，即进入总线的读时序，该时序由 4 个时钟周期构成，分别为 T_1、T_2、T_3、T_4，称每个时钟周期为一个 T 状态，每个 T 状态为一个固定的周期，该周期的大小和 CPU 晶振频率有关，如果晶振是 $f = 4MHz$，则 $T = 1/f = 1/4MHz = 1/(4 \times 10^6) = 0.25 \times 10^{-6} s$。即 8086 微处理器的总线读时序至少由 4 个 T 状态组成。每个 T 状态完成不同的任务，如图 4.5 所示。

图 4.5 中 CLK 为系统时钟，计算机所有部件均受 CLK 的控制，由 CLK 来协调各个部件的工作。一个总线周期由 4 个 T 状态组成：T_1、T_2、T_3、T_4。每个 T 状态完成不同的工作。T_1 周期地址 $A_0 \sim A_{19}$ 出现在数据地址复用总线上，同时控制线 ALE 在 T_1 的下降沿变为高电平，CPU 通过 ALE 变高电平通知外部电路，此时出现在数据地址复用总线上的数据是地址信息。在 T_1 周期结束前，ALE 变为低电平，产生一个下降沿，此时地址信息已经稳定在地址总线上，可以通过数据锁存器，将地址信息锁存到锁存器中。T_2 周期是一个过渡周期，保证地址信息消失后，数据信息到来之前，总线是清空的（没有数据），控制线 $\overline{RD}$ 信号在 T_2 周期变为低电平。T_3 周期数据信息出现在数据总线上，在 T_3 周期结束时，$\overline{RD}$ 信号变为高电平，产生一个上升沿，此时数据已经稳定在数据地址总线上，此时的 ALE 信号为低电平，通知外部设备，此时数据地址总线上的是数据信息。T_4 周期为恢复周期，为下一个总线周期做准备。

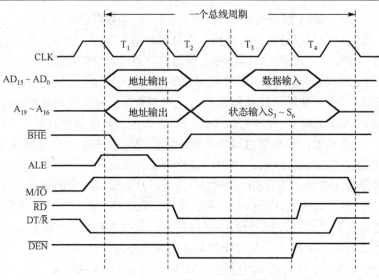

图 4.5　8086/8088 微处理器总线读时序

总线读时序期间，M / $\overline{\text{IO}}$ 信号在 T_1 周期变为高电平，在 T_4 周期恢复为低电平表示此次读周期为对存储器的读操作，而非 I/O 设备的读操作。DT / $\overline{\text{R}}$ 在本周期中为低电平，表示此次操作对 CPU 来讲是接收数据操作，而非发送数据操作。$\overline{\text{BHE}}$ 信号为高 8 位数据总线允许/状态复用引脚（输出）。$\overline{\text{BHE}}$ 在总线周期的 T_1 状态时输出，当该引脚输出为低电平时，表示当前数据总线上高 8 位数据有效。该引脚和地址引脚 AD_0 配合表示当前数据总线的使用情况，如表 4.1 所示。

表 4.1　$\overline{\text{BHE}}$ 与 AD_0 引脚编码含义

$\overline{\text{BHE}}$	AD_0	数据总线的使用情况
0	0	16 位字传送（偶地址开始的两个存储器单元的内容）
0	1	在数据总线高 8 位（$D_{15} \sim D_8$）和奇地址单元间进行字节传送
1	0	在数据总线低 8 位（$D_7 \sim D_0$）和偶地址单元间进行字节传送
1	1	无效

$\overline{\text{DEN}}$（Data Enable）：数据允许信号（输出）。当使用数据总线收发器时，该信号为收发器的 OE 端提供了一个控制信号，该信号决定是否允许数据通过数据总线收发器。$\overline{\text{DEN}}$ 为高电平时，收发器在收或发两个方向上都不能传送数据，当 $\overline{\text{DEN}}$ 为低电平时，允许数据通过数据总线收发器。

整个时序过程是在设计 CPU 期间设计好的，当一个从存储器中读数据的命令发生时，此时序就会出现。那么，什么命令会产生上述的时序呢？答案是 8086 的存储器读命令（实际上在指令的读取过程中也会出现响应的时序），例如：

```
MOV AX, [2000H]
```

这是 8086 汇编语言的一个数据移动指令，该指令的任务是将偏移地址为 2000H 的存储器单元的数据读入到 CPU 的 AX 寄存器中。根据上一章的讲解，我们知道 2000H 仅仅是逻辑地址中的偏移地址，要访问存储器还需要物理地址，而物理地址是由段寄存器和偏移地址通过运算得到。上述指令并没有明确说明段寄存器是哪一个，在 8086 汇编语言中存在一些默认，像上述指令默认其段地址为 DS，即物理地址=(DS)*16 + 2000H。假设(DS)=3000H，则物理地址为 32000H，也就是将出现在地址总线上的地址值。假设存储器(32000H)=34H，

(32001H)=12H，则存储器被选中后，将 1234H 这样一个 16 位的数据在 T_3 周期时放置在数据/地址总线上，当 $\overline{RD}$ 信号的上升沿来的时候，1234H 被读入 CPU 并存储在 AX 寄存器中，整个读数据操作结束。

到目前为止可以知道，CPU 读时序是预先设计好的，当 CPU 需要对存储器进行读操作时会产生相应的读时序。同时可知，地址信息和数据信息的确是在不同时刻出现在数据/地址总线上，也就是分时复用的。但与此同时可能会产生一个疑问：难道存储器也是数据/地址总线复用的，靠时间来区分吗？从原理上讲应该是可以的，但需要一个前提，即 CPU 的响应速度与存储器的响应速度必须完全一致，上述思路的实现是可行的。但是每个设备的响应速度不可能完全一致，因而上述思路在物理实现过程中变得很困难。

所以，存储器一般不采用数据/地址总线复用，而是将数据总线、地址总线完全分开（存储器一章会详细讲解）。那么，CPU 的复用总线如何与存储器的分离总线配合呢？很显然，既然存储器的数据、地址总线是分开的，那么从 CPU 出来的复用总线就需要在到达存储器之前将数据/地址总线分开。如何分开呢？请参看图 4.6 所示。

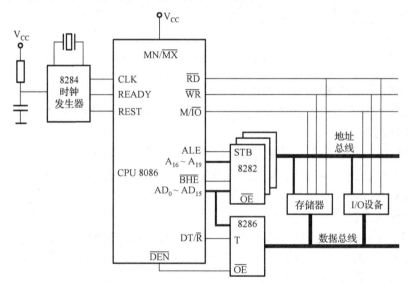

图 4.6 8086 最小系统构成及分时总线分拆图

图 4.6 中，当 8086 CPU 的 MN/$\overline{MX}$ 引脚接+5V 电源时，8086 CPU 工作于最小系统状态，用于构成小型的单处理机系统。图 4.6 所示的 8086 系统中，除 8086 CPU、存储器和 I/O 端口电路外，还有支持系统工作的 3 部分器件：时钟发生器、数据收发器和地址锁存器。

1）*时钟发生器 8284A

8284A 是用于 8086 系统的时钟发生器/驱动芯片，它为 8086 以及其他外设芯片提供所需要的时钟信号。图 4.7 所示为 8284A 的引脚图及结构框图。由图可见，8284A 由 3 部分电路组成。

时钟信号发生器电路提供系统所需要的时钟信号，有两个来源：一个是在 X1 与 X2 引脚之间接上晶体，由晶体振荡器产生信号；另一个是由 EFI 引脚加入的外接振荡信号产生时钟信号，两者由 F/C 端信号控制。F/C =0 时，表示有外接振荡器产生。

如果晶体振荡器的工作频率为 14.31818MHz，则该时钟脉冲 OSC 经 3 分频后得到 4.77MHz 的时钟脉冲 CLK，即为处理器（如 8086）所需要的时钟信号，CLK 再经 2 分频后产生外设时钟 PCLK，其频率为 2.3805MHz。8284A 是 Intel 公司为 8086 CPU 所设计的一款
芯片，该芯片的作用是产生一个 CPU 工作所需要的时钟（主频），同时可以产生上电复位信
号。我们可以暂时不理会其具体功能和工作原理，只要了解有了 8284A 后，CPU 即可获得工
作时钟，可以产生 CLK 信号，而且能够计算出时钟周期 $T=1/4.77\mu s$。

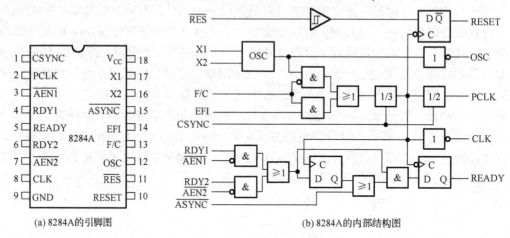

(a) 8284A的引脚图　　　　　　　　　　　　　(b) 8284A的内部结构图

图 4.7　时钟发生器 8284A

2）数据总线收发器 8286/8287

当一个系统中数据总线上挂接的外设端口部件较多时，就必须在数据总线上接入总线收
发器以增加总线的驱动能力。

因此，在 8086 CPU 和系统数据总线之间接入了一个双向总线驱动器 8286/8287。
8286/8287 是一种具有三态输出的 8 位总线收发器，具有很强的总线驱动能力。图 4.8 所示是
8286 的引脚图和内部单元结构图。由图可知，8286 具有 8 路双向缓冲电路，每一路双向缓
冲电路都由两个三态缓冲器反向并联组成，以实现 8 位数据的双向传送。由于 8286 中使用
的三态缓冲器是不反相的，所以 8286 的输入信号和输出信号是同相的。8287 的功能、内部
结构和连接方式与 8286 基本相同，只是 8287 内使用的每个三态缓冲都有反相功能，所以
8287 的输入与输出信号是反相的。

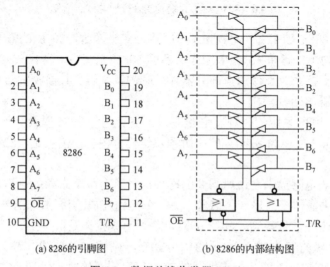

(a) 8286的引脚图　　　　　　　　　　　　　(b) 8286的内部结构图

图 4.8　数据总线收发器 8286

图 4.8（a）中，$A_7 \sim A_0$ 和 $B_7 \sim B_0$ 是数据输入/输出端。OE 是输出允许信号，也称为缓冲器开启控制信号。该信号控制是否允许数据通过 8286/8287。当 EN=0 时，允许数据通过 8286/8287，当 OE=1 时，禁止数据通过 8 位缓冲器，8286/8287 输出呈高阻抗状态。在 8086/8088 系统中，EN 端与 CPU 的数据允许信号 DEN 相连，当 CPU 与存储器或 I/O 端口进行数据交换时，用来控制是否允许数据通过 8286/8287，DEN 有效（低电平）时，使 EN 有效，允许数据通过，反之，当 DEN 无效（高电平）时，使 EN 也无效，禁止数据通过。T 为数据传送方向控制信号，当 T=1 时，8 位数据被正向传送，由 $A_7 \sim A_0$ 端传送到 $B_7 \sim B_0$ 端，当 T=0 时，8 位数据被反向传送，由 $B_7 \sim B_0$ 端传送到 $A_7 \sim A_0$ 端。实际使用时，T 端与 CPU 的 DT/$\bar{R}$（数据发送/接收）引脚相连，控制 8 位数据是从 CPU 向存储器或 I/O 端口写入（DT/$\bar{R}$=1），还是由存储器或 I/O 端口向 CPU 传送（DT/$\bar{R}$=0）。OE 与 T 信号要配合使用，其组合功能如表 4.2 所示。

表 4.2　$\overline{OE}$ 与 T 信号的组合功能表

$\overline{OE}$	T	传送方向
0	1	A→B（正向）
0	0	B→A（反向）
1	×	高阻

在 8086 最小模式系统中，除 CPU 外，还允许接入其他总线主模块（如 DMA 控制器）共享总线，当其他总线主模块向 CPU 发出总线请求，要求使用总线时，如果 CPU 允许，则会使 DEN 和 DT/$\bar{R}$ 引脚呈高阻抗状态，从而也使 8286/8287 被禁止，输出端变为高阻抗状态，让出总线控制权。

3）地址锁存器 8282

由于 8086 CPU 的地址/数据和地址/状态总线是分时复用的，即 CPU 在读/写存储器或 I/O 端口时，总是在总线周期的 T_1 状态首先发出地址信号到 $AD_{15} \sim AD_0$ 和 $A_{19}/S_6 \sim A_{16}/S_3$ 上，随后（T_2 以后）又用这些引脚来传送数据和状态信号，而存储器或 I/O 端口电路通常要求在与 CPU 进行数据传送的整个总线周期内必须保持稳定的地址信息，因而必须加入地址锁存器，在总线周期的 T_1 状态（即在数据送上总线之前）先将地址锁存起来，以使在整个读/写总线周期内保持地址稳定。

图 4.9 中，$DI_7 \sim DI_0$ 为 8 位数据输入端。$DO_7 \sim DO_0$ 为 8 位数据输出端。STB 为选通信号，与 CPU 的地址锁存信号 ALE 相连，当选通信号 STB 产生（由高电平变为低电平）时，8 位输入数据（$DI_7 \sim DI_0$）被锁入 8 个 D 触发器中。当 STB 为高电平时，锁存器的输出端随出现在输入端的数据而变化。

8282 是 8 位三态数据锁存器，其引脚及内部结构如图 4.9 所示。OE 为输出允许信号，是由外部输入的控制信号，当 OE 有效（为低电平）时，锁存器中的 8 位数据从 $DO_7 \sim DO_0$ 端输出到数据总线上。当 OE 为高电平（无效）时，输出端 $DO_7 \sim DO_0$ 呈高阻抗状态，在不带 DMA 控制器的单处理器系统中，OE 信号接地，否则 OE 将同 DMA 控制器 8237 的地址允许输出端 AEN 相连接。

在 8086 系列微机中 8282/8283 用作地址锁存器，20 位物理地址加上 BHE 信号也需要锁存（因为在整个总线周期的前半部分 BHE 也必须保持有效），所以共需使用 3 片 8282/8283 作地址锁存器。

CPU 在读/写总线周期的 T_1 状态把 20 位地址和 BHE 信号传送到系统总线上，在地址锁存允许信号 ALE 有效时，便将 20 位地址和 BHE 信号锁入 8282/8283 中，由于输出允许信号 OE 被固定接地，所以 CPU 输出的地址码和 BHE 信号一旦被锁存后，便立即稳定输出在地址总线和控制总线上。8086 系统中也可用 74LS373 作为地址锁存器，其用法与 8282 基本相同，只是选通信号不用 STB，而用 LE 或 G 表示。

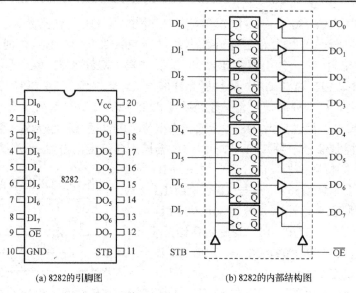

(a) 8282的引脚图　　　　(b) 8282的内部结构图

图 4.9　地址锁存器 8282

通过图 4.6 可以看到，当 MOV AX, [2000H]指令工作时，CPU 产生总线读时序，在 T_1 周期中，地址出现在数据地址复用总线上，通过控制线 ALE，在 T_1 周期结束前，地址信息被锁存到 8282 的另一端，此时复用总线的任何变化，只要不出现 ALE 的上升沿，则 8282 另一端的信息是不会变化的。当处于 T_3 时钟周期时，数据出现在复用总线上，但因为 ALE 时钟为低电平，没有上升沿，所以数据不会反映到 8282 的另一端，换句话讲 8282 现在是一条"死路"，数据要想通过，只能"走"8286 芯片，通过控制线 DT/R 的方向选择和 DEN 的数据允许，数据可以自由地在 8286 两端"行走"。而在 T_1 周期，DEN 是保持低电平的，使得 8286 是被禁止的，地址信息是传送不到 8286 的另一端的。

从上面的分析中可以看到，通过 8282 的单向锁存和 8286 的双向缓冲，可以很方便地将数据和地址线完全分开。从而将 8282 的另一端变为单纯的地址线，8286 的另一端变为单纯的数据线。

CPU 对外围设备的操作还有一个时序——写时序，如图 4.10 所示。

其过程与读操作时序大致相同，区别在于 $\overline{RD}$ 信号换成了 $\overline{WR}$ 信号，DT/$\overline{R}$ 的信号在写周期中是高电平，因为是从 CPU 往外发送。在这两个过程中，地址都是由 CPU 发出，所以地址总线是单向的；而数据是双向传输，所以数据总线是双向的。因此，在图 4.6 中，对地址总线用 8282 单向锁存器，而对数据总线采用双向的 8286 缓冲器。

CPU 对外部设备（存储器、I/O 设备）的操作仅有两种：读操作、写操作，两种操作的数据传送方向相反，读是由外部设备往 CPU 传送数据，写是由 CPU 往外部设备传送数据。我们经常将 CPU 对存储器和 I/O 设备的读写操作，称为**访问**。

对于写操作而言，汇编语言指令则转换为：MOV [2000H], AX。

对于 CPU 内部的数据传送，例如，从 AX 传送到 BX 等，其实也存在着相应的时序，只是发生在 CPU 内部，我们看不到。而 CPU 对存储器和 I/O 接口的读写操作时序可以通过示波器进行监视。

一般的汇编语言都会有一个完整的数据传送指令集，用于完成寄存器和寄存器之间、寄存器和存储器之间的数据传送。以 8086 CPU 为例，其数据传送指令集如表 4.3 所示。

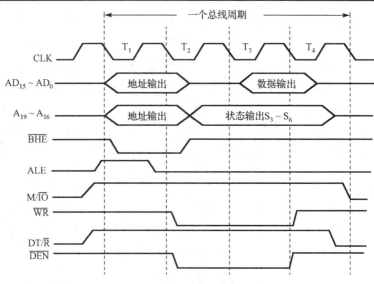

图 4.10 8086/8088 总线写时序

表 4.3 汇编语言数据传送指令集

指令格式	指令功能说明	指令举例
MOV DST，SRC	执行的操作：(DST)←(SRC)	MOV AX，1234H MOV AX，BX MOV AL，33H
PUSH SRC	执行的操作：(SP)←(SP)−2 ((SP)+1,(SP))←(SRC)	PUSH AX PUSH CX
POP DST	执行的操作：(DST)←((SP)+1), (SP)) (SP)←(SP)+2	POP AX POP CX
XCHG OPR1，OPR2	执行的操作：(OPR1)←→(OPR2)	XCHG AX，BX

细心的读者会发现一个问题，前面所讲的时序，如果假定是 CPU 和存储器之间的数据传送，则要求存储器和 CPU 的响应速度应该基本一致，至少不能超过一个固定的时间，否则两者之间就配合不起来了，数据传送也会失败。而 CPU 和存储器的发展速度在现实中的差别又非常大，所以随着 CPU 速度的快速发展，而存储器的运行速度显然跟不上 CPU 的运行速度时，CPU 和存储器的时序将配合不起来，就会导致计算机无法正常工作。

为了解决上述问题，CPU 的设计者在设计之初就考虑到了快速 CPU 和慢速设备之间的配合问题，所以在总线的读、写时序中加入了等待时钟周期，即在 T_3 周期和 T_4 周期之间可以加入若干个 T_w 周期，至于加入几个 T_w 周期视存储器的响应速度而定。所以，一个总线周期准确地讲应该是大于等于 4 个时钟周期。至于如何添加 T_w 在此不做详细叙述，请大家参考相关文献。

4.5* 关于计算机中的时间

到目前为止，我们了解了 CPU 的内部结构和工作原理、总线的工作原理，此时，我们可以考虑一下计算机中一个颇具哲学意义的概念：**计算机中的时间**。

在日常生活中，我们所谓的时间是一个连续的量，即在任意小的两个时间点中包含有无数个时间段。也就是说，时间是可以划分为任意小的量，小时、分钟、秒、分秒、毫秒、微秒……我们一般会用图 4.11 来表示时间。这既是数学中连续的概念，也是物理学中连续的概念。这样的一个时间的概念，是否可以毫无变化地移植到计算机中呢？

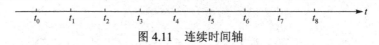

图 4.11　连续时间轴

在计算机中，我们将一个计算任务分解为软件部分和硬件两个部分，即由两部分合作来完成具体的计算任务。硬件一旦设计完成是不会改变的，软件通过指令控制某一部分的硬件来完成某一些具体任务（如加法运算）。软件是一个指令序列，人们通过改变序列来完成不同的计算任务，软件是可变的。在第 3 章中，我们讨论了时序控制，每一条指令完成一个具体的任务（例如：ADD AX, 3 完成的是一个加法任务；MOV AX, 56 完成的是一个数据移动的任务）。一个指令序列在完成一条指令后，会自动跳转到下一条指令完成另一个任务（通过 PC 寄存器）。

【例 4.1】　设计一个汇编语言程序，计算出 $y = 3*((125-6)/2+56)$ 的值。

虽然我们还不十分清楚汇编语言的编程，但是我们不妨用一些符号来定义上述实现过程，此处我们采用的符号是 8086 CPU 支持的汇编语言指令。

```
MOV AX, 125      ; 将 125 送入 AX 寄存器------------------------------①
SUB AX, 6        ; 实现 AX-6，并将结果送到 AX 中------------------②
MOV CL,6         ; 将立即数 6 送到 CL 寄存器----------------------③
DIV CL           ; 实现 AX/CL，将商存储在 AL 中，余数存储在 AH 中------------④
ADD AL,56        ; 将商的结果（AL 中的内容）+56，将和存储在 AL 中----------⑤
MOV CL,3         ; 将立即数 3 送到 CL 中------------------------------⑥
MUL CL           ; 实现 AL*CL，并将乘积送到 AX 中-----------------------⑦
```

此例中我们设计的软件比较粗糙，没有考虑溢出等问题。每条指令的含义请读者参考附录。很显然我们用了 7 条指令完成了一个四则运算，而且这 7 条指令的顺序是不能改变的。

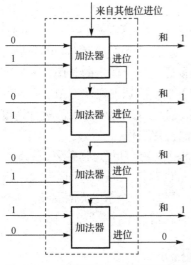

图 4.12　4 位带进位加法计算示意图

从例 4.1 中看到，（1）指令序列是顺序执行的；（2）每条指令完成一个单一的任务；（3）每条指令完成后的结果，是下一条指令参与运算的值。到目前为止，我们应该能够设想该指令序列在 CPU 中是如何按顺序执行的，也能设想到每一条指令会控制一部分硬件的工作。但是，这里似乎存在一个问题：每一条指令执行时花费的时间是一样的吗？如果是一样的，那么 PC 的"+1"运算可以通过时间来控制；如果不一致，那 PC 的"+1"运算什么时候执行呢？靠什么机制来控制 PC"+1"呢？或者换句话说，CPU 如何知道每一条指令什么时候执行完成呢？引申讲，CPU 的时间是什么？如何控制 CPU 的时间？

我们来回忆一下串行加法器的工作原理，如图 4.12 所示。图中是一个 4 位串行加法器，即首先完成 D_0 位的加法，然后实现 D_1 位的加法，而后是 D_2 位的加法，最后是 D_3 位的加法，这是一个串行的过程。换句话讲，进行 4 位加法运算需要 4 个时间单位（假设每一位加法运算所需要的时间相等），则进行 8 位加法运算需要 8 个时间单位……了解数字电路知识的读者知道，这是时序电路，控制该电路正常工作的是一个矩形波形，如图 4.13 所示。

假设图 4.13 中的每一个脉冲周期完成一位加法运算，则完成 4 位加法运算需要 4 个 T 周期，换句话讲，如果我们采用图 4.12 的电路设计 CPU 中的加法运算器，则每一个加法运算所需要的时间是已知的。

图 4.13　控制串行加法运算的脉冲波形

再回忆一下 CPU 对于指令的操作，将 ADD AX, 1234H（机器码为 053412H，存储在 2000H 开始的连续 3 个存储单元中）的操作过程按照时间顺序重写一下。

① PC 寄存器初始化为 2000H，PC→MAR，2000H 出现在地址总线上；

② 存储器选中 2000H 地址单元，操作码 05H 出现在数据总线上；

③ CPU 发出读信号从数据总线上将 05H 读到 CPU 中；

④ 将 05H 传送到 IR 寄存器中；

⑤ 控制器对 05H 进行译码；

⑥ 启动控制执行电路；

⑦ 建立 AX 与加法器数据通路；

⑧ PC=PC+1，2001H 出现在地址总线上

⑨ 存储器选中 2001H 存储单元，34H 出现在数据总线上；

⑩ CPU 发出读信号将 34H 读入到 CPU 的 DR 中；

⑪ PC=PC+1，PC→MAR，2002H 出现在地址总线上；

⑫ 存储器选中 2002H 存储单元，12H 出现在数据总线上；

⑬ CPU 将 12H 读入到 CPU 的 DR 中；形成 1234H；

⑭ 建立 DR 与加法器的数据通路；

⑮ 实现加法运算，将运算结果送到 AX 中，并判断是否有进位、溢出，相应的 FLAG 位是否变化；

⑯ 加法指令结束。

每一步需要花费的时间可能不同，但是我们是否可以设定每一步为某一个最小时间的倍数呢？如果可以的话，我们似乎也可以采用图 4.13 所示的矩形脉冲波形来实现控制，从而可以很方便地利用数字时序电路来实现各个步骤。

另外，还涉及存储器的访问，从本章的总线读/写时序中，我们可以看到存储器的访问也是需要用矩形脉冲波形进行控制的。还有 I/O 接口，以后的章节中我们会看到也是采用类似的方法来实现控制和同步的。

所以，在计算机中时间实际上用方波来控制的，而方波都有一个基本的周期 T，这个 T 是计算机中的最小时间，其他的所有时间将是 T 的整数倍。

到此为止，我们可以得出这样一个结论：**在计算机中，时间将不再是我们常规理解的连续的时间，而是有最小时间单位（T）的离散时间。**

既然计算机中时间是离散的，将会得到这样几个推论：（1）必须有一个方波脉冲发生器，用来产生持续的固定周期（T）的方波；（2）所有的电路都受该方波的最小时间的控制；（3）所有电路之间的配合都由该方波统一控制；（4）该方波周期 T 的大小，决定了计算机的运算

速度（不考虑其他影响因素），T 越小，运算速度越快；T 越大，运算速度越慢。换成频率表示，则频率越高，速度越快；频率越低，速度越慢。所以 T 在一定程度上决定了运算速度。（5）既然计算机中的时间是离散的，那么计算机只能处理离散的数据，而不能处理连续的数据。如果要想计算连续的数据，只能将连续数据进行离散化处理。当然在离散化的同时，将有误差的产生。所以，计算机的某一些物理计算，实际上不是精确的计算，而是在一定误差范围内的计算。

4.6　总线的结构

4.6.1　单总线

前几节中讲解了系统总线的构成、总线的时序等概念，我们基本清楚了总线是如何工作的。将前面讲的总线整理一下，所讲的系统总线包含数据总线、地址总线、控制总线，CPU 对外部设备的操作均通过总线进行，换句话讲，所有的外部设备均挂接在三组总线上，如图 4.14 所示。

这种总线结构比较简单，操作相对容易，扩充方便，早期的计算机均采用了这种总线结构，我们称之为**单总线结构**。

在单总线结构中，CPU 与主存之间、CPU 与 I/O 设备之间、I/O 设备与主存之间、各种设备之间都通过系统总线无差别地进行信息交换。

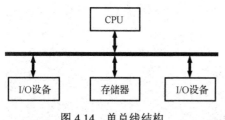

图 4.14　单总线结构

但由于所有设备部件均挂接在单一总线上，使这种结构只能分时工作，即同一时刻只能在两个设备之间传送数据，这就要求挂接在总线上的设备尽量是高速设备，当一个数据传送完成后，尽早地释放总线，方便其他设备之间进行数据交互。如果某一个 I/O 设备的响应时间较长，占用总线的时间较长，就会使系统总体数据传输的效率和速度受到限制，这是单总线结构的主要缺点。

4.6.2　双总线

（1）面向 CPU 的双总线结构

面向 CPU 的计算机系统中有两组总线，如图 4.15 所示。一组总线是 CPU 与主存储器之间进行信息交换的公共通路，称为存储总线。CPU 利用存储总线从主存储器取出指令进行分析、执行，从主存储器读取数据进行加工处理，再将结果送回主存储器。另一组是 CPU 与 I/O 设备之间进行信息交换的公共通路，称为输入/输出（I/O）总线。各外围设备通过接口电路挂接在 I/O 总线上。由于在 CPU 与主存储器之间，CPU 与 I/O 设备之间分别设置了一组总线，从而提高了微机系统信息传送率。但由于外围设备与主存储器之间没有直接的通路，要通过 CPU 才能进行信息交换，所以增加了 CPU 的负担，降低了 CPU 的工作效率。

（2）面向主存储器的双总线结构（如图 4.16 所示）

面向主存储器的双总线结构保留了单总线结构的优点，即所有设备和部件均可通过总线交换信息，不同的是 CPU 与主存储器之间，又设置了一组高速存储总线，使 CPU 可以通过它直接与主存储器交换信息。这样，不仅使信息传送效率提高，而且减轻了总线的负担，但缺点是硬件造价稍高。过去的主流微机中通常采用的是这种面向主存储器的双总线结构。

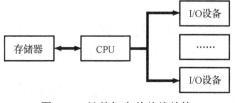

图 4.15 计算机多种总线结构

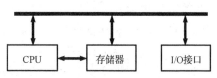

图 4.16 面向主存储器的双总线结构

4.6.3 多总线

在单总线系统中，所有高速、低速设备都挂接在同一组总线上，总线的控制权在 CPU 手上，所有的数据传送只能分时工作，即同一个时间只允许两个设备之间传送数据，这就限制了信息传送的速度和效率。虽然双总线技术进行了适当地改变，提高了一些总线的速度和效率，但仍然存在很多的问题。为此，人们提出了一种多总线的技术，如图 4.17 所示。这是现代计算机基本采用的总线技术。

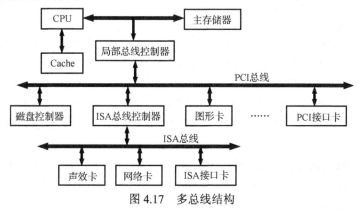

图 4.17 多总线结构

多总线的基本思想是将设备分类为高速、中速、低速设备，高速设备连接在高速总线上，中速设备连接在中速总线上，低速设备连接在低速总线上。主存储器、Cache 属于高速设备，直接和 CPU 相连，通过一个局部总线控制器（也称为桥）将高速总线和中速总线相连，桥的作用在于实现缓冲、转换、控制。而例如图形卡、磁盘控制器等中速的设备挂接在中速总线上；中速总线通过另外一个桥（ISA 总线控制器）将中速总线与低速总线相连。

从图 4.17 中发现，CPU 在多总线结构中只是一个点，假设高、中、低速的总线固定不变，如果改变 CPU 的结构，只要与高速总线的连接方式不变，则实际上是不会影响到系统正常工作的。所以总线是可以独立成为一个技术单元，而与处理器无关。

从本节中我们看到，计算机系统总线的结构经历了若干次的变化，目的在于提高计算机的整体性能，从最初的以 CPU 为中心，逐步发展到不以 CPU 为中心。所以，在当今的计算机中，以 CPU 为中心的计算机设计思路逐渐被抛弃，而计算机的整体性能正被越来越多地关注。总线技术是影响计算机整体性能的一个重要方面，换句话讲，影响计算机整体性能的是设备之间的通信速度。

在以 CPU 为中心的总线技术时代，CPU 负责许多的协调任务，而如果抛弃 CPU 为中心的总线技术，则由谁来协调各个设备之间的通信呢？

4.7　总线的仲裁

系统中多个设备或模块可能同时申请对总线的使用权，为避免产生总线冲突，需由总线仲裁机构合理地控制和管理系统中需要占用总线的申请者，在多个申请者同时提出总线请求时，以一定的优先算法仲裁哪个请求应获得对总线的使用权。总线判优控制按照仲裁控制机构的设置可分为集中控制和分散控制两种。其中就集中控制而言，常用的总线仲裁方式有：菊花链仲裁、二维仲裁、同步通信方式、异步通信方式和半同步通信方式。

连接到总线上的功能模块有主动（主方）和被动（从方）两种形态，CPU 可以做为主方，也可以做为从方，而存储器模块只能用作从方。主方可以启动一个总线周期，而从方只能响应主方的请求。对多个主设备提出的占用总线请求，一般采用优先级或公平策略进行仲裁。

按照总线仲裁电路的位置不同，仲裁方式分为**集中式仲裁**和**分布式仲裁**两类。

1）集中式仲裁

集中式总线仲裁的控制逻辑基本集中在一处，需要中央仲裁器，分为链式查询方式、计数器定时查询方式、独立请求方式。

（1）链式查询方式

链式查询方式如图 4.18(a)所示，其主要特点是：总线授权信号 BG 串行地从一个 I/O 接口传送到下一个 I/O 接口。假如 BG 到达的接口无总线请求，则继续往下查询；假如 BG 到达的接口有总线请求，则 BG 信号便不再往下查询，该 I/O 接口获得了总线控制权。离中央仲裁器最近的设备具有最高优先级，通过接口的优先级排队电路来实现。

链式查询方式的优点是：只用很少几根线就能按一定优先次序实现总线仲裁，很容易扩充设备。

链式查询方式的缺点是：对询问链的电路故障很敏感，如果第 i 个设备的接口中有关链的电路有故障，那么第 i 个以后的设备都不能进行工作。查询链的优先级是固定的，如果优先级高的设备出现频繁的请求时，优先级较低的设备可能长期不能使用总线。

（2）计数器定时查询方式

如图 4.18(b)所示，总线上的任一设备要求使用总线时，通过 BR 线发出总线请求。中央仲裁器接到请求信号以后，在 BS 线为"0"的情况下让计数器开始计数，计数值通过一组地址线发向各设备。每个设备接口都有一个设备地址判别电路，当地址线上的计数值与请求总线的设备地址相一致时，该设备置"1"BS 线，获得了总线使用权，此时中止计数查询。

每次计数可以从"0"开始，也可以从中、止点开始。如果从"0"开始，各设备的优先次序与链式查询法相同，优先级的顺序是固定的。如果从中、止点开始，则每个设备使用总线的优先级相等。

计数器的初值也可用程序来设置，这可以方便地改变优先次序，但这种灵活性是以增加线数为代价的。

（3）独立请求方式

如图 4.18(c)所示，每一个共享总线的设备均有一对总线请求线 BR_i 和总线授权线 BG_i。当设备要求使用总线时，便发出该设备的请求信号。中央仲裁器中的排队电路决定首先响应哪个设备的请求，给设备以授权信号 BG_i。

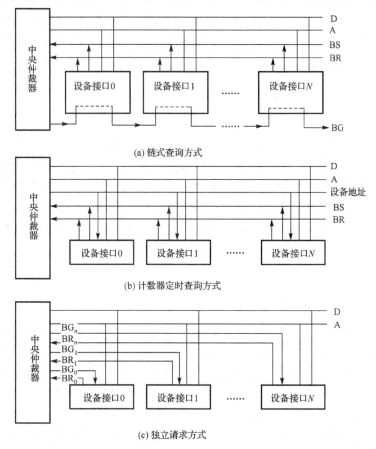

(a) 链式查询方式

(b) 计数器定时查询方式

(c) 独立请求方式

图 4.18 集中式总线仲裁方式

独立请求方式的优点是：响应时间快，确定优先响应的设备所花费的时间少，用不着一个设备接一个设备地查询。其次，对优先次序的控制相当灵活，可以预先固定也可以通过程序来改变优先次序；此外，还可以用屏蔽（禁止）某个请求的办法，不响应来自无效设备的请求。

2）分布式仲裁

分布式仲裁不需要中央仲裁器，每个潜在的主方功能模块都有自己的仲裁号和仲裁器，如图 4.19 所示。当它们有总线请求时，把它们唯一的仲裁号发送到共享的仲裁总线上，每个仲裁器将仲裁总线上得到的号码与自己的号码进行比较。如果仲裁总线上的号码大，则对它的总线请求不予响应，并撤销它的仲裁号。最后，获胜者的仲裁号保留在仲裁总线上。显然，分布式仲裁是以优先级仲裁策略为基础的。

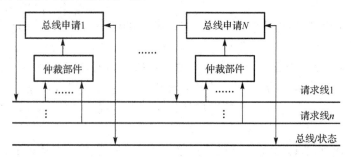

图 4.19 分布式总线仲裁结构

从前面所讲的内容可以看到，总线仲裁的方式有很多种，而且各项技术都有其自身的优缺点，无法确定哪种技术更好。但随着总线越来越脱离开 CPU 而成为较独立的技术，分布式仲裁方案应用面越来越广。

4.8　总线的同步技术

从前面讲到的知识，我们知道设备之间的通信采用的是电信号，在计算机中就是高低电平。多总线系统解决了速度不一致的设备之间快速有效的通信问题，总线仲裁解决了设备之间的通信冲突问题，但有一个问题一直没有在讨论范围之内，那就是两个设备之间的通信必须实现两个设备的时间同步问题。

在讲解系统总线的读写时序中，我们讨论了如何实现 CPU 和存储器之间的同步问题，依靠系统时钟和读写控制信号实现了 CPU 和存储器之间的协调一致问题。但这只是一种方式，而且这种方式还有其固有的技术问题，本节我们将集中讲解一下总线的同步技术问题。

4.8.1　总线的分类

讨论总线的时间同步问题必然涉及到总线的分类，到目前为止总线的分类方式有很多，例如，按总线的功能分类，可分为地址总线、数据总线、控制总线；按照总线的层次结构分类，可分为片内总线、系统总线、I/O 接口总线；按照通信方式分类，可分为串行总线、并行总线等，此外还有许多的分类形式，本节因为讨论的是时间同步问题，所以我们只考虑按通信方式的分类，即串行总线和并行总线。

到目前为止，不管总线的种类如何划分，从其通信形式（技术）来看，无外乎串行和并行两种总线。

并行总线：顾名思义，并行总线即数据以并行方式传输的总线形式。并行传输是在传输中有多个数据位同时在设备之间进行的传输。一个编码的字符通常是由若干位二进制数表示，如用 ASCII 码编码的符号是由 8 位二进制数表示的，则并行传输 ASCII 编码符号就需要 8 个传输信道（8 根线），表示一个符号的所有数据位能同时沿着各自的信道并排地传输。

这种传输方式从理论上讲，一个单位时间内所传输的数据量与信道（传输线）的个数成正比，即传输线越多，同时传输的数据（二进制）位数越多，所传递的信息量越大。所以计算机的发展经常会采用数据线的位数来表示其技术的进步，例如，早期的 8 位数据总线发展到了 16 位，然后是 32 位，到今天的 64 位，以后可能更多。

在系统总线中，计算机采用并行的总线来实现数据通信，因此会有地址总线、数据总线、控制总线三总线技术。

并行总线的时间同步方式和前面所讲的系统总线的同步方式是一致的，即参与通信的设备在统一的系统时钟的协调下同步工作，当出现速度不匹配时，需要在时序中添加等待周期，通过控制信号（例如 RD、WE 信号）来实现两个设备之间的时间同步。

串行总线：串行总线即数据以串行方式传输的总线形式。串行传输是指数据的二进制代码在一条物理信道上以位为单位按时间顺序逐位传输的方式。串行传输时，发送端逐位发送，接收端逐位接收。

一个 8 位的二进制信息通过 8 位的并行总线在一个单位时间内就可以完成通信，而通过串行总线需要至少 8 个单位时间才能够完成。从理论上讲并行总线要比串行总线速度快。但在实际应用中，并行总线是多根线同时传递电平信号，多根线一般并行排列，在线与线之间会形成线间电容，如果并行线较长，则由于电容的滤波功能，使得传输的信号在接收端出现变形，从而影响了信号的准确性，因此并行总线不宜远距离传输。一般来讲，在线路板内采用并行总线，而板间尽量减少使用并行总线的传输方式。所以，近年来硬盘与主板的连接线随着硬盘速度的提高，由原来的并行连接方式变为了串行连接方式，速度提升了许多。

4.8.2　串行总线的同步技术

我们先分析一下如何进行串行数据传输。

【例 4.2】　有两台设备 A 和 B，现在需通过串行传输的形式将一个 8 位的二进制数（67H）从 A 传送到 B。

67H 表示为二进制数为：01100111B。按照串行传输的概念，需要逐位从 A 传送到 B，首先我们想到的一个问题：A 设备是从最低位开始发送，还是从最高位开始发送？原理上讲，选择哪一种发送方式都可以。但是 B 设备的接收就会出问题，如果 B 设备设定为从高位开始接收，而 A 设备也是从高位开始发送，B 设备收到的是正确的值（67H）；如果 A 设备采用从低位开始发送，则 B 设备收到的就会是另外一个值（E6H），所以要保证传输正确，A 和 B 设备必须约定好发送顺序，这是问题一。

A 设备的发送要有一个时间单位，假设为 1ms 发送一位，即第 1ms 发送第 0 位，第 2ms 发送第 1 位，……若 B 设备接收是按 2ms 接收一位，则我们会发现即使发送顺序约定好了，B 设备也不会接收到完整的信息，中间会有若干位信息丢失。所以，必须要求 A 设备和 B 设备约定好发送的速率，速率必须一致，或者说发送和接收的频率必须一致，这是问题二。

假设前两者都约定好了，A 设备什么时候开始发送数据 B 设备无法知道，B 设备按照接收的频率不停地在接收，B 设备如何判断哪些位才是 A 设备发送的数据呢？很显然，A 设备在往 B 设备发送信息时，必须"告诉"B 设备要发送数据的信息，而串行传输仅有一根线，A 设备如何告知 B 设备自身的状况呢？这是问题三。

A 设备此例中是传送一个 8 位的二进制数，A 设备是否会始终传递 8 位的二进制数呢？我们没有办法确定。在无法确定的时候，我们一般让使用者进行一个自行的选择，即可以提供几个选择，让用户来自行决定采用哪种方式，但很显然，A 设备和 B 设备所选择的方式必须一致，这是问题四。

从分析中可知，A 设备与 B 设备要完成串行通信，必须来在某一些方面达成一致，才能保证通信的顺利、正确地进行，以下针对上述 4 个问题逐个来解决。

问题一：这是一个相对不太重要的问题。如果是两个都不含 CPU 的设备之间进行串行数据传输，则必须保证发送顺序一致。对于只要有一个设备包含 CPU 的情况，则可以通过软件，将二进制的高、低位进行一个调整，从而达成一致。

问题二：这是通信的双方必须约定好的，我们称之为波特率，即每秒钟所传送的二进制数据位数（单位是 bps）。一般的串行通信的波特率是若干个选项，例如 2400bps、4800bps、9600bps、……在建立串行通信之前，需要选定一个 A、B 设备共同的波特率（例如，9600bps），我们称之为初始化的过程。

问题三：这也需要在初始化阶段选择好。要求，A、B 设备必须一致（例如，都选择 7 位）。

问题四：这是本节主要关注的内容，解决方法较多。根据上面的分析，我们可以采用以下几种解决方案。

（1）采用异步串行的通信方式

参与通信的双方约定好每次传输的数据位数（例如 8 位）、通信速率（例如 2400bits/s）、发送顺序（例如，从最高位开始发送）。此时双方都会以相同的速度发送和接收数据，但仍然无法知道何时开始发送，何时结束。为解决这个问题，在 7 位数据位传输之外，需要再添加几位。我们称之为起始位和停止位，如图 4.20 所示。

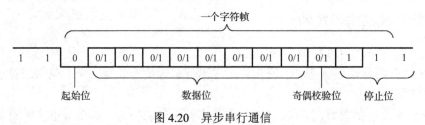

图 4.20　异步串行通信

在没有通信发生时，线路处于高电平状态，当 A 设备要发送数据时，首先将线路变为低电平，B 设备马上检测到低电平，知道 A 设备要发送数据了，低电平持续一个周期时间，即为 1/2400s，称之为起始位。紧接着 A 设备依次发送 8 位二进制位，发送完成后，总线恢复为高电平，并持续一段时间，这段时间一般可选（1 位、1.5 位、2 位），要求 A、B 设备的选择一致，我们称之为停止位。停止位结束后，可以进行下一个 8 位二进制位的发送，过程与上述一致。

通信的过程会出现干扰源，而干扰会导致数据传输出错，对于二进制数据的传输，出错会出现发送的是 "1" 而收到的是 "0"，反之也可能出现。为了检测传输过程中是否出错，常常采用的机制为奇偶校验法，即在 8 位数据后添加 1 位，称为**奇偶校验位**，则要传送的数据变成了 9 位。同样要求 A、B 两端共同约定（奇校验、偶校验，假设选择偶校验），添加的方法是计算所传送的数据中 "1" 的个数是奇数个还是偶数个，针对例 4.2 中的 67H，（假设 A、B 双方都选择偶校验的方式）计算出 "1" 的个数是 6 个，是偶数个，则奇偶校验位填充 "0"，使得发送到 B 设备的 9 位二进制数中 "1" 的个数为偶数。B 设备接收完 9 位数后，计算所接收的 9 位数中 "1" 的个数，如果为偶数个，与预先的约定相符，则认为此次数据传送成功。所以，奇偶校验可以在一定程度上判断传输是否出错。

奇偶校验法是基于一种假设而设定的检错方法，该方法假定传输中较大可能的出错是在某 1 位上，而 2 位以上同时出错的概率是很小的。此种方法虽然可以检错，但是无法纠错，因为根据一位二进制位，不可能知道到底是哪一位发生了变化，也就没有办法修改。为了能够纠错，人们也想了许多的办法，其中较有名的就是 CRC（Cyclic Redundancy Check，循环冗余校验码）算法。

因为添加了起止位，所以发送方可以在任何时候开始传送数据，只要出现起始位，接收方就可以知道要传输数据了。发送端发送完一个字节后，可经过任意长的时间间隔再发送下一个字节。而且接收和发送设备的时钟不需要绝对地统一，稍有一些偏差不会影响到数据的准确性。

（2）采用同步串行的通信方式

所谓同步通信，是指数据传送是以数据块（一组字符）为单位，字符与字符之间、字符内部的位与位之间都同步。同步串行通信的特点可以概括为：①以数据块为单位传送信息。②在一个数据块（信息帧）内，字符与字符间无间隔。③因为一次传输的数据块中包含的数据较多，所以接收时钟与发送时钟严格同步，通常要有同步时钟，如图 4.21 所示。

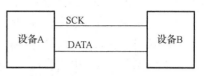

图 4.21　串行同步传输方式

同步串行方式的数据格式如图 4.22 所示，每个数据块（信息帧）由 3 个部分组成：①2 个同步字符，它们作为一个数据块（信息帧）的起始标志；②n 个连续传送的数据；③2 个字节循环冗余校验码（CRC）。

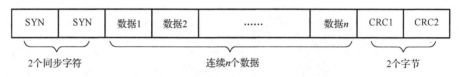

图 4.22　同步串行方式的数据格式

4.9　总线的性能评价指标

对计算机总线性能高低的评价一般从如下几个方面：

（1）**总线频率**，即总线工作时钟频率，单位为 Hz，它是影响总线传输速率的重要因素之一。

（2）**总线宽度**，又称**总线位宽**，是总线可同时传输的数据位数，用 bit（位）表示，如 8 位、16 位、32 位等。显然，总线的宽度越大，它在同一时刻就能够传输更多的数据。

（3）**总线带宽**，又称**总线传输速率**，表示在总线上单位时间内传输字节的多少，单位是 Mbps。影响总线传输速率的因素有总线宽度、总线频率等。一般的，有

$$总线带宽（Mbps）= 1/8×总线宽度×总线频率 \qquad (4.1)$$

有的地方也用 Mbps 作为总线带宽的单位，但此时在数值上应等于式 4.1 计算的数值乘以 8。以上公式主要是针对并行总线，而串行总线与并行总线的计算方式稍有不同。并行总线一次可以传输多位数据，但它存在并行传输信号间的干扰现象，频率越高、位宽越大，干扰就越严重，因此要大幅提高现有并行总线的带宽是非常困难的；而串行总线可以凭借高频率的优势获得高带宽。为了弥补一次只能传送一位数据的不足，串行总线常常采用多条管线（或通道）的做法实现更高的速度。对这类总线，带宽的计算公式就等于"总线频率×管线数"，例如，PCI Express 就有×1、×2、×4、×8、×16 和×32 等多个版本，在第一代 PCI Express 技术中，单通道的单向信号频率可达 2.5GHz。

4.10　计算机外部总线

在 Altair 8800 发明之后，计算机的体系结构出现了细微的变化，增加了总线的概念，这是冯·诺依曼体系中不具有的概念。该总线的出现，使得计算机的硬件结构发生了根本的变化，从而使得计算机的扩展变得更加容易，推动了计算机的发展。

图 4.23 所示为当今计算机的一个基本的结构。我们选用了一个比较老一点的主板结构，目的是为了说明各种外部总线的区别。

我们可以看到，外部总线表现形式实际上是计算机主板与外部的一个接口插槽，不同的

插槽有不同的标准，也有不同的命名，同时也有不同的性能指标。本节我们将简单介绍几款在计算机发展史中曾出现的外部总线。

涉及总线标准，一般包括以下几个内容：（1）机械标准。如插槽的大小、宽度，针与针之间的间隔等。（2）电气标准。如电平的高低、电流的大小、总线的宽度、总线的速度等。（3）软件标准。如软件通信协议等。在本节中，我们主要关注总线的发展过程、总线的特点等方面的内容，而不会全面介绍总线的标准。

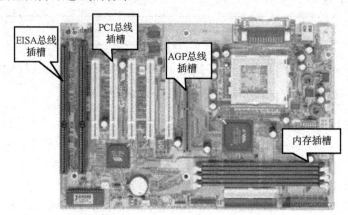

图 4.23　计算机主板及外部总线分布图

4.10.1　ISA 与 EISA 总线

ISA 及 EISA 总线的发展历史及特点

ISA 总线（Industry Standard Architecture，工业标准体系结构）是 IBM 公司为 PC/AT 电脑而制定的总线标准，其为 16 位体系结构，只能支持 16 位的 I/O 设备，数据传输速率大约是 16Mbps。其也称为 AT 标准。起初 PC 面向个人及办公室，定义了 8 位的 ISA 总线结构，对外公开，成为了总线标准（ISO ISA 标准）。后来，第三方开发出许多 ISA 扩充板卡，推动了 PC 的发展。1984 年推出的 IBM-PC/AT 系统使 ISA 从 8 位扩充到 16 位，地址线从 20 条扩充到 24 条。

ISA 是 8/16 bit 的系统总线，最大传输速率仅为 8Mbps，但允许多个 CPU 共享系统资源。由于兼容性好，它在上个世纪 80 年代是最广泛采用的系统总线，不过它的弱点也是显而易见的，比如传输速率过低、CPU 占用率高、占用硬件中断资源等。后来在 PC98 规范中，就开始放弃了 ISA 总线，而 Intel 从 i810 芯片组开始，也不再提供对 ISA 接口的支持。

使用 286 和 386SX 版本以下 CPU 的电脑似乎和 8/16bit ISA 总线还能够兼容，但当出现了 32bit 外部总线的 386DX 处理器之后，总线的宽度就已经成为了严重的瓶颈，并影响到处理器性能的发挥。因此在 1988 年，康柏、惠普等 9 个厂商协同把 ISA 扩展到 32bit，这就是著名的 EISA（Extended ISA，扩展 ISA）总线。EISA 总线的工作频率仍旧仅有 8MHz，并且与 8/16bit 的 ISA 总线完全兼容，由于是 32bit 总线的缘故，因此带宽提高了一倍，达到了 32Mbps。可惜的是，EISA 仍旧由于速度有限，并且成本过高，在还没成为标准总线之前，在 20 世纪 90 年代初的时候，就被 PCI 总线取代了。

EISA 总线的信号如图 4.24 所示。EISA 总线是在 ISA 总线基础上进行的扩展，图 4.24 中上部属于 ISA 总线，而上下合起来称之为 EISA 总线。从图中可以看到，EISA 总线的信号基本包含两个部分：（1）总线基本信号。指的是用于总线工作的最基本的信号，通常有复位、时钟以及相应的应答信号。（2）总线控制信号。ISA 总线控制主要有中断和 DMA 请求两种方式。中断时由 ISA 卡发出中断请求而取得软件的控制权；DMA 请求方式则在 DMA 控制器响应请求后，由 DMA 控制器代为管理总线的控制，或者与 MASTER 信号配合取得 ISA 总线的真正控制权。这里涉及一些概念，如中断、DMA 等暂时还没有讲到，在接口一章中会有相应的介绍。

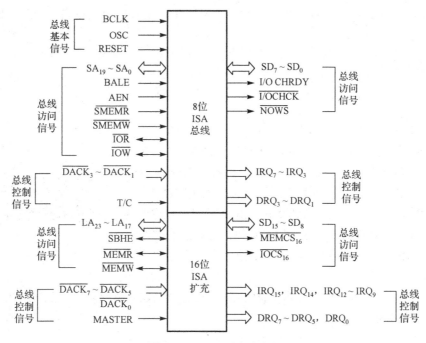

图 4.24　EISA 引脚定义图

ISA 和 EISA 总线属于早期的计算机外部总线，我们可以简单地理解为是将系统总线（地址、数据、控制总线）引出到插槽中，在不改变主板结构的情况下，可以任意扩展计算机的外部设备。当然，在进行扩展的时候，需要考虑：（1）如何保证扩展的硬件设备与已有的设备之间不发生冲突；（2）如何保证总线的驱动能力；（3）如何保证系统的软硬件协调等问题。

EISA 各引脚定义如下：

（1）RESET，BCLK：复位及总线基本时钟，BLCK=8MHz。

（2）SA_{19}～SA_0：存储器及 I/O 空间 20 位地址，带锁存。

（3）LA_{23}～LA_{17}：存储器及 I/O 空间 20 位地址，不带锁存。

（4）BALE：总线地址锁存，外部锁存器的选通。

（5）AEN：地址允许，表明 CPU 让出总线，DMA 请求开始响应。

（6）SMEMR、SMEMW：8 位 ISA存储器读写控制。

（7）ISA 总线引线定义：主要信号说明。

（8）MEMR、MEMW：16 位 ISA存储器读写控制。

（9）SD_{15}～SD_0：数据总线，访问 8 位 ISA 卡时高 8 位自动传送到 SD_7～SD_0。

（10）SBHE：高字节允许，打开 SD_{15}～SD_8数据通路。

（11）MEMCS16，IOCS16：ISA 卡发出此信号确认可以进行 16 位传送。

（12）I/OCHRDY：ISA 卡准备好，可控制插入等待周期。

（13）NOWS：不需等待状态。

（14）I/OCHCK：ISA 卡奇偶校验。

（15）IRQ_{15}，IRQ_{14}，$IRQ_{12} \sim IRQ_9$，$IRQ_7 \sim IRQ_3$：中断请求。

（16）$DRQ_7 \sim DRQ_5$，$DRQ_3 \sim DRQ_0$：DMA 请求。

（17）$DACK_7 \sim DACK_5$，$DACK_3 \sim DACK_0$：DMA 请求响应。

（18）MASTER：ISA 主模块确立信号，ISA 发出此信号，与主机内 DMAC 配合使 ISA 卡成为主模块，全部控制总线。

4.10.2　PCI 总线

1．PCI 的产生及特点

1991 年下半年，Intel 公司首先提出了 PCI 的概念，并联合 IBM、Compaq、AST、HP、DEC 等 100 多家公司成立了 PCI 集团，其英文全称为 Peripheral Component Interconnect Special Interest Group（外围部件互连专业组），简称 PCISIG。PCI 有 32 位和 64 位两种，32 位 PCI 有 120 个引脚，64 位 PCI 有 184 个引脚，目前常用的是 32 位 PCI。32 位 PCI 的数据传输速率为 133Mbps，大大高于 ISA 总线。PCI 板卡外形如图 4.25 所示。

图 4.25　PCI 扩展板

从 1992 年创立规范到如今，PCI 总线已成为了计算机的一种标准总线。由 PCI 总线构成的标准系统结构如图 4.26 所示。

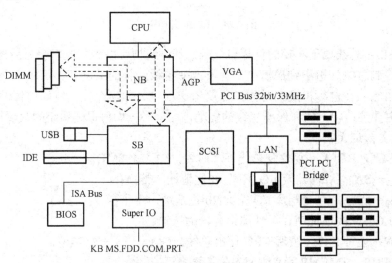

图 4.26　PCI 总线结构图

图中英文缩写介绍：

（1）DIMM：内存条扩展槽；　　（2）NB：北桥；

（3）AGP：显示卡接口；　　（4）VGA：显示器接口；

（5）SB：南桥；　　（6）IDE：硬盘接口总线标准；

（7）SCSI：小型计算机系统接口；　　（8）LAN：网络接口卡；

（9）BIOS：基本输入输出系统。

　　PCI 总线取代了早先的 ISA 总线。当然，在 PCI 总线以后出现的专门用于显卡的 AGP 总线，与现在的 PCI Express 总线相比，功能没有那么强大，但是 PCI 能从 1992 年使用至今，说明它有许多优点，比如即插即用（Plug and Play）、中断共享等。

　　从数据宽度上看，PCI 总线有 32bit、64bit 之分；从总线速度上分，有 33MHz、66MHz两种。目前流行的是 32bit_33MHz，而 64bit 系统正在普及中。改良的 PCI 系统，如 PCI-X，最高可以达到 64bit_133MHz，这样就可以得到超过 1Gbps 的数据传输速率。如果没有特殊说明，以下的讨论以 32bit_33MHz 为例。

2. PCI 基本概念

　　不同于 ISA 总线，PCI 总线的地址总线与数据总线是分时复用的。这样做的好处是，一方面可以节省接插件的引脚数，另一方面便于实现突发数据传输。在进行数据传输时，由一个 PCI 设备做为发起者（主控，Initiator 或 Master），而另一个 PCI 设备做为目标（从设备，Target或 Slave）。总线上的所有时序的产生与控制都由 Master 来发起。PCI 总线在同一时刻只能供一对设备完成传输，这就要求有一个仲裁机构（Arbiter）来决定谁有权拿到总线的主控权。

　　当 PCI 总线在进行操作时，发起者（Master）先置 REQ，当得到仲裁器（Arbiter）的许可时（GNT），会将 FRAME 置低，并在 AD 总线上放置 Slave 地址，同时用 C/BE 放置命令信号说明接下来的传输类型。所有 PCI 总线上设备都需对此地址译码，被选中的设备要置DEVSEL 以声明自己被选中。然后当 IRDY 与 TRDY 都置低时，可以传输数据。当 Master 数据传输结束前，将 FRAME 置高以标明只剩最后一组数据要传输，并在传输完数据后放开IRDY#以释放总线控制权。

　　这里我们可以看出，PCI 总线的传输是很高效的，发出一组地址后，理想状态下可以连续发送数据，峰值速率为 132Mbps。实际上，目前流行的 32bit_33MHz 北桥芯片一般可以做到100Mbps 的连续传输。

　　PCI 实现了一种相对操作容易的接口方式，称之为即插即用方式。所谓即插即用，是指当板卡插入系统时，系统会自动对板卡所需资源进行分配，如基地址、中断号等，并自动寻找相应的驱动程序。而不像老的 ISA板卡，需要进行复杂的手动配置。

　　实际的实现远比说起来要复杂。在 PCI 板卡中，有一组寄存器，叫"配置空间"（Configuration Space），用来存放基地址与内存地址，以及中断等信息。以内存地址为例。当上电时，板卡从 ROM里读取固定的值放到寄存器中，对应内存的地方放置的是需要分配的内存字节数等信息。操作系统要跟据这个信息分配内存，并在分配成功后把相应的寄存器中填入内存的起始地址。这样就不必手工设置开关来分配内存或基地址了。对于中断的分配操作也与此类似。

　　ISA 卡的一个重要局限在于中断是独占的，而我们知道计算机的中断号只有 16 个，系统又用掉了一些，这样当有多块 ISA 卡要用中断时就会有问题。为了解决上述矛盾，PCI 总线在设计时提出了一种**中断共享**的思路。

　　PCI 总线的中断共享由硬件与软件两部分组成。

　　硬件上，采用电平触发的办法：中断信号在系统一侧用电阻接高电平，而要产生中断的板卡上利用三极管的集电极将信号拉低。这样不管有几块板产生中断，中断信号都是低电平；而只有当所有板卡的中断都得到处理后，中断信号才会恢复高电平。

　　软件上，采用中断链的方法：假设系统启动时，发现板卡A 用了中断 7，就会将中断 7对应的内存区指向 A 卡对应的中断服务程序入口 ISR_A；然后系统发现板卡 B 也用中断 7，这时就会将中断 7 对应的内存区指向 ISR_B，同时将 ISR_B 的结束指向 ISR_A。以此类推，就会形成一个中断链。而当有中断发生时，系统跳转到中断 7 对应的内存，也就是 ISR_B。ISR_B 就要检查是不是 B 卡的中断，如果是，则处理，并将板卡上的拉低电路放开；如果不是，则呼叫 ISR_A。这样就完成了中断的共享。

通过以上讨论，我们不难看出，PCI 总线有着极大的优势，近年来的市场情况也证实了这一点。

4.10.3 USB 总线

1. USB 的发展历史及特点

USB 最初是由 Intel 与 Microsoft 公司倡导发起，其最大的特点是支持热插拔和即插即用。当设备插入时，主机侦测此设备并加载所需的驱动程式，因此使用远比 PCI 和 ISA 总线方便。

USB 规格第一次是于 1995 年，由 Intel、IBM、Compaq、Microsoft、NEC、Digital、North Telecom 等 7 家公司组成的 USBIF（USB Implement Forum）共同提出，USBIF 于 1996 年 1 月正式提出 USB1.0 规格，频宽为 12Mbps。不过因为当时支持 USB 的周边装置少得可怜，所以主机板商不太把 USB Port 直接设计在主机板上。1998 年 9 月，USBIF 提出 USB1.1 规范来修正 USB1.0，主要修正了技术上的小细节，但传输的频宽不变，仍为 12Mbps。USB1.1 向下兼容 USB1.0，因此对于一般使用者而言，并感受不到 USB1.1 与 USB1.0 的规范差异。2000 年 4 月，当前广泛使用的 USB 2.0 推出，速度达到了 480Mbps，是 USB 1.1 的 40 倍。2008 年 USB 2.0 的速度早已经无法满足应用需要，USB3.0 也就应运而生，最大传输带宽高达 5.0 Gbps。

USB 的下述几个特点，使得 USB 总线越来越被广大用户所接受。

（1）可以热插拔。这就让用户在使用外接设备时，不需要重复"关机将并口或串口电缆接上再开机"这样的动作，而是直接在电脑工作时，就可以将 USB 电缆插上使用。

（2）携带方便。USB 设备大多以"小、轻、薄"见长，对用户来说，同样 20GB 的硬盘，USB 硬盘的重量比 IDE 硬盘要轻一半，在想要随身携带大量数据时，当然 USB 硬盘会是首选了。

（3）标准统一。大家常见的是 IDE 接口的硬盘、串口的鼠标键盘、并口的打印机扫描仪，但是有了 USB 之后，这些应用外设统统可以用同样的标准与个人电脑连接，这时就有了 USB 硬盘、USB 鼠标、USB 打印机等。

（4）可以连接多个设备。USB 在个人电脑上往往具有多个接口，可以同时连接几个设备，如果接上一个有 4 个端口的 USB Hub 时，就可以再连上 4 个 USB 设备，以此类推，最高可连接至 127 个设备。

2. USB 接口定义

标准 USB 接口标准如表 4.4 所示。

表 4.4 USB 接口标准

触点	功能（主机）	功能（设备）
1	VBus(4.75～5.25V)	VBus(4.4～5.25V)
2	D–	D–
3	D+	D+
4	GND	GND

USB 信号使用分别标记为 D+ 和 D– 的双绞线传输，它们各自使用半双工的差分信号并协同工作，以抵消长导线的电磁干扰。

从表 4.4 中可以看到，USB 总线对于单个设备而言只有 4 个接口端子，一个电源（VBus），一个地（GND）；另外两个是数据线（D+、D–），所以信号是串行传输的。USB 虽然是串行通信标准，但是其速度现在远在 ISA、PCI 的总线速度之上。

对于 USB 设备及接口方式想必读者并不陌生，但是 USB 的工作原理可能对很多读者来讲就不太容易理解了。在此，我们不想过多地讲解 USB 的工作原理，但是想说明几个简单的问题：（1）USB 只有 2 根数据线，靠差分方式来实现 "0"，"1" 的数据；（2）硬件接口如此简单，而支持 USB 的设备种类又很多，显然其软件协议相对较复杂；（3）USB 可以实现热插拔，即可以带电插拔而不至于烧坏设备，热插拔对软硬件的要求还包含了电源、信号与接地线的接触顺序。

迄今为止，总线技术已经取得了许多的成就，例如用于汽车通信的 CAN 总线技术；用于片间通信的 I2C 技术、SPI 技术；用于工业现场的 Profibus 技术等。每一种技术都基本形成了一种标准，通过该标准可以实现设备之间的互连。所以，我们要说总线技术是实现设备之间的通信（互连）的技术，既然是互连，就要求设备之间的软硬件间协议相容（一致），因此就必须形成标准。

计算机总线技术在不断地发展，从最初的以 CPU 为中心的总线技术，逐步拓展为多总线技术，出现了总线结构的变化；从最初的并行通信方式，逐步过渡到串行通信方式，而且串行通信的速度比并行通信的速度更快，传输过程更可靠；从最初的主要依赖于硬件方式，逐步过渡到简化硬件的接口方式，以软件的通信协议为主的接口方式；从不能带电拔插，过渡到可以热插拔；从最初的有线通信技术，过渡到无线通信技术，等等。

4.11 本 章 小 结

在冯·诺依曼体系的计算机产生之初，总线的概念是不存在的。一直到第一台个人计算机 Altair 8800 出现之后，总线的概念才进入人们的视野。总线的出现，为计算机的整体结构和扩展应用带来了一场革命。而且随着计算机技术的不断改进，总线起着越来越重要的作用。

在本章的开始部分我们主要讲述了 CPU 与外部设备相连的系统总线。CPU 的外特性包含地址、数据、控制等三总线，一般称为系统总线。CPU 通过系统总线与存储器、I/O 设备进行数据的交互，如何协调三总线之间的关系成为总线调度的主要问题。为了叙述方便，采用了 8086/8088 的总线作为实例进行描述，主要描述总线的读写时序。通过时序的配合，CPU 与外设之间协调动作避免冲突。

在讲到时序的时候，不得不讨论一下计算机系统的时间问题，看似好像是一个哲学问题，实际上是一个技术问题。计算机内部需要一个统一的时钟来协调各个部件之间的关系，该时钟是一个方波，即存在一个最小的时间单位，称之为 "机器周期"。计算机中的时间都是机器周期的整数倍。

总线一开始也许只是一组连接各个设备的连接线，所有参与通信的设备都需要连接在总线上。但是，一旦出现多个设备的时候，马上就出现了如何协调各个设备之间的关系的问题，及如何避免发生通信冲突，所以，总线的概念绝非只是连接线的概念，还应该包括总线的同步问题、总线的仲裁问题。

　　总线的同步问题涉及串行和并行、同步通信和异步通信等问题，而这些问题不可避免地与时钟有关，所以，在计算机中理解时钟的概念十分重要。计算机中时钟是一个连续的方波，该方波包含周期、占空比、上升沿、下降沿等几个概念。利用这几个概念即可以实现总线的同步问题。或者换句话讲，同步问题就是时间的关系问题。

　　总线的仲裁问题是指当两个设备在同一个时间要占用总线时，计算机应如何解决冲突的问题。总线上传输的是数据，数据以二进制形式出现，即以方波的形式出现，很显然，同一个时间仅允许一个设备发送方波到总线上，如果出现两个以上设备同时发送方波的现象，方波之间会相互干扰，导致接收方接收的数据出错，通信失败。所以总线必须有一个机制，不允许两个设备同时发送数据的现象出现。为此，人们设计了几种解决方案，包括硬件菊花链电路的方式、软件查询的方式等，这些方式统称为总线的仲裁。

　　可能有人要问：总线的同步和总线的仲裁都与时间有关，它们两者之间有什么不同？我们用简单的一句话来说明：同步问题是通信的双方（一个发送、一个接收）的时间同步问题；仲裁是同时要发送的两个设备如何排队的问题。

　　总线在其发展的历史中，出现过多种结构，例如：单总线、双总线、多总线结构等。这些总线结构都有其各自的特点，但是又都有其无法克服的缺点，在各个历史时期都有一定的作用。当前是多总线结构的"天下"，适应了各种不同速度通信的需求，相对来讲是合理的。

　　随着计算机应用的推广，计算机与外部世界的通信应用越来越多，很显然，通信的手段越多。从 20 世纪 70 年代开始，许多的通信手段被发明出来，并且在应用中逐渐成为世界标准。到今天为止，出现的标准种类非常多，例如：ISA、EISA、PCI、PCI-X、USB 等，这些总线统称为计算机的外部总线。每一个外部总线的标准都很复杂，包含机械标准、电气标准、软件协议标准等多种内容。本书限于篇幅的关系，没有做过多的介绍，只是简单地列举了几个标准实例，如果读者要应用外部总线扩展系统的功能，本书中的内容是远远不够的，建议读者可以去下载相应的标准文档。

思考题及习题 4

1. 什么是总线？总线的作用是什么？

2. 总线的结构在计算机发展历史上发生了哪些变化？这些变化带来了什么？

3. 总线的仲裁方式有几种，分别是什么？试分析各种仲裁方式的优缺点。

4. 什么是并行通信？什么是串行通信？

5. 串行通信是从时间上划分每一个位，那么如何区分每一个位成为串行通信的主要问题，同时串行通信要想实现数据的同步需要确定哪几个参数？

6. 什么是同步串行通信？什么是异步串行通信？两者主要区别是什么？

7. 异步串行通信的起始位和停止位的作用是什么？校验位的作用是什么？

8. 何为奇校验？何为偶校验？参与通信的 A、B 双方，如果 A 采用偶校验，请问 B 应该采用何种校验形式？

9. 参与异步串行通信的双方为 A 和 B，假设 A 设备作为发送设备，B 作为接收设备，如果 A 设备发送时是按照从高往低顺序发送，即先发送 D_7，而后 D_6，再后 D_5……最后 D_0，那么请问 B 设备按什么顺序接收？

10. 计算机的系统总线分为哪几种？分别是什么？

11. 要实现存储器读操作，在 8088/8086 系统中需要几个时钟周期？每个时钟周期各个总线上的信号是什么？请画出存储器读操作的时序图。

12. 8086 CPU 的数据地址线为复用总线，既可以作为地址线，又可以作为数据线，CPU 是如何实现地址、数据线复用的？

13. 设计一个电路，将 8086 CPU 的数据、地址复用线分开为数据线和地址线。

14. 一个 CPU 的主频为 16MHz，假设一个存储器的读时间需要 4 个 T 状态，请计算完成一次存储器读操作需要多少时间。

15. 请试说明你到目前为止对计算机中的"时间"的理解。

16. 如何理解数字计算机中的"数字"的概念？如果面对的物理对象是一个连续的物理量，例如温度，应该如何处理该物理量才能使用计算机进行计算？

17. 从理论上讲，并行传输应该比串行传输速度快，而事实上现在的很多总线再变为串行总线后，速度反倒变快了，例如，连接硬盘的总线从最初的并行的 IDE 接口变为现在的串行的 SATA 接口，速度获得了提升，试说明如何理解该问题。

18. USB 串行总线有几根连接线，分别是什么？USB 总线的供电电压是多少？USB 总线经历了 USB1.0、USB2.0、USB3.0，请回答每个不同版本的 USB 的带宽分别是多少？

19. 设计一个硬件电路，实现集中式总线仲裁机制。

20. 假设一个总线的速度为 8Mbps，而总线的宽度为 16 位，请计算该总线的带宽。

21. 在计算机中执行 MOV AX, [2000H] 指令时，CPU 的执行步骤是什么？各个总线上会出现什么样的信号？这些信号是如何协调一致工作，完成上述指令的任务的？

第 5 章　存储器技术

【学习目标】 了解存储器的分类；掌握存储器的层次结构；熟悉典型的存储器芯片；掌握存储器扩展技术。

【知识点】（1）存储器分类；（2）存储器的层次结构；（3）存储器的技术指标；（4）典型存储器芯片；（5）存储器位扩展；（6）存储器字扩展。

【重点】 存储器的扩展技术。

存储器是计算机中存储数据和程序的主要单元，在第 2 章中我们叙述了存储器的模型，包括存储器地址和存储器内容两个部分。在总线技术中我们也了解到 CPU 对存储器的操作只有读、写两个操作，但是到目前为止，我们仍然不知道存储器是如何进行存储的，存储器又是如何实现读写的。我们知道的存储设备已有许多，如硬盘、光盘、U 盘……。这些设备在计算机中处于什么地位？它们之间是如何实现信息交换的？这都是我们想了解的内容。但受限于篇幅，我们不能一一介绍到，本章节中我们主要针对计算机主存储的工作原理进行详细介绍。

5.1　存储器发展历史和分类

5.1.1　存储器发展历史

存储器（Memory）是计算机系统中的记忆设备，用来存放程序和数据。计算机中全部信息，包括输入的原始数据、计算机程序、中间运行结果和最终运行结果都保存在存储器中。它根据控制器指定的位置存入和取出信息。有了存储器，计算机才有记忆功能，才能保证正常工作。在计算机发展史上，存储器经历了若干代的变化，其中间产生过若干种存储设备，随着技术的进步其中很多的技术逐渐被淘汰，而现在的存储器基本上是由半导体材料或磁性材料构成的。

1950 年，世界上第一台具有存储程序功能的计算机 EDVAC 由冯·诺依曼博士领导设计。它的主要特点是采用二进制形式存储信息，使用汞延迟线作存储器（如图 5.1 所示），指令和程序可存入计算机中。

汞延迟线是基于汞在室温时是液体，同时又是导体的特性，每比特数据用机械波的波峰（设为

图 5.1　汞延迟线存储器

"1"）和波谷（设为"0"）表示。机械波从汞柱的一端开始，一定厚度的熔融态金属汞通过一振动膜片沿着纵向从一端传到另一端，这样就得名为"汞延迟线"。在另一端，传感器得到每一比特的信息，并反馈到起点。设想是汞获取并延迟这些数据，这样它们便能实现存储了。这个过程是机械和电子的奇妙结合。缺点是由于环境条件的限制，这种存储器方式会受各种环境因素影响而不精确。

1951 年，UNIVAC-1 第一次采用磁带机作为外存储器，首先用奇偶校验方法和双重运算线路来提高系统的可靠性，并最先进行了自动编程的试验。

磁带（如图 5.2 所示）是所有存储器设备发展中单位存储信息成本最低、容量最大、标准化程度最高的常用存储介质之一。它互换性好、易于保存，近年来，由于采用了具有高纠错能力的编码技术和即写即读的通道技术，大大提高了磁带存储的可靠性和读写速度。根据读写磁带的工作原理可分为螺旋扫描技术、线性记录（数据流）技术、DLT 技术以及比较先进的 LTO（Linear Tape Open，线性磁带开放协议）技术。

磁带库不仅具有数据存储量大的优点，而且在备份效率和人工占用方面拥有无可比拟的优势。在网络系统中，磁带库通过 SAN（Storage Area Network，存储区域网络）系统可形成网络存储系统，为企业存储提供有力保障，很容易完成远程数据访问、数据存储备份或通过磁带镜像技术实现多磁带库备份，因此它无疑是数据仓库、ERP 等大型网络应用的良好存储设备。

1953 年，随着存储器设备发展，第一台磁鼓（如图 5.3 所示）应用于 IBM 701，它是作为内存储器使用的。磁鼓是利用铝鼓筒表面涂覆的磁性材料来存储数据的。鼓筒旋转速度很快，因此存取速率高。它采用饱和磁记录，从固定式磁头发展到浮动式磁头，从采用磁胶发展到采用电镀的连续磁介质，这些都为后来的磁盘存储器的发展打下了基础。

图 5.2 磁带存储器

图 5.3 磁鼓存储器

磁鼓最大的缺点是利用率不高，一个大圆柱体只有表面一层用于存储，而磁盘的两面都用来存储，显然利用率要高得多。因此，当磁盘出现后，磁鼓就被淘汰了。

世界第一台硬盘存储器（如图 5.4 所示）是由 IBM 公司在 1956 年发明的，其型号为 IBM 350 RAMAC（Random Access Method of Accounting and Control）。这套系统的总容量只有 5MB，共使用了 50 个直径为 24 英寸的磁盘。1968 年，IBM 公司提出"温彻斯特/Winchester"技术，其要点是将高速旋转的磁盘、磁头及其寻道机构等全部密封在一个无尘的封闭体中，形成一个头盘组合件（HDA），与外界环境隔绝，避免了灰尘的污染，并采用小型化轻浮力的磁头浮动块，盘片表面涂润滑剂，实行接触起停，这是现代绝大多数硬盘的原型。1991 年，IBM 生产的 3.5 英寸硬盘使用了 MR 磁头，使硬盘的容量首次达到了 1GB，从此，硬盘容量开始进入了 GB 数量级。IBM 还发明了 PRML（Partial Response Maximum Likelihood）的信号读取技术，使信号检测的灵敏度大幅度提高，从而可以大幅度提高记录密度。

另一种磁盘存储设备是软盘，从早期的 8 英寸软盘、5.25 英寸软盘到 3.5 英寸软盘，主要用于数据交换和小容量备份。其中，3.5 英寸、容量为 1.44MB 的软盘（如图 5.5 所示）占据计算机的标准配置地位近 20 年之久，之后出现过 24MB、100MB、200MB 的高密度过渡性软盘和软驱产品。然而随着存储技术的发展，软盘作为数据交换和小容量备份的统治地位已经动摇，到目前为止，软盘已经退出了存储器设备发展的历史舞台。

图 5.4　硬盘存储器

图 5.5　磁盘存储器（3.5 寸软盘）

20 世纪 60 年代,荷兰飞利浦公司的研究人员开始使用激光光束进行记录和重放信息的研究。1972 年，他们的研究获得了成功，1978 年研究成果投放市场。最初的产品就是大家所熟知的激光视盘（LD，Laser Vision Disc）系统。

从 LD 的诞生至计算机使用的 CD-ROM，经历了三个阶段，即 LD-激光视盘、CD-DA 激光唱盘、CD-ROM。

存储器技术从最初的汞延迟线到光盘技术，经历了若干个发展时期，到目前为止，存储技术已经取得了重大发展，一个 3.5 寸硬盘已经可以存储 1TB 以上的信息量；而存储器阵列等技术的出现，使得我们现在可以存储大量的数据信息。但是很显然，我们并不太关心具体存储器的实现技术，那需要专门的技术知识，如磁技术或光技术等，而我们更关心的是 CPU 如何能够将数据存储在存储器中，又如何能从存储器中将信息读出。换句话讲，我们更关心 CPU 如何与存储器相互通信。

所以本章所讲的存储器技术主要涉及 CPU 与存储器之间的连接方式，而非存储器实现技术。

5.1.2　存储器分类

从存储器发展史中看到，存储器的种类繁多，针对不同的用途有不同的实现技术，因此，到目前为止，市面上仍保留了许多种类的存储器，从不同角度对存储器可做不同分类。

1. 按存储介质分类

存储介质是指寄存"0"或者"1"代码的物质和元件，按存储介质来分主要包括：半导体材料、磁性材料、光介质等。

（1）半导体存储器：用半导体器件组成的存储器。主要优点是体积小、功耗低、存取时间短。缺点是断电后信息消失，属于易失性存储器。但随着技术的发展，该缺点已经被克服，例如我们很熟悉的 U 盘即是用此技术设计生产的。虽然改变了易失性，但仍存在一个问题，即可写次数受限（几万次）。半导体存储元件的优点使得半导体存储介质的存储器经常作为主存储器，例如内存条等。

（2）磁性存储器：用磁性材料做成的存储器。实际上，曾经出现过两种磁性介质的存储器：磁芯存储器和磁表面存储器。磁芯存储器出现在 20 世纪 40 年代，是由硬磁性材料做成环形元件，再在磁芯中穿过驱动线和读出线，便可以进行读写操作。但磁芯存储器的体积过大、工艺复杂、功耗大，所以慢慢被淘汰了。磁表面存储器是在金属或者塑料基体的表面涂一层磁性材料作为存储介质，利用磁性材料的矩形磁滞回线的特性，根据剩余磁状态来区分

"0"或"1"，因为剩磁不会轻易消失，故此类存储器具有非易失性。现在的硬盘和曾经的软盘都是采用此项技术实现的。

（3）光介质：主要存储器为光盘。光盘的基板采用无色透明的聚碳酸酯板，在基板上涂抹专用的染料，以供激光记录信息。由于烧录前后的反射率不同，经由激光读取不同波长的信号时，通过反射率的变化形成"0"、"1"信号，借以读取信息。对于 CD-R 光盘采用有机染料，一旦写入就无法更改；对于 CD-RW 所涂抹的就不是有机染料，而是某种碳性物质，当激光在烧录时，不是烧录成一个接一个的"坑"，而是改变碳性物质的极性，通过改变碳性物质的极性，来形成特定的"0"、"1"代码序列。这种碳性物质的极性是可以重复改变的，这也就表示此光盘可以重复擦写。

2. 按存取方式分类

随机存储器（RAM，Random Access Memory）：任何存储单元的内容都能被随机存取，且存取时间与存储单元的物理位置无关。计算机系统的主存都采用这种随机存储器。根据实现原理不同又分为静态 RAM 和动态 RAM。

只读存储器（ROM，Read Only Memory）：这种存储器可以实现一次写入，一旦信息写入后，只能从存储器中读出数据，而不能再次写入，即不可以对其中的信息进行更改。这种存储器常用于某些需要固化的场合，例如，固化的汉字字库、计算机主板上用于系统初始化的基本输入输出系统（BIOS，Basic Input/Output System）等。早期的 ROM 是由专门的厂家采用掩膜工艺来实现的，称为掩膜 ROM（MROM，Masked ROM）。掩膜是在工厂用专用设备生产的，一次性地将程序或数据写入到 ROM 中，一旦写完，不可更改。这种技术的成本很低，但一般工厂要求一次成型的生产量较大（生产量至少 1 千片），如果出现了一个字节的错误，整个一批 ROM 就报废了。这种技术适合于生产成品，不适合于研发。

随着半导体技术的发展和客户需求的变化，ROM 先后派生出很多的种类，例如，可编程只读存储器（PROM，Programmable ROM）、可擦除可编程只读存储器（EPROM，Erasable Programmable ROM）、电可擦除可编程只读存储器（E^2PROM，Electrically Erasable Programmable ROM），还有近些年来出现的 Flash Memory，它具有 E^2PROM 的特点，而且速度比 E^2PROM 快。

顺序存储器：只能按某种顺序来存取，存取时间与存储单元的物理位置有关。典型的顺序存储器就是磁带存储器，如果要想读磁带上的信息，必须从头开始寻找到所要的信息，再进行读写操作。听过磁带唱机的人都了解，要想听存储在磁带中间的某一首歌，必须通过快速进带的功能，找到歌曲所在的位置，然后才能播放。事实上，我们现在使用的硬盘也是一种顺序存储器。

3. 按在计算机中的用途分类

根据存储器在计算机系统中所起的作用，可分为主存储器、辅助存储器、高速缓冲存储器等，而每一种用途的存储器的实现技术可能都不一致，这与具体的用途及成本等因素有关，如图 5.6 所示。

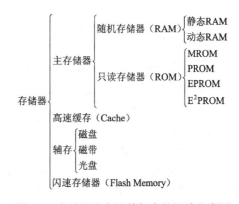

图 5.6　存储器按在计算机中的用途分类图

5.2　存储器层次结构

到目前为止，我们已经知道了许多的存储设备，如硬盘、光盘、U盘、……如图5.7所示。而对于组装过计算机的人来讲，应该还知道内存条，如图5.8所示。这些设备都具有存储数据的功能，但形态各异，工作原理也各不相同，对于本书而言，分别了解各种存储器的工作原理不是我们的目的，而我们的目的是要了解计算机的工作原理。但各种存储器在计算机中处于何种地位，各有什么功能和特点还是需要熟知的。

(a) 硬盘　　　　　　　　　(b) 光盘　　　　　　　　　(c) U盘

图5.7　各种存储介质

在计算机中，针对存储器的特性要求，为了解决容量大、速度快、成本低三者之间的矛盾，通常采用多级存储器体系结构，如图5.9所示。

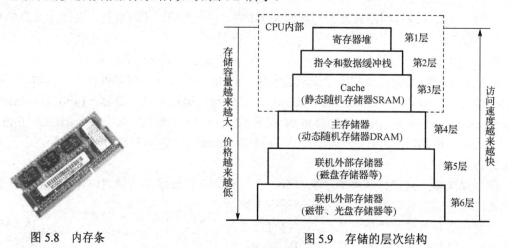

图5.8　内存条　　　　　　　　　　　　　图5.9　存储的层次结构

第一层是位于 CPU 内部的寄存器，该存储器的特点是运算速度快，数量少（几个～十几个），价格高昂。

第二层为指令数据缓冲栈，是 CPU 内部的暂存部分，数量少、速度快、价格高。

第三层是冯·诺依曼体系中没有的部分，是随着计算机技术的发展而出现的新层次，称之为高速缓冲存储器（Cache），主要是解决 CPU 和主存储器之间速度差异较大而引起的计算机的效率低下的问题，本章第 5.10 节会详细讲解其工作原理。此部分的特点是：速度介于 CPU 和主存储器之间，比 CPU 的寄存器慢，比主存储器运算速度快；价格偏高，容量也不会太大（容量一般是命中率与成本价格的折中）。现在的 CPU 一般会将此三层包含在内，即会将 Cache 设计在微处理器的内部。

第四层为主存储器，即冯·诺依曼体系中的存储器部分，现在主要表现为内存条，如图 5.8 所示。主存储器的大小和速度直接影响到计算机的整体运算速度，成为了计算机的一个很重要的性能指标。当今内存的容量一般较大（1GB～几百 GB，甚至达到 1TB），速度相对于 CPU 内部的寄存器而言要慢，而比硬盘、U 盘等设备的速度要快得多，价格相对要低。这是本章主要介绍的内容。

第五层称为联机外部存储器，即计算机必不可少的部分，如硬盘等，但在冯·诺依曼体系中处于输入输出设备范畴。现在的硬盘的存储量很大（几百 GB～几 TB，甚至更高），主要用于存储操作系统、应用程序、各种数据等。其速度相对于主存储器要慢很多，但是价格要低得多，而且具有非易失性，即断电之后，该存储器中的数据不会丢失。不言而喻，前四层的存储器断电后数据是会消失的。而一旦硬盘不存在，计算机是无法正常工作的，因此称为联机存储器。

第六层属于脱机外部存储器，如光盘、U 盘等存储设备，此类存储设备存储量大小不一，一张光盘的存储量虽然无法和硬盘的数据量相比（光盘的容量一般为 640MB～1GB），但是光盘的数量可以无限量地增加，所以其存储量可以非常大。而且光盘的存储特点使得它非常便于存储和运输。U 盘的存储量虽然不大，但其携带方便，使用也很方便，所以几乎成为人手一个的设备。

当前还有一种存储方式——网络存储，它也逐渐成为存储的主流方式（还有最新的概念——云存储）。数据可以存储在网络上任意一个存储单元中，需要时可以从网络上下载到本机，也可以直接在网络上利用其他的资源方便地进行运算。

从图 5.9 中的分析可见，存储器之所以会分为多个层次，与存储器的容量、存储速度、价格有密切的关系。假设主存储器的速度和 CPU 的速度能够很好地匹配，很显然第一、二、三、四层均可以合而为一，而不需要分为如此多的层次。但是，现实是 CPU 主频以每年 16% 的速度增长，而存储器存取速度只以每年 3% 的速度发展，存储器的发展速度远远落后于 CPU 的发展速度，导致存储器成为了计算机发展的瓶颈。为了有效地提高计算机的整体速度，人们想出了若干个解决办法，Cache 就是解决此问题的一种技术。

实际上，存储系统层次结构主要体现在缓存——主存和主存——辅存这两个层次上，如图 5.10 所示（缓存主要指 Cache，辅存主要指硬盘、光盘等）。显然 CPU 和缓存、主存都能直接交换信息；缓存能直接和 CPU、主存交换信息；主存能和 CPU、缓存、辅存交换信息。

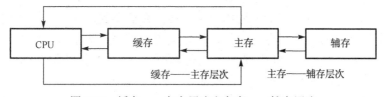

图 5.10　缓存——主存层次和主存——辅存层次

缓存——主存层次主要解决 CPU 和主存速度不匹配问题的。由于缓存的速度比主存的速度快，只要将 CPU 近期要访问的信息调入缓存，CPU 便可以直接从缓存中获取信息，而不必要到速度较慢的主存中获取信息。而主存和缓存之间的信息自行交换，不需要 CPU 的协调，则可以提高访存速度。但缓存的容量小，主存的容量大，不可能将主存的数据全部调到缓存中来，只能成块调入，同时还需要不断地进行数据的更新，这部分任务是由硬件自动完成的，对程序员是透明的。至于硬件是如何实现自动更新的请参看本章 5.10 节。

　　　主存——辅存层次主要解决存储系统容量问题。辅存的速度比主存的速度慢，而且不能和 CPU 直接交换信息，但它的容量很大，因此可以用来存储暂时未用到的信息。当 CPU 需要用到这些信息的时候，再将辅存中的信息调入主存，供 CPU 使用。主存和辅存之间的数据调用由硬件和操作系统共同完成。

　　　应该讲，存储器的层次结构是由于计算机发展过程中，各种技术发展不平衡导致的结果，是一个暂时的解决方案，未来该方案是否会持续发展是无法确定的。但由于存储器层次的出现，使得"计算机体系结构"这个新的研究领域变得为大家所接受。同时，存储层次的出现使得针对操作系统的有效调度提出了全新的课题，"虚拟存储系统"就是操作系统为解决此类问题而提出的一个新的概念，在当今的操作系统中，基本采用了"虚拟存储系统"技术。所以说，人们为了在现有的技术条件下，更有效地提高计算机的性能，想出了很多的办法，也产生了许多的技术，正确使用这些已有的技术，可以有效地提高程序的运行效率。

5.3*　　半导体存储器原理

　　　在冯·诺依曼体系中，CPU 和存储器之间直接进行信息交互，CPU 从存储器中读取程序和数据，再按照指令的要求完成计算任务，所以存储器在计算机中的地位非常重要。在现在的计算机中，CPU 通过总线与存储器交换信息。而从前面的介绍可知，存储器分为很多的层次，一般来讲，我们谈到的主存处于存储器的第 4 层（如图 5.9 所示），其位于 CPU 的外部，就是我们经常说的内存条。而位于前四个层次的存储器一般位于 CPU 内部，其中寄存器是 CPU 从诞生之日起就存在，用来存储运算的中间结果。而 Cache 是为了提高系统的运算速度，又不过多地提高系统的价格而设计的优化方案，虽然 Cache 对当代计算机而言很重要，但它只是一个过渡存储器。

　　　主存储器要求速度快、体积小、功耗低，正好半导体存储器满足上述几个条件，所以主存储器均采用半导体存储器。半导体存储器的技术分为动态 RAM、静态 RAM，各自采用不同的技术，我们不妨先对两者做一个比较：（1）动态存储器的集成度高，封装尺寸小；（2）动态存储器的功耗相对于静态存储器要小；（3）在市场上动态存储器的价格比静态存储器低；（4）动态存储器使用动态元件（电容），因此速度比静态存储器低；（5）动态存储器需要外围配置刷新电路，使用复杂度比静态存储器高。

　　　鉴于这样的比较，动态存储器的适用范围比静态存储器要广泛，但因为动态存储器理解起来较困难，所以本书将只针对静态存储器的原理进行讲解。对于很多应用计算机解决实际问题的人来讲，经常会应用 ROM 来保存程序或者数据，所以本节也会讲 ROM 的原理，限于篇幅的原因，本节只介绍 EPROM 的工作原理。

　　　本书的读者大多数是非计算机专业的人员，对于计算机主要关心它的应用，而应用经常只关注存储器的外在特性（如存储容量、速度、读写时序等技术指标），其内部采用何种技术实现，一般的设计人员可以不关心，所以本节内容旨在让读者明白半导体存储器的工作原理，如果你觉得理解起来有困难，完全可跨过本节的内容，不会影响你对计算机工作原理的理解。

　　　内存条采用的是动态随机存储器——DDR。DDR 即为 Double Data Rate，双倍速率同步动态随机存储器。严格地说 DDR 应该被称为 DDR SDRAM，而实际上人们习惯称为之 DDR，其中，SDRAM 是 Synchronous Dynamic Random Access Memory 的缩写，即同步动态随机存取存储器。而 DDR SDRAM 是 Double Data Rate SDRAM 的缩写，是双倍速率同步动态随机存储器的意思。DDR 内存是在 SDRAM 内存基础上发展而来的，仍然沿用 SDRAM 生产体系，因此对于内存厂商而言，只需对制造普通 SDRAM 的设备稍加改进，即可实现 DDR 内存的生产，可有效地降低成本。

5.3.1 静态随机存储器（SRAM，Static RAM）的工作原理

存储器中用于寄存一位二进制数"0"或"1"代码的电路称为存储器的基本单元电路，图 5.11 所示是由 6 个 MOS 管组成的静态存储器的基本单元电路。

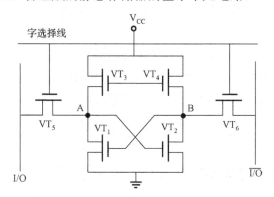

图 5.11 静态 RAM 的基本单元电路图

其中 VT_1、VT_2 为控制管，VT_3、VT_4 为负载管，VT_5、VT_6 为控制管。根据 VT_1、VT_2 的状态，便可确定该存储单元是存放"0"还是"1"。

在写操作时：地址译码器通过字选择线选中基本存储器电路，此时 VT_5 和 VT_6 导通，写入信息由 I/O 线和 $\overline{\text{I/O}}$ 线进入。假设 I/O 数据为"1"，则 $\overline{\text{I/O}}$ 为"0"，A 点电平为高电平，B 点电平为低电平，VT_1 截止，VT_2 导通。假定写入"0"，则 I/O 线为"0"，$\overline{\text{I/O}}$ 线为"1"，迫使 A 点为低电平，VT_2 截止，B 点为高电平，VT_1 截止。可见当写入"0"或"1"时，基本存储电路的状态正好相反，所以不同的状态记录了不同的数据。在基本存储电路中是靠电路的状态来记录"0"或"1"的。

在读操作时：由地址译码器选中基本存储器，VT_5 和 VT_6 导通，VT_1 的状态被送到 I/O 线上，而 VT_2 的状态被送到 $\overline{\text{I/O}}$ 线上，于是就读取了原来存储的信息。

主要优缺点（和动态存储器相比）：静态 RAM 基本存储电路中包含的 MOS 管多（至少 6 个）、位容量少、功耗比较大。而其主要优点是不需要进行刷新，因此简化了外部电路。

图 5.11 所示的只是存储一位二进制数所需要的电路，如果存储一个 4 位二进制数则需要 4 个这样的电路组合；如果 3 个 4 位二进制数存储，需要则需要 3×4 这样的电路组成一个阵列，所以半导体存储器中应该设计为一个矩阵，如图 5.12 所示。图中 ADDR 代表某一个地址，总共有 3 个地址，每个地址下有 4 个二进制位。4 个二进制位分别连接到 $D_0 \sim D_3$ 线上。当 $ADDR_1$ 被选中，意味着第一行 4 个基本存储电路同时被选中，如果是读操作，则已经存储在 4 个基本存储电路的状态分别出现在 $D_0 \sim D_3$ 数据线上，可以被其他单元读取。很显然，还需要一些其他的电路来配合工作才能保证存储器阵列的正常工作，至少需要有信号表明读和写的过程。图 5.12 所示的存储器阵列属于静态 RAM 的基本组成方式（只是一个概念的说明，实际存储器芯片的内容相对还要复杂些）。

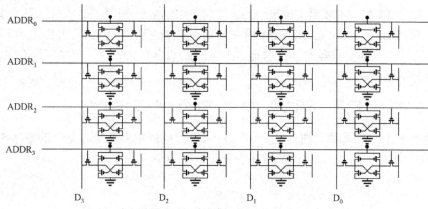

图 5.12　SRAM 存储器阵列

　　SRAM 在微型计算机领域应用非常广泛。虽然我们比较了 DRAM 和 SRAM 的优缺点，应该讲 DRAM 的优势较大，但是在设计时需要外部的刷新电路，所以一般的应用基本上采用 SRAM，而且随着技术的进步，SRAM 的价格也不是很高昂了。在应用 SRAM 时我们通常关心半导体存储器的外部特性，在 5.4 节将介绍具体的 SRAM 芯片及其应用。

5.3.2　电可擦写只读存储器（EPROM）的工作原理

　　EPROM 是一种可擦除可编程的只读存储器（如图 5.13 所示）。写入时，须用专门的写入器在+12V～+25V（根据不同的芯片型号而定）电压下写入程序或者数据信息。擦除时，用紫外线照射芯片上的窗口，可清除芯片的所有信息，不能实现单独字节或者部分信息的改写。正常使用时，存储在 EPROM 中的数据可以保存几十年的时间，一般可以重写数次。

　　图 5.14 所示为 P 沟道 EPROM 的结构示意图。它在 N 型基片上制造两个高浓度的 P 型区，分别引出源极 S 和漏极 D；栅极浮置在氧化硅绝缘层上，称为浮栅。

图 5.13　EPROM 外形

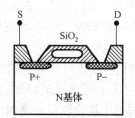

图 5.14　P 沟道 EPROM 结构

　　写入信息前，浮栅上无电荷积存，管内没有导电沟道，因此在+5V 电源下 S 与 D 不导通，一般作为"1"状态。写入信息时，将所选单元的源极和漏极之间加入+25V 电压，S 为正，D 为负。浮栅和单晶硅基片之间的绝缘层很薄，在漏极附近的强电场的作用下，D 与浮栅之间发生瞬间雪崩击穿，大量的电子注入浮栅。撤掉高压后，绝缘层又恢复绝缘状态。浮栅上的电子能量不足，电子无法穿过绝缘层，所以浮栅上的电子积存起来。由于浮栅上带负电荷，所以在硅基片上对应一侧形成带正电荷的 P 沟道。在源极与漏极之间加+5V 电压，使 MOS 管导通，通常定义为"0"状态。所以，对于 EPROM 的写入过程意味着将某些单元的"1"状态变为"0"状态。从上面的叙述中，我们应该知道当 EPROM 为空时（即没有写入任何信息时），所有读出的信息都应该为"1"。

擦除时，浮栅上的电子在紫外线的照射下获得较高的能量，从而穿过绝缘层泄掉。失去了电子的位单元被擦除为"1"状态。

对于 EPROM 来讲，其写入过程和擦除过程采用的是不同的技术（用电写入，用紫外线擦除），所以 EPROM 芯片必须有一个窗口，以便紫外线的照射。同时也说明，在 EPROM 使用时必须远离紫外线的照射，否则信息会丢失。

EPROM 的读写方式要求有两个设备的配合：能够写入电压的写入器和紫外线擦除器，因其使用起来不是很方便，所以，EPROM 逐渐被 E²PROM 所代替。

电可擦可编程只读存储器（E²PROM）的擦除不需要借助于其他设备，它是以电子信号来修改其内容的，而且以一个字节为最小修改单位，不必将资料全部擦掉才能重新写入，彻底摆脱了 EPROM 擦除器和编程器的束缚。E²PROM 在写入数据时，仍要利用一定的编程电压（如+15V），它属于双电压芯片。如果需要在线编程 E²PROM，则在设计电路时设计一个机制，将芯片的编程引脚接到+15V 上，再满足 E²PROM 的写入时序，即可以实现芯片的修改或者擦除功能。只需要注意 E²PROM 的写入速度比 RAM 的写入速度要慢得多。

最近比较流行的闪存（Flash Memory）又称为快速擦写型存储器，属于 E²PROM 型存储器芯片。它相比 E²PROM 又有其独特的地方，主要表现在：（1）非易失性。（2）可以电改写。（3）擦写速度快。相对于传统的 E²PROM，其擦写速度要快得多（快近一个数量级），仅需几微秒，因此称为闪存。（4）支持在线编程。

所以随着技术的进步，ROM 的读写操作变得越来越简单，而且因为不需要紫外线擦除，所以封装的体积也变得越来越小，使得移动存储设备（如 U 盘）的使用变得越来越普遍。

5.3.3　存储器的技术指标

主存储器基本由随机读写存储器 RAM 和只读存储器 ROM 组成，能快速地进行读或写操作。衡量一个主存储器性能的技术指标主要有存储容量、存取时间、存储周期和存储器带宽。

1. 存储容量

在一个存储器中可以容纳的存储单元的总数称为**存储容量**（Memory Capacity）。存储单元可分为字存储单元和字节存储单元。所谓字存储单元，是指存放一个机器字的存储单元，相应的单元地址称为字地址；而字节存储单元，是指存放 1 个字节（8 位二进制数）的存储单元，相应的地址称为字节地址。如果一台计算机中可编址的最小单位是字存储单元，则该计算机称为按字编址的计算机；如果一台计算机中可编址的最小单位是字节存储单元，则该计算机称为按字节编址的计算机。一个机器字可以包含数个字节，所以一个字存储单元也可包含数个字节存储单元。

为了描述方便和统一，本书主要采用字节为单位来表征存储容量。在按字节寻址的计算机中，存储容量的最大字节数可由地址码的位数来确定。例如，一台计算机的地址码为 n 位，则可产生 2^n 个不同的地址码，如果地址码被全部利用，则其最大容量为 2^n 个字节。一台计算机设计定型以后，其地址总线、地址译码范围也已确定，因此其最大存储容量是确定的，而实际配置存储容量时，只能在这个范围内进行选择，通常情况下主存储器的实际存储容量远远小于理论上的最大容量。一般而言，存储器的容量越大，所能存放的程序和数据就越多，计算机的解题能力就越强。

存储容量的单位通常用 KB、MB、GB、TB、PB 来表示，K 代表 2^{10}，M 代表 2^{20}，G 代表 2^{30}。各种存储容量单位之间的关系如下：

1KB=1024B，1MB=1024KB，1GB=1024MB，1TB=1024GB，1PB=1024TB。

2．存取时间

存取时间即存储器访问时间（Memory Access Time），是指启动一次存储器操作到完成该操作所需的时间。

具体地说，读出时为取数时间，写入时为存数时间。取数时间就是指存储器从接受读命令到信息被读出并稳定在存储器数据寄存器中所需的时间；存数时间就是指存储器从接受写命令到把数据从存储器数据寄存器的输出端传送到存储单元所需的时间。

3．存储周期

存储周期又称为访问周期，是指连续启动两次独立的存储器操作所需间隔的最小时间，它是衡量主存储器工作性能的重要指标。存储周期通常略大于存取时间。

4．存储器带宽

存储器带宽是指单位时间里存储器所存取的信息量，是衡量数据传输速率的重要指标，通常以位/秒（bps，bit per second）或字节/秒（Byte/s）为单位。

例如，总线宽度为 32 位，存储周期为 250ns，则

$$存储器带宽 = 32b/250ns = 128Mb/s = 128Mbps。$$

存储器带宽决定了以存储器为中心的机器获得信息的传输速率，它是改善机器瓶颈的一个关键因素。为了提高存储器的带宽，一般采用以下措施：

（1）缩短存取周期。

（2）增加存储器字长，使每个存取周期可读/写更多的二进制位数。

（3）增加存储体。

5.4　典型 EPROM 和 SRAM 介绍

通过上一节的叙述，我们基本了解了存储器是如何存储"0"和"1"的，也知道可以通过电路实现对存储器的读/写过程。但是，在具体应用中，我们不会去设计一款存储器，更多的是利用一款现成的存储器，那么现成的存储器什么样？有哪些特性？针对具体需求从众多现有的存储器中选择一款合适的存储器，需要关注哪些具体的参数？为了回答上述问题，我们先来介绍几款现成的存储器芯片。

1．SRAM 6264 芯片

（1）6264 的引脚及功能

6264 SRAM 的存储容量为 8KB，即 8K×8bits（即 64Kbits），是 28 引脚双列直插式芯片，采用 CMOS 工艺制造，如图 5.15 所示。

① $A_{12} \sim A_0$（Address Inputs）：13 位地址线，可寻址 2^{13}=8KB 的存储空间。

② $I/O_8 \sim I/O_1$（Data Bus）：8 位数据线，双向，三态。

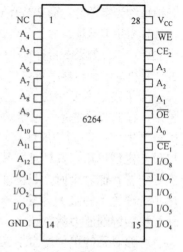

图 5.15　6264 引脚定义

③ $\overline{OE}$（Output Enable）：输出允许信号，输入，低电平有效，即当此引脚为低电平时，CPU 才能从 6264 芯片中读/写数据。

④ $\overline{WE}$（Write Enable）：写允许信号，输入，低电平有效，即当该引脚为低电平时，允许数据写入 6264；而当 $\overline{WE}$ =1，$\overline{OE}$ =0 时，允许数据从 6264 中读出。

⑤ $\overline{CE_1}$（Chip Enable）：片选信号 1，输入，在读/写方式时为低电平。

⑥ CE_2（Chip Enable）：片选信号 2，输入，在读/写方式时为高电平。

⑦ V_{CC}：+5V 工作电压。GND：信号地。NC 表示该引脚为空，即闲置无用。

6264 的操作方式由 OE，WE，CE1，CE2 的共同作用决定。表 5.1 列出了 6264 芯片控制信号的协作关系。

表 5.1　SRAM 6264 芯片真值表

$\overline{WE}$	$\overline{CE_1}$	CE_2	$\overline{OE}$	$I/O_1{\sim}I/O_8$
0	0	1	1	写入
1	0	1	0	读出
×	0	0	×	高阻
×	1	1	×	高阻
×	1	0	×	高阻

（2）6264 的操作方式

① 写入：当 WE 和 CE_1 为低电平，且 OE 和 CE_2 为高电平时，数据输入缓冲器打开，数据由数据线 $I/O_1{\sim}I/O_8$ 写入被选中的存储单元。

② 读出：当 OE 和 CE_1 为低电平，且 WE 和 CE_2 为高电平时，数据输出缓冲器选通，被选中单元的数据传送到数据线 $I/O_1{\sim}I/O_8$ 上。

③ 保持：当 CE_1 为高电平，CE_2 为任意值时，芯片未被选中，处于保持状态，数据线呈现高阻状态。

高阻状态相当于断开状态。我们知道总线是由所有设备共同使用的线路，当一个设备占用总线时，其他设备不能和总线相连。如果相连，就有可能改变总线上正在传递的数据状态。如何才能让其他设备和总线断开呢？我们设计了一种状态称为高阻状态，顾名思义，就是在设备和总线之间存在一个阻值很高的电阻，相当于设备和总线断开了。而该状态必须是可控的，即当需要断开时进入高阻状态，当需要连接时离开高阻状态，恢复设备和总线的连接。很显然，和总线相连的所有设备都必须具备高阻状态，否则总线就无法正常工作。

存储器的操作分为两种：读操作和写操作。每个操作都需要一定的时间，即**存取周期**，对于 6264 的存取周期如何表示呢？如图 5.16 所示，其中 t_{WC} 为存取时间，t_W 是要完成写操作 $\overline{WE}$ 信号所需的最短时间；t_{DW} 为数据线需要准备好所需要的时间。也就是说，要想依次完成 6264 写的操作，这 3 个时间必须满足，否则写操作无法正确完成。这 3 个时间的时序关系在图 5.16 中已明确给出。

在总线技术一章中我们也给出了总线操作的时序图，而存储器本身又有一个时序关系图，CPU 的读/写操作也有一个时序图，那么针对 3 个设备、3 个时序图，我们该怎么办呢？以哪一个为准？在 8086/8088 系统中，总线的时序和 CPU 的读写时序是一致的，也就是说，总线完全受控于 CPU（在多总线系统中不是这样的）。所以，在此我们只需要考虑 CPU 的时序和存储时序的配合问题。在总线技术一章中我们介绍了 8086/8088 CPU 中每个存取周期由 4 个以上的 T 状态组成，即可以在 T_3 与 T_4 周期之间添加 T_w（等待）周期。很显然的一个问题是

CPU 可以适应比 CPU 慢的外部设备，通过加入 T_w 等待，但是不能适应比 CPU 快的外部设备。所以在选择时，我们需要选择存取周期比 CPU 读写周期长的存储器，而不能选择比 CPU 读写周期短的存储器。我们称这个过程为**时序配合的过程**。也就是说，挂接在总线上的各个设备与总线的操作时序要配合，配合的原则是快速设备去适应慢速设备。

　　综合所述，在选择存储器的时候，要首先看存储器的外部特性：存储容量、访存时间、存储周期等参数。存储容量要看每个存储器芯片所能存储的字节数（或字数），一般来讲单片存储器的存储容量都会小于 CPU 所能访问的存储空间，换句话讲，CPU 的全部存储空间一般由多片存储芯片组成。

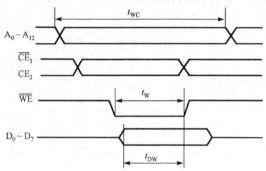

图 5.16　6264 SRAM 写操作时序图

2. EPROM 2732A 芯片

（1）2732A 的特性及引脚信号

2732A 的存储容量为 4KB，即 4K×8bits（32Kb）。它是 24 引脚双列直插式芯片，最大读出时间为 250ns，由单一+5V 电源供电，其引脚信号如图 5.17 所示。

　　① $A_{11} \sim A_0$（Address Inputs）：12 位地址线，可寻址为 2^{12}=4KB 的存储空间，输入，与系统地址总线相连。

　　② $O_7 \sim O_0$（Data Bus）：8 位数据线，双向，编程时作为数据输入线，读出时作为数据输出线，与系统数据总线相连。

　　③ $\overline{OE}/V_{PP}$（Output Enable/Programming Voltage）：当该引脚是低电平时，为读出允许信号，输入，与系统读信号相连；当该引脚是高电平时，为编程电压输入端，要求编程电压为+21V。

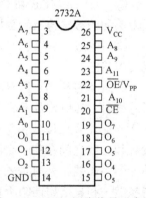

图 5.17　2732A 引脚信号示意图

　　④ $\overline{CE}$（Chip Enable）：片选信号，输入，低电平有效，与地址译码器输出相连。

　　⑤ V_{CC}：+5V 电源。GND：信号地。

（2）2732A 的操作方式

2732A 有读出、待用、编程、编程禁止、输出禁止和 Intel 标识符 6 种操作方式，如表 5.2 所示。

表 5.2　2732A 操作方式

	$\overline{CE}$	$\overline{OE}/V_{PP}$	A_9	A_0	V_{CC}	$O_7 \sim O_0$
读/校验模式	0	0	×	×	+5V	数据输出
禁止输出模式	0	1	×	×	+5V	高阻状态
待用模式	1	×	×	×	+5V	高阻状态
编程模式	0	+21V	×	×	+5V	数据输入
编程禁止	1	+21V	×	×	+5V	高阻状态

① 读出：将芯片内指定单元的内容输出。此时 $\overline{OE}$ 和 $\overline{CE}$ 为低电平，V_{CC} 接+5V，数据线处于输出状态。

② 待用：此时 $\overline{CE}$ 为高电平，数据线呈现高阻状态，2732A 处于待用状态，且不受 $\overline{OE}$ 的影响。在待用方式下，工作电流从 125mA 降到 35mA。

③ 编程：将信息写入芯片内。此时，$\overline{OE}/V_{PP}$ 接+21V 的编程电压，$\overline{CE}$ 输入宽度为 50ms 的低电平编程脉冲信号，将数据线上的数据写入指定的存储单元。编程之后应检查编程的正确性，当 $\overline{OE}/V_{PP}$ 和 $\overline{CE}$ 都为低电平时，可对编程进行检查。

④ 编程禁止：当 $\overline{OE}/V_{PP}$ 引脚接+21V 电压，$\overline{CE}$ 为高电平时，处于禁止编程方式，数据输出为高阻状态。

2732A 的读时序如图 5.18 所示。读周期由地址有效开始，经时间 t_{ACC} 后，所选中单元的内容就可由存储阵列中读出，但能否送至外部的数据总线，还取决于片选信号 $\overline{CE}$ 和输出允许信号 $\overline{OE}$。时序中规定，必须从 $\overline{CE}$ 有效经过 t_{CE} 时间以及从 $\overline{OE}$ 有效经过时间 t_{OE}，芯片的输出三态门才能完全打开，数据才能送到数据总线。

由图 5.18 可知，在 EPROM 读时序中 t_{ACC}、t_{CE}、t_{OE} 3 个时间之间有着严格的时序关系，要想正确读出存储器中的数据必须保证时序关系是正确的，否则读出的数据是无效的（可能是非常奇怪的数据）。

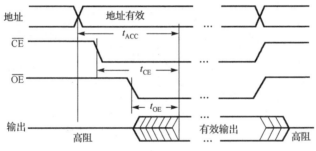

图 5.18　2732A EPROM 读时序

EPROM 应该还有一个编程时序，和读时序是不一样的，如果要对 EPROM 进行编程则需要按照编程时序进行设计。但是，一般情况下，EPROM 芯片是可以从电路板上取下的，放到专用的编程器上以实现编程任务，所以，一般情况下不会设计在线的编程电路。

存储器芯片发展到今天，种类和型号众多，无法一一列举，此处讲解的只是其中有代表性的两种存储器芯片。这里希望读者注意的是存储器的外特性有哪些，是如何表述的，在选择存储器芯片时要重点关注哪些参数。其实，还有两个重要问题需要理解，如果已经选择了合适的存储器，如何实现 CPU 和存储器的硬件连接？如何实现 CPU 对存储器的软件访问？下面 5.5 节和 5.6 节将集中讲解这两个问题。

5.5　存储器扩展技术

在总线技术章节，我们讲解了 CPU 通过总线访问存储器和 I/O 设备，同时也通过锁存器实现了将 8086 的复用总线分解为地址总线和数据总线，但是 CPU 仍没有和外部设备相连，也就是说，在总线技术章节之后，计算机仍没有具体的功能。存储程序和数据的存储器仍没有和 CPU 形成通路。CPU 如何通过总线和存储器相连？连接好的系统如何实现协调工作？这将是本节的主要内容。

我们重新温习一下总线技术章节中，对 8086 最小系统的设计，如图 5.19 所示。

图中我们已经将 8086 的数据地址的复用总线通过 8282 和 8286 分隔开，即在 8282、8286 的右侧，数据、地址线是分开的，为了叙述方便，我们将前一个过程简化为图 5.20 所示。简化后的 8086 系统只保留了 20 根地址线、16 根数据线、3 根控制线。图 5.19 中虚线框中的部分用图 5.20 中的"简化的 8086"代替。现在对我们而言只针对三总线进行存储器扩展任务，至于 CPU 完整的系统，在明确了存储器扩展技术后再讲解。

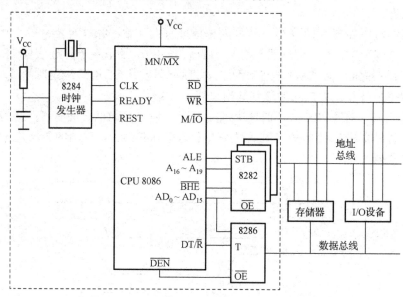

图 5.19　8086 最小系统构成及分时总线分拆图

我们现在的任务是给简化的 8086 加入存储器。图 5.20 中存储器的容量为零（不考虑 CPU 中的寄存器），我们应该为此系统添加多大存储量的存储器呢？

1. 存储器初步扩展

针对 8086 CPU 而言，共有 20 根地址线，其寻址的范围是已知的，即 2^{20} =1M 空间。但是 8086 CPU 的数据线为 16 根，即每一次读写存储器，可以读写 16 位的二进制信息，所以此处的 1M 空间是指 1M×16bits=16Mb，称之为 1M 字，而非 1M 字节。而 5.4 节中介绍的典型半导体存储器件，一

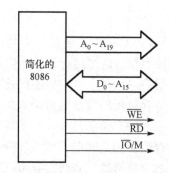

图 5.20　简化后的 8086 最小系统

般是按字节寻址的，即 6264 为 8K 字节；2732A 为 4K 字节。也就是说，8086 的每一个物理地址对应的应该是一个 16 位的二进制数，而存储器的一个地址对应的是一个 8 位的二进制数，那么为了满足 8086 的最大需要，每一个物理地址可能需要两片存储器芯片中的信息，这两片存储器芯片对应的物理地址是一样的，但一片送到 8086 数据总线的高 8 位，而另一片送到 8086 数据总线的低 8 位，如图 5.21 所示。即数据总线位数大于存储字长，则需要进行位扩展，因此我们先对简化的 8086 进行位扩展设计。

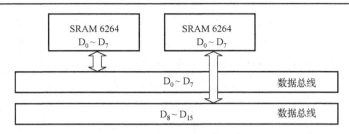

图 5.21　存储器位扩展

【例 5.1】 利用 SRAM 6264 对简化的 8086 进行位扩展。8086 的总线宽度为 16 位，即每次对存储器的读写可以访问 1 个字（即两个字节），所以 8086 的存储空间为 1M 字。

SRAM 6264 为 8KB 的存储器芯片，即其地址空间为 2^{13}=8KB，就是说，如果要访问 6264 全部的 8KB 空间，则需要 13 根地址线，所以 6264 有 13 根地址线（A_0～A_{12}），8 位数据线。而 8086 的总线宽度为 16 位，显然需要两片 6264 组成 64K 字才能满足总线的宽度。那么两片 6264 组成的 8K 字的空间在 8086 系统的地址空间中占据什么位置呢？在此例中我们显然可以从最低地址开始安排 8K 字空间，即占用 CPU 的最低 8K 字地址空间。我们先来看看 8086 所访问的空间是如何分配的，为了便于理解，我们用二进制的方式表示，如表 5.3 所示。

表 5.3　8086 访问的 1M 字空间

	A_{19}	A_{18}	A_{17}	A_{16}	A_{15}	A_{14}	A_{13}	A_{12}	A_{11}	A_{10}	A_9	A_8	A_7	A_6	A_5	A_4	A_3	A_2	A_1	A_0
00000H	0	0	0	0	0	0	0	0	0	0	0	0	0	0	0	0	0	0	0	0
00001H	0	0	0	0	0	0	0	0	0	0	0	0	0	0	0	0	0	0	0	1
00002H	0	0	0	0	0	0	0	0	0	0	0	0	0	0	0	0	0	0	1	0
00003H	0	0	0	0	0	0	0	0	0	0	0	0	0	0	0	0	0	0	1	1
							......													
FFFFDH	1	1	1	1	1	1	1	1	1	1	1	1	1	1	1	1	1	1	0	1
FFFFEH	1	1	1	1	1	1	1	1	1	1	1	1	1	1	1	1	1	1	1	0
FFFFFH	1	1	1	1	1	1	1	1	1	1	1	1	1	1	1	1	1	1	1	1

由表可见，8086 CPU 的存储空间范围为：00000H～FFFFFH（1M 字空间），即 2^{20} 种排列组合。如果是前 8K 字空间则如表 5.4 所示。

表 5.4　8086 访问的最低 8K 字空间

	A_{19}	A_{18}	A_{17}	A_{16}	A_{15}	A_{14}	A_{13}	A_{12}	A_{11}	A_{10}	A_9	A_8	A_7	A_6	A_5	A_4	A_3	A_2	A_1	A_0
00000H	0	0	0	0	0	0	0	0	0	0	0	0	0	0	0	0	0	0	0	0
							......													
01FFFH	0	0	0	0	0	0	0	1	1	1	1	1	1	1	1	1	1	1	1	1

如表 5.4 所示，A_0～A_{12} 的所有排列组合的可能为 2^{13} 种，剩余的 A_{13}～A_{19} 始终保持为"0"，即 00000H～01FFFH 为 8086 CPU 的最低 8K 字空间，也就是 6264 所要占据的地址空间。

存储器扩展电路连接包括地址总线的连接、数据总线的连接、控制总线的连接。

（1）地址总线的连接方式一般从地址线的低位依次连接，6264 有 13 根地址线，按照例题的要求连接在 CPU 的 A_0～A_{12}，即 CPU 的 A_0 与 6264 的 A_0 相连，CPU 的 A_1 与 6264 的 A_1 相连……

（2）数据线的连接方式：6264 的数据线为 8 根，而 8086 CPU 有 16 根数据线，要想满足

CPU 的访问信息量，同一时间能保证从存储器中读到 16 位二进制信息，则需要两片 6264，而两片 6264 的数据线分别接在 CPU 数据总线的低 8 位和高 8 位上，具体连接方式如图 5.22 所示。

（3）$\overline{\text{MEMW}}$ 控制线的连接方式：CPU 访问存储器信息有两个方式——读和写。按照 8086 CPU 外特性，有两个控制线——$\overline{\text{RD}}$ 和 $\overline{\text{WE}}$。而 6264 包含 4 个控制信号：$\overline{\text{WE}}$、$\overline{\text{CE}_1}$、CE_2、$\overline{\text{OE}}$，这 4 个信号有一定的逻辑关系来完成读写操作（见表 5.1）。很显然，CPU 是控制信号的发起端，而 6264 是接收端，但必须保证接收端的信号符合 6264 的读写时序，才能保证正确地读写信息，所以需要详细了解 CPU 和 6264 的时序关系，让两者完全配合起来才能实现两者信息的互通，如图 5.22 所示。

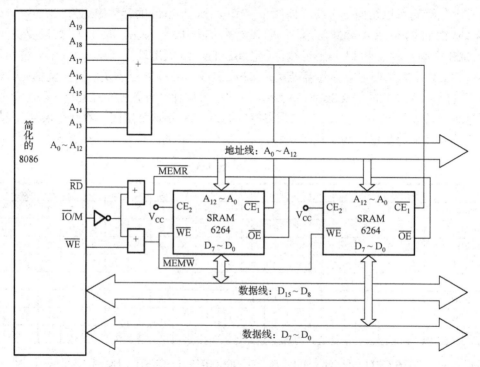

图 5.22　6264 存储器扩展电路原理图（扩展至 8K 字）

图 5.22 中连接了两片 6264 存储器芯片，第一片连接在数据线的低 8 位上，第二片连接到数据线的高 8 位上，当读操作发生时，第一片将数据送到数据总线的低 8 位，第二片将数据送到数据总线的高 8 位，从而保证了 CPU 一次可以读到 16 位二进制数。

8086 的 $\overline{\text{IO}}/\text{M}$ 信号取反后与 $\overline{\text{RD}}$ 进行"或"操作，即只有当 $\overline{\text{IO}}/\text{M}$ 为高电平（取反后为低电平）且 $\overline{\text{RD}}$ 也为低电平时，输出才为低电平，否则输出为高电平。为"或"操作后的信号取名为：$\overline{\text{MEMR}}$，称为存储器读操作，也就是说该信号为低时，完成存储器的读操作。$\overline{\text{IO}}/\text{M}$ 取反后与 $\overline{\text{WE}}$ 进行"或"操作命名为：$\overline{\text{MEMW}}$，称为存储器写操作。为什么要设立 $\overline{\text{IO}}/\text{M}$ 信号，区分出存储器读写操作呢？这涉及 CPU 对外部设备访存的资源分配问题，在第 7 章会专门讨论，在此读者先默认 8086 CPU 对存储器的读写必须如此即可。

我们来分析一下 CPU 和存储器之间是如何协调工作的。CPU 通过汇编语言指令向存储器中写入数据，例如：MOV [0005H]，AX。0005H 为逻辑地址的偏移地址，为了形成物理地址，需要与 DS 寄存器中的数据配合才能完成，假设(DS)=0000H，则物理地址 PA=DS：0005H=0000H×16+0005H=00005H。即向 00005H 地址中写入一个 16 位的二进制数。首先在

T_1 状态，00005H 这个地址出现在地址总线上，表示地址线 A_{19}~A_0 每根线上都有确定的值，即除了 A_0、A_2 为 "1" 外，其他的地址线全为 "0"。两片 6264 的 A_0~A_{12} 地址线上收到地址信息，但如果只是接收到 A_0~A_{12} 地址信息，6264 是无法工作的，6264 要工作必须满足一定的条件：CE_2 须为高电平；$\overline{CE_1}$ 须为低电平。图 5.22 中，两片 6264 的 CE_2 端接到了系统的电源上，始终为高电平；$\overline{CE_1}$ 接到了 A_{13}~A_{19} 共 7 根地址线的 "或" 操作输出端，根据或操作原理，只有当 7 根地址线全为低电平时，"或" 操作才输出低电平，否则输出高电平。而此时出现在这 7 根地址线上的地址信息均为 "0"，即低电平，所以 $\overline{CE_1}$ 为低电平，两片 6264 被全部选中。两片 6264 在此时分别定位到本存储器芯片的第 5 个存储单元，准备接收数据。控制线号线 $\overline{MEMW}$ 信号在 T_3 周期变为低电平，按照表 5.1 的逻辑，两片 6264 分别在 $\overline{MEMW}$ 处于低电平时将数据总线的低 8 位、高 8 位数据写入到 6264 的 0005H 地址中，在 T_4 周期写过程结束。

在读数据阶段，CPU 执行的是读命令，例如：MOV AX, [0005H]，CPU 产生读信号（如第 4 章图 4.5 所示），和写过程类似，首先在 T_1 周期地址出现在地址总线上，A_0~A_{12} 产生 0005H 地址，而 A_{13}~A_{19} 经过 "或" 运算产生低电平信号送到 $\overline{CE_1}$，此时两片 6264 被选中，分别定位到存储器芯片的第 0005H 存储单元，并在 T_2 周期后出现在数据总线上。在 T_3 周期，$\overline{IO/M}$ 和 $\overline{RD}$ 信号同时变低，使得 $\overline{MEMR}$ 变为低电平，而此时 $\overline{MEMW}$ 为高电平，按照表 5.1 所示的逻辑关系，CPU 在 $\overline{RD}$ 的上升沿将总线上的数据锁存到 AX 中，在 T_4 周期完成存储器读操作。

从上面的叙述中，我们看到 CPU 和存储器芯片分别有自己的特性，而系统的设计者需要针对两者的特性关系将其有机地连接在一起，而且在 CPU 的指令执行时所产生的时序正好满足存储器芯片的时序关系，系统就可以工作了。

2. 存储器的再扩展

到目前为止，我们已经具有了一个初步的计算机硬件系统，即一个 8086 CPU 和 8K 字的存储器。显然 8K 字存储器有点儿小，我们需要更多的存储空间，如果再扩展 8K 字，该如何设计呢？

显然为了达到 16K 字的存储器容量，需要选择 4 片 6264 芯片。每两片存储器芯片占据一个 8K 字的地址空间。我们知道了前两片占据 00000H~01FFFH 空间，那么后两片的地址空间是多少呢？显然 00000H~01FFFH 这段地址是不能用了（请思考一下原因），在此地址之后相邻的 8K 字地址是多少？我们来计算一下。

01FFFH+1=02000H，即后 8K 字的起始地址应该为 02000H。而 8K 字地址空间表示为 16 进制其范围应该是 0000H~1FFFH（2^{13}），将这个范围后移 02000H，则后 8K 字的地址应该在 02000H~03FFFH 范围。将其用二进制形式表示，如表 5.5 所示。

表 5.5　地址的二进制表示

	A_{19}	A_{18}	A_{17}	A_{16}	A_{15}	A_{14}	A_{13}	A_{12}	A_{11}	A_{10}	A_9	A_8	A_7	A_6	A_5	A_4	A_3	A_2	A_1	A_0
00000H	0	0	0	0	0	0	0	0	0	0	0	0	0	0	0	0	0	0	0	0
......																				
01FFFH	0	0	0	0	0	0	0	1	1	1	1	1	1	1	1	1	1	1	1	1
02000H	0	0	0	0	0	0	1	0	0	0	0	0	0	0	0	0	0	0	0	0
......																				
03FFFH	0	0	0	0	0	0	1	1	1	1	1	1	1	1	1	1	1	1	1	1

很显然，要用到 A_{13} 这根地址线，而且从表 5.5 中可以看出，在 00000H~01FFFH 之间，

A_{13} 始终为 "0"，而在 02000H～03FFFH 范围之间，A13 始终为 "1"，这个区别能为我们的设计带来什么启示呢？

我们先设计一个电路图，如图 5.23 所示。读者分析一下系统是否可以正常工作。所谓正常工作，应该满足几个情况：（1）CPU 可以分别读/写两个地址段中的数据；（2）在读/写 00000H～01FFFH 段时，只有两片 6264 工作（M_1、M_2），而另外两片（B_1、B_2）不工作，否则会出现总线冲突；反之亦然。

图 5.23 中，我们利用了 A_{13} 的特性，当 A_{13} 为 "0" 时（$A_{14}\sim A_{19}$ 均为 "0"），A_{13} 地址线与 $A_{14}\sim A_{19}$ 地址线两者相 "或" 的结果再进行 "或" 运算，当两者均为 "0" 时，C_1 的输出为 "0"，则选中 M_1、M_2 两个存储器芯片。当 A_{13} 为 "1" 时，C_1 的输出为 "1"，M_1、M_2 不被选中，而 A_{13} 经过反相器后，在 C_2 与 $A_{14}\sim A_{19}$ 相 "或" 的结果上再与其相 "或"，C_2 的输出为 "0"，选中 B_1、B_2。即 C_1 和 C_2 的输出不同时为 "0"，所以不会出现 M、B 同时被选中的可能，也就不会出现访问冲突。

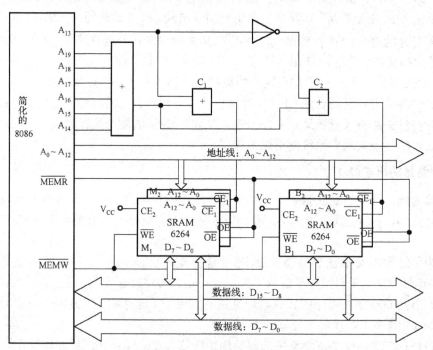

图 5.23　6264 存储器扩展电路原理图（扩展至 16K 字）

而此时，M_1、M_2 芯片的地址范围为 00000H～01FFFH，而 B_1、B_2 芯片的地址范围为 02000H～03FFFH，符合题目的要求，至此设计完成。

本设计利用了 A_{13} 这根地址线的特点来完成系统的设计，我们称之为**线选的译码方式**。这种译码方式虽然可行，但有其设计的局限性，必须在特定的地址分布情况才可以使用。

我们到目前为止已经有了 16K 字的存储空间，但我们还不满足，想将存储空间增加到 24K 字，那么设计是否会和上面的设计相同呢？

3．存储器的三次扩展

在 16K 字的基础上再扩展 8K 字，显然还需要计算一下要扩展的 8K 字的地址空间，空间范围应该在 04000H～05FFFH 之间，表示为二进制方式则如表 5.6 所示。

表 5.6　地址的二进制表示

	A$_{19}$	A$_{18}$	A$_{17}$	A$_{16}$	A$_{15}$	A$_{14}$	A$_{13}$	A$_{12}$	A$_{11}$	A$_{10}$	A$_9$	A$_8$	A$_7$	A$_6$	A$_5$	A$_4$	A$_3$	A$_2$	A$_1$	A$_0$
00000H	0	0	0	0	0	0	0	0	0	0	0	0	0	0	0	0	0	0	0	0
									......											
01FFFH	0	0	0	0	0	0	0	1	1	1	1	1	1	1	1	1	1	1	1	1
02000H	0	0	0	0	0	0	1	0	0	0	0	0	0	0	0	0	0	0	0	0
									......											
03FFFH	0	0	0	0	0	0	1	1	1	1	1	1	1	1	1	1	1	1	1	1
04000H	0	0	0	0	0	1	0	0	0	0	0	0	0	0	0	0	0	0	0	0
									......											
05FFFH	0	0	0	0	0	1	0	1	1	1	1	1	1	1	1	1	1	1	1	1

再看表 5.6，我们会发现什么呢？的确，地址线 A$_{14}$ 在 04000H～05FFFH 段之间始终为 "1"，而在其他两段均为 "0"。能否在已有知识的基础上利用 A$_{14}$ 的这个特点再实现存储器的扩展呢？答案是肯定的（读者可以自己实现一下）。但是，读者完成设计后会发现这个设计显得较为烦琐。如果我们逐渐扩展存储器到 1M 字的时候，这个设计的复杂度就太高了，容易出现设计错误。那么还有没有其他的设计方式呢？我们注意看一下表 5.6 中 A$_{14}$、A$_{13}$ 两根线，不难发现它的规律：第一段为 00，第二段为 01，第三段为 10。重写一下 00、01、10，你会想到什么？如果将其转换为十进制数，则为 0、1、2，你又想到了什么？

当 A$_{14}$ 和 A$_{13}$ 的组合为 00 时选中第 1 个 8K 字存储空间；当组合 01 时，选中第 2 个 8K 字存储空间；当组合 10 时，选中第 3 个 8K 字存储空间；我们可以设想，当组合 11 时将选中第 4 个 8K 字存储空间。请读者发挥一下你的想象力。

在这里向读者介绍一个译码器芯片——74LS138 译码器，如图 5.24 所示。74LS138 译码器是一个 16 脚的芯片，其引脚功能如图 5.25 所示。

图 5.24　74LS138 译码器

图 5.25　74LS138 译码器引脚图

其中 A、B、C 为输入，Y$_0$～Y$_7$ 为输出，G$_1$、$\overline{G_{2A}}$、$\overline{G_{2B}}$ 为控制引脚，74LS138 译码器的逻辑关系真值表如表 5.7 所示。

从表 5.7 中可见，当 G$_1$=1，$\overline{G_{2A}}$ = $\overline{G_{2B}}$ =0 时，74LS138 译码器工作（工作条件）。74LS138 译码器工作时，其输出 Y$_0$～Y$_7$ 中只有 1 个引脚为低电平，其他输出引脚均为高电平。哪个输出引脚输出低电平是由三个输入端 A、B、C 来控制的，当 CBA=000 时，Y$_0$ 输出为低电平，其他为高；当 CBA=001 时，Y$_1$ 输出为低电平，其他为高；CBA=010 时，Y$_2$ 输出为低电平，其他为高；……以此类推。这与前面所叙述的 A$_{14}$ 和 A$_{13}$ 的组合情况吻合。

表 5.7　74LS138 译码器逻辑关系真值表

Inputs					Outputs							
Enable		Select										
G_1	$\overline{G_2^*}$	C	B	A	Y_0	Y_1	Y_2	Y_3	Y_4	Y_5	Y_6	Y_6
×	H	×	×	×	H	H	H	H	H	H	H	H
L	×	×	×	×	H	H	H	H	H	H	H	H
H	L	L	L	L	L	H	H	H	H	H	H	H
H	L	L	L	H	H	L	H	H	H	H	H	H
H	L	L	H	L	H	H	L	H	H	H	H	H
H	L	L	H	H	H	H	H	L	H	H	H	H
H	L	H	L	L	H	H	H	H	L	H	H	H
H	L	H	L	H	H	H	H	H	H	L	H	H
H	L	H	H	L	H	H	H	H	H	H	L	H
H	L	H	H	H	H	H	H	H	H	H	H	L

所以可以采用译码芯片实现译码过程，如图 5.26 所示。为了清楚起见，我们将设计图进行了简化，每一片 6264 的 CE_2 端接+5V 没有画出；数据线合为一个 $D_0 \sim D_{15}$，与前面所讲的情况一致，两片 6264 的数据总线一片接数据总线的高 8 位，一片接数据总线的低 8 位；由 74LS138 译码器的输出分别编码，Y_0 连接到第一组 6264（M_1，M_2），Y_1 连接到第二组 6264（B_1，B_2），Y_2 连接到第三组 6264（C_1，C_2）。此处我们解释一下 74LS138 译码器的设计。74LS138 译码器的 A、B、C 分别连接到 A_{13}、A_{14}、A_{15}，其实我们只用了 A_{13}、A_{14} 两根地址线，而 A_{15} 始终为 "0"，$A_{16} \sim A_{19}$ 都为 "0"，所以将 A_{16}、A_{17} 连接到 $\overline{G_{2B}}$、$\overline{G_{2A}}$ 上，满足 74LS138 译码器的工作条件，A_{18}、A_{19} 进行 "或非" 运算产生高电平连接到 G_1 端。根据 74LS138 译码器的工作原理，该电路在访问 24K 字存储空间是可以正常工作的。

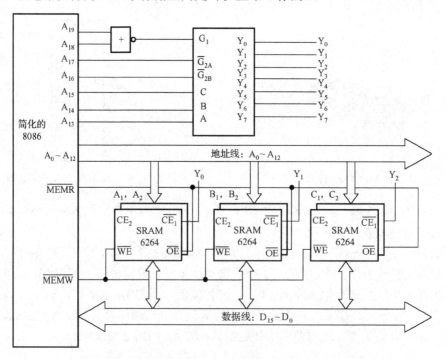

图 5.26　6264 存储器扩展电路原理图（扩展至 24K 字）

但是细心的读者可能会发现这个电路的问题。我们只用了 Y_0、Y_1、Y_2 三个输出，而 $Y_3 \sim$ Y_7 是空闲的，如果我们再扩充 5 段 8K 字的存储空间，直接就可以用 $Y_3 \sim Y_7$ 作为片选信号，这种译码方式的可扩展性显然比线选译码方式更有优势。但问题出在我们用 $A_{16} \sim A_{19}$ 作为 74LS138 译码器的使能，如果采用图 5.26 的方式，显然存储空间扩展到 64K 字就不能再扩展了，因为没有地址线可用了。所以此电路的设计是有缺陷的，但对于存储器扩展问题的理解并不会产生任何影响。

到目前为止，我们已经形成了冯·诺依曼体系计算机的一个基本框架：CPU+Memory，但是还没有将存储空间扩展到 1M 字。如果利用 6264 将存储空间扩展到 1M 字，则需要 256 片 6264 芯片，如果都焊接在电路板上，那么将是很大的一张电路板。所以最好将集成化程度提高，每一片的存储空间能大一些。读者不妨采用 62256 芯片（64K×8bits）进行一下存储器扩展。

4．EPROM 的存储器扩展

在计算机中，RAM 主要负责存储暂存的数据或程序，有的时候需要在断电时将数据或程序存储在 ROM 中。例如，在第 7 章中将要讲到的接口芯片的初始化程序等。所以，一般情况下我们利用 ROM 存储系统程序，利用 RAM 存储数据和用户程序。早期的计算机中一般采用 EPROM 来实现存储，随着存储技术的进步，现在普遍采用 E^2PROM 或 Flash Memory 来存储，无论采用什么存储器芯片，其基本思路是一致的。下面利用 EPROM 来实现 ROM 存储器的扩展，同时将存储器扩展的实现步骤进行一个总结。

【例 5.2】假设 8086 的最小系统已经扩充了若干 RAM，即某一些存储器地址已经为 RAM 所占用，现在需要利用 EPROM 2732A 对存储器地址范围为 80000H～81FFFH 的空间进行扩展。请画出存储器扩展电路原理图。

（1）将 80000H～81FFFH 地址空间用二进制的形式表示，同时确定其需要的容量，如表 5.8 所示。

表 5.8　地址空间二进制表示

	A_{19}	A_{18}	A_{17}	A_{16}	A_{15}	A_{14}	A_{13}	A_{12}	A_{11}	A_{10}	A_9	A_8	A_7	A_6	A_5	A_4	A_3	A_2	A_1	A_0
80000H	1	0	0	0	0	0	0	0	0	0	0	0	0	0	0	0	0	0	0	0
							......													
81FFFH	1	0	0	0	0	0	0	1	1	1	1	1	1	1	1	1	1	1	1	1

（2）根据地址范围的容量来选择合适的 EPROM 数量。

由表 5.8 可见，80000H～81FFFH 共需要 13 根地址线，即 2^{13} =8K 字存储空间。而 2732A 为 4K×8bits 的存储器芯片，一个字（16 位）需要 2 片 2732A，而 8K 字则需要 4 片 2732A 来实现存储器的扩展。

（3）分配 CPU 的地址线

每一片 2732A 需要 12 根地址线（ 2^{12} =4K），这 12 根地址线与总线的 $A_0 \sim A_{11}$ 依次相连，剩下的 8 根线共同组成片选信号。

（4）片选信号的形成

由表 5.7 中 74LS138 译码器的逻辑关系可知，要保证 138 译码器正常工作必须满足 G_1 为高电平，$\overline{G_{2A}}$、$\overline{G_{2B}}$ 两根引脚为低电平（此三根线为 138 译码器的控制信号线）。根据（1）给出的地址范围，可看到 A_{19} 始终为高电平，因此可以连接到 G_1 端。而 $A_{13}\sim A_{18}$ 始终为低电平，可以将 $A_{13}\sim A_{18}$ 进行"或"运算，输出连接到 $\overline{G}_{2A}$、$\overline{G}_{2B}$ 两根引脚上。当 CPU 输出的地址范围在 80000H～81FFFH 之间时，正好可以使 138 译码器工作。2732A 需要 12 根地址线（$A_0\sim A_{11}$），实际上只剩下一根地址线 A_{12}，因此可以用 A12 来做片选，连接方式如图 5.27 所示。138 译码器的 B、C 端在电路图中连接到了 GND 端，即 B、C 始终为低电平，根据 138 译码器的真值表，只能出现两个片选端，当 $A_{12}=0$ 时，Y_0 输出为低电平，其他为高电平；当 $A_{12}=1$ 时，Y_1 输出为低电平，其他为高电平。而 $Y_2\sim Y_7$ 的输出始终为高电平。138 译码器只利用了 2 根输出引脚，效率较低，其实可以只利用 A_{12} 引脚通过线选即可实现 2732A 的扩展。

　　2732A 的片选 CE 端连接到 138 译码器的输出端，实现片选功能，当 CPU 输出地址为 80000H～80FFFH 时，选中 B_1、B_2 两片 2732A；当输出地址为 81000H～81FFFH 时选中 C_1、C_2 两片 2732A。按照表 5.2 所示的 2732A 的操作逻辑，当 $\overline{OE}/V_{PP}$ 端为低电平时，EPROM 完成读操作，所以将 $\overline{MEMR}$ 连接到 $\overline{OE}/V_{PP}$ 端。

　　当 CPU 读存储器指令执行时，$A_0\sim A_{11}$ 产生 2732A 的单元地址；$A_{12}\sim A_{19}$ 产生片选信号，使得 $\overline{CE}$ 端为低电平；$\overline{MEMR}$ 控制信号在读周期变为低电平，正好符合表 5.2 所示的逻辑关系，从而完成了 2732A 的读任务。

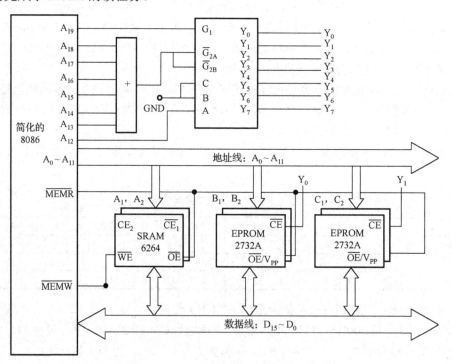

图 5.27　2732A 存储器扩展电路原理图

　　细心的读者发现例 5.2 的解并不是唯一的，可能还存在若干种解法，只要满足 CPU 和 2732A 的时序逻辑的解都是正确的。例如，可以将 138 译码器的 B 端接到 A_{13} 上，C 端接到 A_{14} 上，同样选择 Y_0、Y_1 输出作为片选也是可以实现例 5.2 功能的。所以，对于单一的存储器扩展，实现技术可以有多种选择，但是如果需要将 RAM、ROM 存储器扩展同时考虑，就需要有一个统筹的安排。

5.6* 微机的存储器组织

假设我们已经实现了 8086 系统全面的存储器扩展，即 1M 字空间都已经扩展完成，那么应该如何分配存储器的空间呢？现在我们考虑的只是哪段地址用 RAM 扩展，哪段地址用 ROM 扩展。以 PC/XT 个人计算机为例，这 1M 字空间被划分为三个区域：前 640KB 为主存 RAM；其后的 384KB 分为 256KB 的 ROM 空间和为 I/O 通道保留的 128KB RAM 区。PC/XT 计算机存储空间的分配如表 5.9 所示。

表 5.9 PC/XT 计算机存储空间的分配

地址范围	区域	功能
0000H～7FFFFH	系统板上 512KB	系统板存储器
80000H～9FFFFH	128KB 基本 RAM	I/O 通道主存储器
A0000H～BFFFFH	128KB 显示 RAM	留给显示卡
C0000H～EFFFFH	192KB 控制 ROM	留给硬盘适配器、显卡
F0000H～FFFFFH	系统板上 64KB ROM	系统 BIOS 使用

对于 PC 而言，其功能较多，包括键盘输入、显示器显示、硬盘读写等功能，为了 PC 使用简单化，在计算机硬件基础上需要运行一个操作系统，由操作系统来管理计算机系统的资源，所以一般来讲，对计算机的操作是在操作系统之上，是利用操作系统给用户提供基本功能。所以，存储器在 1M 字空间中并不是完全开放给用户使用的，其中包含操作系统运行需要的地址空间、I/O 接口需要的地址空间等。所以在计算机中一般不会直接对某一个存储单元进行直接的地址操作，而是由操作系统来实现对存储器的地址分配。之所以这么做，是因为用户常常无法完全了解存储器空间的用途。例如，表 5.9 中 A0000H～BFFFFH 空间是留给显示卡的显示缓冲区，如果你在设计程序时直接使用此段地址空间，则可能出现显示的混乱。所以，在 C 语言中，严禁对指针变量直接赋值，原因就在于，指针变量存储的是地址信息，直接赋值即将存储器地址直接存到了指针变量中，而对指针变量的操作，既是对该地址中的存储内容操作，如果你并不知道该地址在计算机中的作用，就可能导致计算机工作的异常，甚至死机。

所以，在计算机编程语言中，一般都会提供变量的定义功能，实际上程序员并不是直接设定存储器地址，而是依赖于操作系统来分配地址。例如，C 语言中，int x；实际是定义了一个变量，并且告诉计算机该变量为整型变量，编译器在特定操作系统环境下为该变量分配存储空间，可能是 2 个字节或 4 个字节。同时操作系统会将变量 x 和存储空间的首地址相关联，即访问变量 x，即是访问该存储单元。

在汇编语言中一般会提供定义变量的方法，而变量实际存储的地址并不是由用户给出的，而是通过汇编器编译完成后，在运行时由操作系统实际分配变量地址，这些指令并不是可执行指令，只是在编译的时候使用，我们称这种指令为"伪指令"。在汇编语言中一般会提供若干种伪指令。

如何通过汇编语言指令定义变量？操作系统如何分配存储器空间？如何访问存储器？这都将是我们在建立了计算机硬件结构之后要解决的问题。**请记住：计算机从一开始设计主要的思路就是软件控制硬件。**

5.7　存储器的寻址方式与访问指令

存储器如何寻址是在 CPU 设计阶段要解决的问题之一，即设计 CPU 之前一定要考虑清楚用几种方式去访问存储器，因为访问存储器涉及的指令需要由 CPU 的硬件来配合实现，同时访问存储器的效率直接影响计算机系统的性能。所以一般来讲，访问存储器的方式越多，程序编写越灵活，执行的效率就越高。我们将访问存储器的方式称为**"存储器的寻址方式"**。这部分内容原则上讲应该属于第 3 章 CPU 的构成及工作原理，但是考虑到初学者还没有存储器的概念，如果先讲存储器寻址，则不容易理解，因此，我们将存储器寻址放在的存储器的章节中来讲。

所谓的存储器寻址方式是指 CPU **访问地址的方法**。有些书中将程序转移的目标地址的方式也称为寻址方式。本节中为了叙述方便，仅介绍操作数的寻址方式。

不同的微处理器（CPU）寻址方式不完全一样，但其基本原理是一致的，本节以 8086 CPU 为例讨论寻址方式。

8086/8088 CPU 的寻址方式有 7 种，分别如下。

（1）立即寻址方式：又称立即数寻址方式。例如，MOV AL，06H。指令中的原操作数是一个 8 位或者 16 位的立即数，由指令直接给出。立即数作为指令的一部分，与指令的操作码一起存储在代码段中，在 CPU 取指令时随操作码一起取出并参与运算。本例子中的"06H"即为一个立即数，指令的含义是将"06H"送到"AL"寄存器中。

【例 5.3】　指令"MOV AX，1234H"表示将 16 位立即数 1234H 送入寄存器 AX，指令执行后：(AH)=12H，(AL)=34H。

由于立即数和指令操作码共同存储在程序存储区，在程序运行过程中不能改变立即数的值，所以立即数寻址方式适用范围较窄，一般用于寄存器或存储器的赋初值。

（2）寄存器寻址方式：指令中的操作数为 CPU 的寄存器，实现寄存器之间的数据传送功能。例如，MOV BX，AX。其是实现将 AX 中的数据传送到 BX 中去。寄存器寻址方式可以实现通用寄存器、段寄存器、地址指针、变址寄存器等之间的数据传送。

【例 5.4】　指令"MOV SI，AX"是将 AX 中存储的数据传送到 SI 寄存器中。如果指令执行前：(AX)=2345H，(SI)=9987H，则该指令执行后：(AX)=2345H，(SI)=2345H。AX 中的内容保持不变，而 SI 中的内容被修改为 AX 中的内容。

使用数据传送指令时一般源数据不发生变化，而目的数据会被覆盖。因为寄存器寻址是在 CPU 内部的寄存器之间进行数据传送，不涉及存储单元的访问，因此其速度较快。为了提高指令执行速度，一般计算功能常常选择在寄存器之间完成。

（3）直接寻址方式：8086 汇编语言中，如果指令的操作数带"[ ]"，则为存储器操作，即要访问 CPU 外部的存储器。直接寻址是指在指令中直接给出数据存放单元的 16 位偏移地址，例如，MOV AX，[2000H]是将偏移地址为 2000H 中存储的数据读到 AX 中。对 8086 而言，访问存储器需要用 20 位地址，所以需要在 CPU 内完成段地址和偏移地址的运算从而产生 20 位物理地址，例子中并没有标明使用哪一个段寄存器。此时 CPU 采用一种默认的方式，如果 [2000H] 之前没有任何标识时，则默认段寄存器为 DS，即物理地址=(DS)*16+2000H。

如果段寄存器非 DS，则需要在"[ ]"前注明段寄存器，例如，MOV AX，ES:[2000H]。

直接寻址方式和立即数寻址方式有很大的不同，初学者常常不容易理解。立即寻址指令中存储的是立即数，即要保存到寄存器中的数，例如，MOV AL，06H，执行后即将 06H 这个数存到 AL 中，即(AL)=06H。而直接寻址方式，指令中存储的是存储单元的地址，要传送到寄存器的不是地址值，而是地址里保存的数据的值，例如，MOV AL，[2000H]，假设(DS)=3000H，则物理地址=(DS)*16+2000H=3000H*16+ 2000H= 32000H。而 32000H 是一个存储单元的地址，其中存储的值假设为 56H，则该指令旨在是将 56H 存储到 AL 中，而不是将 2000H 存储到 AL 中，指令的操作如图 5.28 所示。

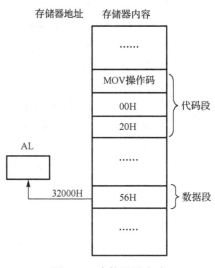

图 5.28 所示为对直接地址的一个读操作过程，即将存储器地址中的数据读入到寄存器中。同样也可以实现写的过程，例如，MOV [2000H]，AX 是将 AX 中的内容写到偏移地址为 2000H 的存储器单元中，只是此指令写的不是一个字节，而是 2 个字节（16 位）的数据，而偏移地址为 2000H 的存储单元仅能存储一个字节的信息，所以需要两个存储单元，另一个存储单元的偏移地址为相邻地址 2001H，所以此指令指向的地址为多个存储单元的首地址。

图 5.28 直接寻址方式

在 8086 中如下指令为非法指令，例如，MOV [2000H]，[3000H]，这条指令的源地址、目的地址均为存储器地址，很显然这里包含两个过程：其一，从偏移地址为 3000H 的存储单元中读出信息（不知道几个字节）；其二，将读出的数据写到偏移地址为 2000H 的存储单元中。存在着对存储器读写两个操作，时序比较复杂，硬件实现起来也很复杂。其实此例子的功能可以用两条指令替代，即

```
MOV AX, [3000H]
MOV [2000H], AX
```

由此就没有必要增加硬件的复杂度来完成用软件可以解决的问题，所以很多的 CPU 都采用了同样的解决方案。

在此，我们特别强调，8086 汇编语言中，包含在"[ ]"中的数据均表示存储器单元的地址，而不是立即数。所以需要读者仔细理解立即数、地址等概念的区别。

（4）**寄存器间接寻址方式**：是利用寄存器中存储的数据作为存储器地址来访问存储器的方式。例如，MOV AX，[SI]。此指令中，SI 被"[ ]"所括，表明 SI 寄存器中存储的是地址信息。假设(SI)=1000H，则此指令的含义是：将偏移地址为 1000H 的存储单元的数据传送到 AX 寄存器中。SI 寄存器是作为地址寄存器而出现在指令中的，此时出现在 SI 寄存器中的任何数据均被计算机理解为地址信息。如果读者有 C 语言的知识，则可以理解 SI 是一个指针。此指令的含义如图 5.29 所示。

假设(DS)=3000H，则物理地址=3000H*16+1000H=31000H，而（31000H）=56H，(31001H)=32H，则(AX)=3256H。

可用于存放偏移地址的寄存器在 8086 系统中仅有 4 个，分别是 SI、DI、BX、BP，称为**变址寄存器**。选用 SI、DI 时默认在数据段（DS、ES 段），选用 BX、BP 时默认在堆栈段（SS

段）。8086 提供了段重设功能，即如果想用 BX 访问数据段，则必须重设段寄存器，例如，MOV AX，DS：[BX]，此指令中物理地址是由 DS 和 BX 组合而成的。

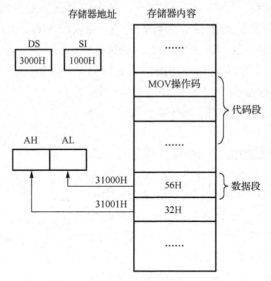

图 5.29　寄存器间接寻址方式

利用寄存器间接寻址可以使得程序访问连续存放的数据变得更方便。例如，有一个数组，数组包含 10 个元素，可以将数组的首地址存放在 SI 寄存器中，然后通过加减 SI 来顺序访问数组中的每一个元素。这部分内容将在下一节具体叙述。

同样，也可以实现利用寄存器间接寻址实现写的过程，例如，MOV [SI]，AX。同样 8086 系统不允许对存储器同时进行读写操作，例如，MOV [SI]，[DI]。

（5）**寄存器相对寻址方式**：存放于主存中的操作数的偏移地址等于间接寻址寄存器的内容与给定的 8 位或 16 位立即数之和。例如，MOV AX，COUNT[BX]。其中 COUNT 代表一个 8 位或者 16 位的立即数，则操作数所在的地址等于（BX）+ COUNT。COUNT 称为位移量，直观理解 BX 中存储的是一个数组的首地址，而 COUNT 为相对于首地址的一个位移量，故称之为**相对寄存器寻址**。

【例 5.5】计算指令"MOV AX，COUNT[BX]"的操作数地址。假设(DS)=1000H，COUNT=2，(BX)=4000H，则

$$操作数物理地址 = (DS)×16+(BX)+COUNT=1000H×16+4000H+2$$
$$=14002H$$

寄存器相对寻址的表达方式有多种，对汇编语言来讲都属于合法表示。

```
MOV AX, COUNT[BX]
MOV AX, [BX+COUNT]
MOV AX, [COUNT+BX]
```

虽然在[BX]之前多添加了一个 COUNT，但 COUNT 属于位移量，是相对于 BX 中的内容的位移量，而不代表段寄存器的变化，即如果 COUNT[BX]之前没有强制表示的段寄存器，则计算机仍默认为 DS 段。

（6）**基址变址寻址方式**：在这种寻址方式中，操作数的偏移地址由基址寄存器 BX、BP 和变址寄存器相加获得。例如，MOV AX，[BX][DI]，其中操作数的偏移地址为 BX+DI。

【例 5.6】 指令"MOV AX，[BX][DI]"的地址计算过程如下：假设(DS)=2000H，(BX)=5000H，(SI)=4H，则

$$操作数的物理地址=(DS)\times16+(BX)+(SI)=2000H\times16+5000H+4H$$
$$=25004H。$$

计算机将从 25004H 和 25005H 两个存储单元中取出其存储内容，然后将其送到 AX 寄存器中。当然此例中我们并不知道具体取出的结果是什么。

基址变址寻址方式可以用于一维数组的访问，BX 用于保存数组的首地址，SI 用于记录元素在数组中的下标，可以从存储器中取出任意一个数组元素。与寄存器间接寻址访问数组方式相比较，基址变址寻址方式保存了数组的首地址，而寄存器间接寻址方式在访问数组的过程中会将数组的首地址丢失。

需要注意：使用基址变址寻址方式时，8086 不允许两个寄存器同时为基址寄存器或同时为间址寄存器，所以下列指令是非法的：

```
MOV AX, [BX][BP]；同时出现两个基址寄存器
MOV AX, [SI][DI]；同时出现两个间址寄存器
```

（7）**相对基址变址寻址方式**：是一种基址变址寻址方式的一种扩充，在基址变址寻址方式上添加了一个 8 位或 16 位的位移量。例如，MOV AX，MASK[BX][SI]，此指令中操作数的偏移地址是由 BX+SI+MASK 组成的。

总结以上 7 种寻址方式，我们可以看到在 8086 系统中，操作数的偏移地址是由 3 个基本量组合而成：位移量、基址寄存器、变址寄存器。寻址方式是从 3 个基本量中选择 1 个、2 个或 3 个而形成，如图 5.30 所示。

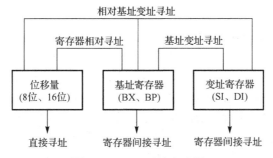

图 5.30　8086 寻址方式图

这种组合方式形成了 5 种寻址方式，再加上立即数寻址和寄存器寻址共组成了 7 种寻址方式。

多种寻址方式为程序的编写提供了多种可能性，使得程序的灵活性增加，但同时也使得 CPU 硬件设计的复杂性增加。所以在 RISC 指令集中，会减少寻址方式，目的在于减少 CPU 设计的复杂性。

叙述了 8086 系统的寻址方式，8086CPU 基本的数据访问指令就比较清楚了，表 5.10 列出了 8086 CPU 的数据传送指令集。

表中 MOV 指令我们已经基本清楚了，其他指令的功能还不清楚，在稍后的章节中我们会陆续介绍到。

表 5.10　8086 数据传送指令集

指令类型	助记符
通用数据传送	MOV, PUSH, POP, XCHG, XLAT, CBW, CWD
输入输出指令	IN, OUT
地址传送指令	LEA, LDS, LES
标志传送指令	LAFH, SAFH, PUSHF, POPF

5.8　汇编语言对存储器的操作

到目前为止，已经清楚了存储器的存储原理、存储器的组织方式、存储器的寻址方式等概念，但 CPU 和存储器如何协调动作完成一个计算呢？对此我们依然不清楚。所以本节我们希望通过具体例子来解释这个问题。

【例 5.7】 假设一个班有 10 个人，进行了一场考试，考试成绩为百分制，求本次考试的平均成绩。那么如何通过计算机将平均成绩计算出来？

假设我们已经为计算机设计了键盘和显示设备，我们也有办法将程序和数据输入到计算机中，计算机也可以运行我们编好的程序。那我们现在的问题是：（1）如何将 10 个人的考试成绩保存在存储器中？（2）如何求 10 个成绩的和？（3）如何求平均值？（4）求出的平均值保存在何处？（5）如何将平均成绩保存在存储器中？

10 个人的成绩，很显然可以用一维数组的方式表达：

$$A_{10}=\{80,65,75,90,35,78,60,78,89,95\}$$

即共有 10 个元素（$A_0 \sim A_9$），每个元素分别代表一个学生的成绩，数组的下标代表学生的学号。

（1）如何将 10 个人的考试成绩保存在存储器中。 将这 10 个人的成绩存储在存储器的 10 个连续存储单元中。在第 5.6 节 PC 的存储器组织一节中我们讲到，存储器中有许多的功能，分别占用了存储器的某一些单元，只有部分存储器单元是可以为用户所用的，那么哪些存储器单元可以使用？这是一个非常复杂的问题，需要了解操作系统的知识，需要了解中断的知识，需要了解堆栈的知识……这些知识我们还未掌握，怎么办？为了避免上述问题，前人为我们设计了一个工具：**编译器**。编译器的任务包括：将助记符转化为机器语言；错误处理；优化程序等。到目前为止，有许多种编译器，例如，Microsoft 公司的 MASM、Borland 公司的 TASM 等。

一般情况下，人们在某一个编程软件下按照程序的要求，用汇编指令编写的程序（或称为指令序列），称之为"**源代码**"。用编译器可以将"源代码"自动翻译为"机器代码"，这是编写一个计算机可以运行的程序的基本步骤。C 语言一般要存储为扩展名为".C"的文件，而汇编语言的源文件需要存储为扩展名为".asm"的文件。

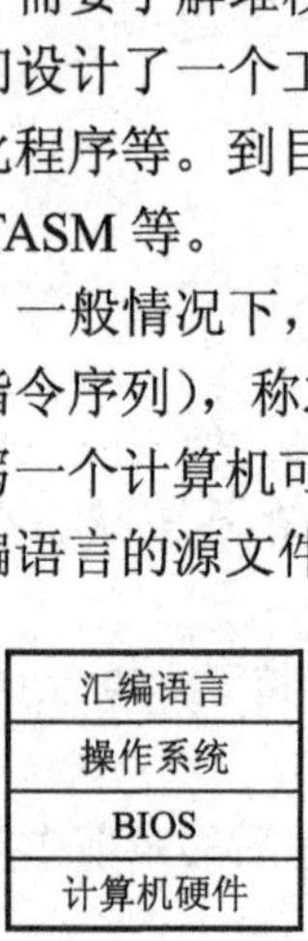

".asm"经过汇编后生成为".obj"文件，称之为**目标代码**，".obj"文件不是可运行文件，需要经过另一个过程——链接。为什么还需要一个"链接过程"？这要看汇编语言在计算机系统中所处的位置，如图 5.31 所示。由图可知，汇编语言处于操作系统之上，即如果想实现一些功能，例如，在显示器上显示信息等，则需要用到操作系统提供

| 汇编语言 |
| 操作系统 |
| BIOS |
| 计算机硬件 |

图 5.31　汇编语言位置

的功能（如果读者的计算机应用技术足够强，可以抛开操作系统，直接对显示卡进行操作，但较麻烦），这些功能在汇编语言中一般表现为函数形式（一种现成的程序）。所以，汇编语言源程序需要将这些现成的函数与程序"链接"在一起，这样才能实现某些功能。".obj"经过链接后生成".exe"或".com"文件，这两种文件可以在操作系统下运行（为了讲解的方便性，本书选择 Microsoft 的 DOS 操作系统）。综上所述，汇编语言的执行程序形成过程如图 5.32 所示。

图 5.32　汇编语言生成可执行程序的过程图

之所以要详细说明可执行程序的产生过程，是因为下面要讲解计算机如何实现变量的定义和存储过程。

在 8086 系统中，存储空间是分段的，有 4 个段寄存器分别表示为：CS、DS、ES、SS 段。其中 CS 为代码段，是存储程序代码的；DS 是数据段，用来存储数据；ES 是附加段，也是用来存数据的；SS 段是堆栈段。学生成绩显然是数据，应该存储在 DS 或 ES 段中。计算机如何知道是数据还是程序？为了方便计算机区分，在汇编语言中设计了一些"指令"，这些指令不属于 CPU 可执行的指令，是给编译器看的"指令"，即编译器能看懂这些指令，而 CPU 并不关心这些指令，称这些指令为**伪指令**。8086 系统有很丰富的伪指令，本书不会完全介绍到。有兴趣的同学可参考相关书籍。

首先来看一下区分数据段、代码段和堆栈段的伪指令。下面的一段程序为 8086 汇编语言的一个标准的程序格式：

```
        DATA SEGMENT
          X  DB 23, 45,66
        DATA ENDS
        STACK SEGMENT STACK
            DB 256DUP（？）
        STACK ENDS
        CODE SEGMENT
            ASSUME CS:CODE, DS:DATA, SS:STACK
        START: MOV AX,0
               MOV BX,2
               ……
        CODE ENDS
          END START
```

在这段程序中有几个关键字（Key Word）：SEGMENT、ENDS、END、ASSUME。这几个关键字用来区分各个段。其中 DATA、CODE、STACK 是段的命名，是由用户根据自己的习惯来命名的，而 ASSUME 用来标明每个名字所在的段（这个过程有些复杂，我们先这么理解），即 CODE 段为代码段；DATA 段为数据段；STACK 段为堆栈段。

在这个程序中只有两个 MOV 指令属于机器指令，需要 CPU 执行，而其他的都是伪指令。编译器通过语法、语义的分析，知道 DATA 段中存放的是数据，CODE 存放的是程序，STACK 中存放的是堆栈（下一节会讲）。

到目前为止，我们知道了编译器是如何区分程序和数据的，但数据如何被分配到存储器中呢？

　　一涉及数据，我们马上联想到很多种类的数据，例如：自然数、整数、小数、有理数、无理数……。而存储器是按字存储的，每个字或者 8 位，或者 16 位，又或者 32 位……如此多种数据如何用有限二进制位数表示呢？所以，在计算机变量定义时，不可回避的一个问题是**变量的数据类型**。此外这要看具体的情况，针对本例而言，学生的成绩是按百分制计算的，即 0～100 之间，不会超过这个范围。按照我们已学的二进制的知识，8 位二进制数表示无符号数的范围为 0～255，有符号数表示的范围为 –128～+127。所以，针对本例中的问题，用 8 位二进制数即可（无符号数、有符号数均可）。换句话讲，每个学生的成绩存储在 1 个字节中即可，所以需要存储器中连续的 10 个字节空间来存储。需要汇编语言提供一种机制来实现上述任务。分析以下程序。

```
DATA SEGMENT
  A DB 80,65,75,90,35,78,60,78,89,95
DATA ENDS
```

　　这段程序只包含数据段，其中 A 为一个变量的名字（由用户来定义），DB（Define Byte）是汇编语言提供的一个伪指令，含义是定义字节变量。后面紧跟着的 10 个数字代表 10 个学生的成绩，中间用“，”隔开，每个成绩占一个字节的存储空间，10 个成绩连续存放。表示为存储器的存储形式如图 5.33 所示。

地址	值
30000H	80
30001H	65
30002H	75
30003H	90
30004H	35
30005H	78
30006H	60
30007H	78
30008H	89
30009H	95

图 5.33　变量存储

　　强调一下，A 和 DB 之间一定要有空格，DB 和第一个数字之间一定要有空格，数字和数字之间必须用“，”分隔开。计算机语言的这些规定必须要严格执行，因为编译器是根据“空格”、“，”来区分关系的。如果你换了其他的符号或不加这些符号，编译器就看不懂了。例如，ADB，这是什么意思？汇编语言关键字中没有这么一个组合，那只能是一个命名，命名后面紧跟数据，编译器就没有办法理解。所以，计算机语言是比较机械的语言，你必须符合其规定的语法，否则计算机无法执行。

　　上面一段程序用较专业的语言来描述，即定义 10 个连续存放的变量，变量整体的名字为“A”，每个变量占据一个字节的空间。

　　对于本例而言，每个变量可以用一个字节表示，如果换一个问题，一个字节的空间就不够用了，因此 8086 还包含了另外几种变量定义的伪指令：DW、DD、DQ。DW（Define Word）定义了 2 个字节的存储空间；DD（Define Double Word）定义了 4 个字节的存储空间；DQ（Define Quatre Word）定义了 8 个字节的存储空间。

　　在上面程序的基础上，我们再定义一个 2 个字节的存储空间，用来存储学生成绩的和值，程序如下。

```
DATA SEGMENT
  A DB 80,65,75,90,35,78,60,78,89,95
  B DW ?
DATA ENDS
```

　　程序中 B 为另一个变量的名字；DW 为预定义一个 2 个字节的存储空间，用来存放学生成绩的和（和值可能超过一个字节所表示的数值范围）；“？”代表没有为该存储空间赋初值（用来存放和值，不需要初值）。那么，B 变量申请的 2 个字节和 A 变量的 10 个字节有什么关系吗？如图 5.34 所示，在 A 变量空间之后的 2 个字节的存储空间用于存储变量 B。就是说，变量 A 和变量 B 是连续存放的。

图 5.34　变量存储

细心的读者注意到变量 A 是一个数组变量，而不是单个的变量。那么，A 显然是一个数组名，B 是一个单变量的名，这两者之间有明显的区别，那 A 和 B 分别代表什么？如何来理解 A 和 B 的意义？计算机又如何来理解 A 和 B 的呢？

我们之所以要给变量命名，很显然是希望在汇编语言中可以使用变量名，如何使用变量名呢？在 8086/8088 汇编语言中，我们可以采用如下的形式使用变量：

```
MOV AL, A    (或者 MOV AL, [A])
MOV B, AX    (或者 MOV [B], AX)
```

第一条指令是将变量 A 中的内容传送到 AL 寄存器中；第二条指令的意义是将 AX 寄存器中的内容传送到 B 变量中。通过这个描述，我们认为 A 和 B 这两个变量名的含义似乎和存储器地址的含义很相像。对于变量 B 而言似乎不难理解，但对于变量 A 而言就有问题了：A 有 10 个单字节元素，这样的传送指令传送的是哪一个元素呢？显然存在着含糊的概念。对计算机而言这种含糊是致命的，计算机无法理解含糊的意义，必须是明确的意义。所以第一条指令必须给出其明确的含义：只能传送 10 个元素中确切的一个。我们为了消除这种含糊，明确说明 A 只是代表 10 个元素中的第一个元素（即 80）。换句话讲，变量名 A 指向的是 10 个元素数组的首个元素。那么，编译完之后，A 和 B 应该解释成什么呢？通过前面的分析，我们知道将 A 和 B 解释成偏移地址是合适的。首先，数据段的地址（DS）可以通过数据段的定义获得，若干个变量（A 和 B）都存储在同一个数据段内；而后，我们需要知道 A 和 B 相对 DS 的偏移地址。假设(DS)=3000H，则 A 的相对地址为 0000H，而 B 的相对地址为 000AH，则：

变量 A 对应的物理地址=(DS)×16+A=3000H×16+0000H=30000H；

变量 B 的物理地址=(DS)×16+B=3000H×16+000AH= 3000AH。

而指令 MOV AL，A 相当于 MOV AL，DS:[0000H]；指令 MOV B，AX 相当于 MOV DS:[000AH]，AX，属于直接寻址方式。

30000H 正好是数组第一个元素所在的物理地址空间。这样的解释物理上是合理的，而且不会发生逻辑上的冲突问题，所以被采纳。

那么变量 A 中的其他元素如何访问呢？可以采用寄存器间接寻址的方式，例如：

```
        MOV CX, 10
        MOV SI, OFFSET A
LOP:    MOV AL, [SI]
        INC SI
        DEC CX
        JNZ LOP
```

上述程序中设定 CX 为计数器，赋初值为 10，将变量 A 所在的地址赋给变址寄存器 SI，注意此时的 SI 中应该是 0000H，而不是 30000H。（为什么？）而指令 MOV AL，[SI]是将 A

的第一个元素的值赋给 AL。INC SI 实现的是 SI 的内容加 1：(SI)=0001H，DEC CX 实现的是计数器 CX 内容减 1：(CX)=9，然后再判断 CX 中的值是否为零，如果不为零则程序跳转到 LOP 所在行，继续重复执行 MOV AL, [SI]指令，而此时(SI)=0001H，传送到 AL 中的数据将是物理地址为 30001H 中的内容，也就是数组第二个元素的值，……一直到 CX 中的内容减为零后，程序停止。这个程序执行完以后，我们发现数组中的 10 个元素被依次读了一遍，只是没有进行任何的操作。所以，将 A 设定为数组第一个元素所在的偏移地址，利用间接寻址方式，可以实现所有数组元素的访问。

到目前为止，学习了计算机是如何将 10 个学生的成绩保存到存储器中的。这个过程相对比较复杂，涉及伪指令的设计、编译器的理解、指令的操作，同时还涉及操作系统的地址分配问题。我们只解决了前面 3 个问题，而没有涉及操作系统的存储器分配问题。无论是汇编语言的伪指令，还是编译器的翻译过程，都无法确知操作系统是如何安排存储器的（即知晓每个存储单元的用途），只有操作系统清楚存储器安排。因此，编译器只能计算出一个数据段需要多少个变量，需要多少个字节的存储空间（12B），然后将计算出的结果告诉操作系统；操作系统再搜索自己整个的存储空间，找到一段空间可以存储下 12B 的剩余空间，然后将这 12 个字节的存储空间的首地址告诉汇编语言程序；汇编语言程序则需要将这个首地址记录在 DS 寄存器中，然后通过直接或间接寻址的方式进行数据的访问。

所以汇编语言、编译器、操作系统各自完成各自的功能：汇编语言实现变量的定义（变量的数据类型、变量的个数）；编译器根据伪指令将数据类型和个数进行计算，得到需要的存储空间的数量（变量类型所需的空间 X 变量的个数），同时为每个变量名计算出其相对于 DS 的偏移地址，将该偏移地址代替汇编语言指令中的变量名；操作系统负责按照编译器计算出的存储空间的大小分配存储空间，并且将分配好的存储空间的段地址返回给汇编语言程序，汇编语言程序在执行程序时，通过 DS 和偏移地址即可以找到相应的存储空间，接着按照程序的要求对空间中的数据进行访问（操作）。

（2）如何求 10 个成绩的和。我们将程序重新修改一下，即可以实现 10 个成绩的求和运算，程序如下：

```
         MOV AX, 0          ; 将 AX 清零，保存和值
         MOV SI, OFFSET A   ; 将 A 的首地址保存在 SI 中
         MOV CX, 10         ; 计数器 CX 置初值为 10，此时为十进制的 10
    LOP: ADD AX, [SI]       ; 将[SI]中的成绩叠加到 AX 寄存器中
         INC SI             ; SI+1，指向下一个元素
         DEC CX             ; 计数器 CX-1
         JNZ LOP            ; 判断 CX 是否减到零，如果没到零，则跳转到 LOP
         MOV B, AX          ; 如果 CX 减到零，则将 AX 的值存储到存储器中，AX 为 10 个
                              成绩的和值
```

我们只是将程序做了一个简单的修改，即实现了 10 个学生成绩的求和运算，和值的结果存储在 AX 寄存器中，最后存储到 B 变量中。

在这个过程中需要注意程序的先后顺序，不难发现程序的编写自上而下是有逻辑关系的，计算机在执行的时候，是按照自上而下的顺序逐条执行的，只有遇到 JNZ 之类的跳转指令才会实现程序的跳转，否则自上而下的顺序是不改变的。如果我们将上述程序作如下改变：

```
         MOV AX, 0          ; 将 AX 清零，保存和值
         MOV SI, OFFSET A   ; 将 A 的首地址保存在 SI 中
```

```
        MOV CX, 10          ; 计数器 CX 置初值为 10，此时为十进制的 10
LOP: INC SI                 ; SI+1，指向下一个元素
        ADD AX, [SI]        ; 将[SI]中的成绩叠加到 AX 寄存器中
        DEC CX              ; 计数器 CX-1
        JNZ LOP             ; 判断 CX 是否减到零，如果没到零，则跳转到 LOP
        MOV B, AX           ; 如果 CX 减到零，则将 AX 的值存储到存储器中，AX 为 10 个成
                            ; 绩的和值
```

再分析一下程序执行的结果，我们就发现 A 变量中的 10 个元素中的第一个元素并没有加到 AX 中，而是从第二个元素开始加，最后一个元素加的是 B 变量中的低位字节（而 B 变量没有赋初值，不知道其中存放的是什么数值）。也就是说，AX 也是 10 个数值之和，但不是我们所希望的 10 个数值之和，所以结果是什么我们不得而知。

综上所述，在计算机中 CPU 是按照顺序执行指令的，这个顺序在没有遇到跳转指令之前是默认的，是不变的。用户编写的程序必须是了解计算机程序执行的过程的，否则程序将得到错误的结果。一般称这种计算机为**串行计算机**，即 CPU 同一个时间只能执行一条指令，指令的执行是按照程序编写的顺序逐条执行。

（3）如何求平均值？ 利用已经得到的和值，进行除法运算即可得到平均值。

（4）完整的程序（如下所示）。

```
DATA SEGMENT
    A  DB 80,65,75,90,35,78,60,78,89,95
    B  DW ?
DATA ENDS
CODE SEGMENT
    ASSUME CS: CODE, DS: DATA
START:
        MOV AX, DATA        ; 获得段地址
        MOV DS, AX          ; 将段地址保存到 DS 中
        MOV AX, 0           ; 将 AX 清零，保存和值
        MOV SI, OFFSET A    ; 将 A 的首地址保存在 SI 中
        MOV CX, 10          ; 计数器 CX 置初值为 10，此时为十进制的 10
LOP: ADD AX, [SI]           ; 将[SI]中的成绩叠加到 AX 寄存器中
        INC SI              ; SI 加 1，指向下一个元素
        DEC CX              ; 计数器减 1
        JNZ LOP             ; 判断 CX 是否减到零，如果没到零，则跳转到 LOP
        DIV 10              ; 将已经存储在 AX 中的 10 个成绩的总和，除以 10，即得到平均
        MOV AH, 0           ; 值，商存储在 AL 中，余数存储在 AH 中
        MOV B, AX           ; 如果 CX 减到零，则将 AX 的值存储到存储器中，AX 为 10 个成
                            ; 绩的和值
CODE ENDS
END START
```

5.9　堆　栈　技　术

堆栈是一段特殊的存储空间，如图 5.35 所示。该存储区是有"底"的，即图中的 30009H 是堆栈的底部，称为**"栈底"**。该存储空间的操作方式与普通的存储空间的操作方式不一致，

只能从顶部对该存储区的数据进行操作。它类似于一只木桶，你只能从桶的上端存放物品，要想取得桶接近底部的物品，需要将上面的物品依次取出后，才能取出下面的物品。我们将往桶中依次放置物品称为"压栈"，而从桶中依次取出物品称为"弹栈"。也就是说，对堆栈的操作只有两个：**压栈（PUSH）、弹栈（POP）**。

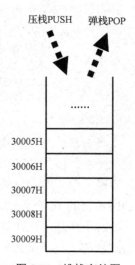

图 5.35　堆栈存储图

堆栈是在计算机存储空间中单独开辟的一段空间，该空间的大小由用户通过程序设定，例如：

```
STACK SEGMENT
    DB 256DUP（？）
STACK ENDS
```

8086 汇编语言书写的这段程序的目的即申请 256 字节的存储空间用于堆栈区。编译器根据对此段程序的理解，分析出用户需要堆栈空间的大小，告知操作系统，操作系统为其在存储器中分配 256 字节的空间，并将该空间的段地址放在 SS 段寄存器中。

该段程序中出现了一个 DUP 伪指令，该伪指令的意义为"重复"，语法规则为：

　　N　DUP(?)

指令的解释为将"（）"中的任务重复 N 遍。如上面的程序中"（）"中为"？"，前面的数据类型为 DB，即申请 1 个字节的空间，不赋初值，此类任务重复 256 遍，即申请了 256 个字节的空间，都不赋初值。

DUP 指令使用很灵活，例如可以写成：

　　DW 3 DUP(5 DUP(2,3)，7)

此条代码中包含两个 DUP，按照先做括号内，而后做括号外的优先顺序，该指令的数据形式如下：

```
2,3,2,3,2,3,2,3,2,3,7
2,3,2,3,2,3,2,3,2,3,7
2,3,2,3,2,3,2,3,2,3,7
```

由此形成了一个较复杂的数据结构，所以 DUP 伪指令可以用来生成复杂的数据。

堆栈的偏移地址一般使用 BX 或 BP 寄存器来存储，即堆栈的物理地址由 SS:BP 组成。如图 5.35 所示，在没有往堆栈中压入数据时，SS:BP 组成的堆栈地址在图 5.35 中指向 30009H，即堆栈的底部，我们称之为**栈底**。当有 PUSH 指令执行时，例如：

　　PUSH AX

该指令是将一个字压入堆栈，其操作过程为：（1）BP=BP-1；（2）将 AH 压入堆栈；（3）BP=BP-1；（4）将 AL 压入堆栈。此时 SS:BP 组成的地址是指向 30007H。

再执行一个指令：

　　PUSH BX

这是将 2 个字节压入堆栈，过程为：（1）BP=BP-1；（2）将 BH 压入堆栈；（3）BP=BP-1；（4）将 BL 压入堆栈。此时 SS:BP 指向 30005H。

而此时的 30005H 是最后一次压入堆栈的数据地址，我们称之为**栈顶**。从这个过程可以看出，SS:BP 始终指向栈顶。当执行弹出指令时，例如，POP BX，执行过程为：（1）将

SS:BP 所在的单元弹出到 BL 中；（2）BP=BP+1；（3）将 SS:BP 所在的单元弹出到 BH 中；（4）BP=BP+1。此时 SS:BP 指向 30007H，即下一个将要弹出堆栈的地址（这里的地址为假设的地址）。

堆栈的操作 PUSH 和 POP 要配合使用，先压到堆栈的数据要后读出来，压入 1 个字节要弹出 1 个字节，压入 2 个字节，要弹出 2 个字节，除非有特殊应用，否则不应改变这个规则。例如：

```
PUSH AX
PUSH BX
......
POP BX
POP AX
```

而下面这段程序是错误的：

```
PUSH AX
PUSH BX
......
POP AX
POP BX
```

原因很简单，AX 是 2 个字节的数，BX 是 2 个字节的数，压入堆栈是按照先 AX 后 BX 的顺序；而弹出时，则是先弹出 AX，即将原来 BX 的 2 个字节的数弹出到 AX 中，再将 AX 的数弹出到 BX 中，由此实现了 AX 和 BX 的数据交换。

所以说堆栈的原理是相对简单的，很容易理解，但为什么要单独设定一个堆栈的存储空间呢？为了使说明更加方便，我们举一个使用 C 语言编写程序的例子，程序如下。

```
int Max(int x,int y){
    return (x>y)?x:y;
}
int Min(int x, int y){
    return (x<y)?x:y;
}
main(){
    int a=10,b=30,c=20,Temp;
    Temp=Max(a,b);
    printf("The max number of (a,b,c) is : %d",Max(Temp,c) );
}
```

上述程序中有 3 个函数分别为：main 函数；Max 函数；Min 函数。main 函数为主函数，主函数中两次调用 Max 函数。

我们来分析一下主函数的执行过程。当主函数执行到第一次调用 Max 函数时，程序应该跳出主函数，进入到 Max 函数中执行（如何从一个程序跳到另一个程序，请大家思考）。当 Max 函数执行完成后，程序将返回主函数，并准备执行 printf 函数。这里需要思考一个问题，Max 函数执行完成后，CPU 如何知道下一步该跳到哪里执行哪条程序呢？我们清楚在 CPU 中将要执行的指令地址是保存在 IP 寄存器中的，也就是说 CPU 要想回到 main 函数中，并准备执行 printf 程序，则计算机必须要保存 printf 函数的首地址，在 Max 函数执行完成返回时，将记录的地址放到 IP 寄存器中，那么计算机将要返回的地址保存在哪里呢？

按照这个例子，可能保存在任何一个寄存器中皆可，因为只有一层调用。很显然 C 语言的函数调用有可能涉及许多层，那么到底回到哪一层？到底应该如何记录才能保证每一次程序都能正确回到其应该回到的地点？函数调用过程如图 5.36 所示。

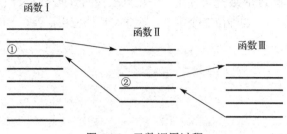

图 5.36　函数调用过程

图中每一个横条代表一条指令。当函数 I 出现程序调用跳转到函数 II 之前，计算机须保存该跳转语句的下一条指令的首地址，这样函数 II 返回时可以自动执行函数 I 下面的指令；同

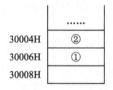

图 5.37　堆栈图

样函数 II 遇到程序跳转到函数 III 时，计算机须记录函数 II 中跳转语句的下一条指令的首地址。但从图中可见，程序有 2 层函数调用，也就是要记录 2 个首地址，而且首地址是有先后顺序的，即函数 III 必须回到函数 II，而不能回到函数 I。如果直接回到函数 I，则函数 II 还有指令没有执行，程序会出错。因此，必须顺序记录跳转的地址，此时，堆栈的优势将发挥其作用，如图 5.37 所示。

当出现第一次调用时，将下一条指令的首地址①压入到堆栈中，当出现第二次调用时，将地址②再次压入堆栈中。当函数 III 执行结束返回时，计算机从堆栈中弹出栈顶的地址存入到 IP 中，则正好是函数 II 中将要执行的指令，函数 II 可以继续执行；当函数 II 执行完成返回时，计算机再从堆栈中将地址①弹出到 IP 中，则可以继续执行函数 I 的其他指令。

多层调用的逻辑关系得到了合理的保存，同时该操作过程很机械，可以自动执行，从而保证了计算机方便地实现函数的调用过程，使得计算机程序的书写变得清晰而且简单。

堆栈在其他场合也有着十分重要的作用，如中断过程、参数传递等，我们会在相应的章节中分别加以介绍。

5.10*　存储器优化——Cache 的工作原理

计算机的发展过程中，CPU 的发展速度远远高于存储器的发展速度，其结果是快速的 CPU 配合慢速的存储器，计算机系统的性能受存储器的性能的影响。如何改变这种现状是计算机科学家需要考虑的问题。如果提高存储器的速度显然是一个直接而且有效的手段，但在现有条件下将会使得计算机的价格提升，而且提升的幅度会很高，这会严重影响计算机的普及。能否找到一种方式，在不大幅度提高计算机成本的基础上，提高存储器的访问速度，从而提高计算机的整体性能呢？为解决这个问题，科学家们提出了 Cache（高速缓存）的概念。

5.10.1　Cache 的基本思路

Cache 的思路很简单，就是在两级存储器之间加入一个缓冲的存储器，该存储器的速度接近上一级的存储器，比下一级存储器的速度要快；容量比上一级存储器要大，比下一级存储器要小。这样的做法带来的好处是什么呢？这里需要有两个假设：（1）程序的局部性原理。通过对访问程序的分析，发现如果计算机执行了当前指令，则其后的若干条指令与当前指令的关系会比较紧密，大多数情况下也会得到执行，即相邻的若干条指令被依次执行的概率较大。（2）数据的局部性原理。存放在相邻缓冲区的数据在一段时间内被使用的概率也比较高。专业化讲：程序运行的局部性原理，包括时间上的局部性和空间上的局部性。程序访问的局部性包含两个方面：时间局部性和空间局部性。时间局部性是指程序马上要用到的信息很可能就是现在正在使用的信息；空间局部性是指程序马上要用到的信息很可能与现在正在使用的信息在存储空间上是相邻的。

基于上述假设，我们可以将主存中的存储器进行分块（例如，128B 为一块），如图 5.38 所示。当执行到第 0 块中的第一条指令时，假设该块中的其他指令也将在随后的时间内被执行到，则将第 0 块的 128 字节程序复制到 Cache 中。那么，CPU 要执行第 0 块的第二条及之后的指令时，就无须到速度较慢的主存中去读指令，而只需要到速度较快的 Cache 中去读指令即可。显然，这样就提高了指令访问的速度。当第 0 块的 128 个字节执行完后，需要访问第 1 块中的指令时，再将第一块中的 128 个字节调入到 Cache 中，……以此类推。按此设计的 Cache 存储器将如图 5.39 所示，即主存和 Cache 都分成大小相等的块，这样便于操作。

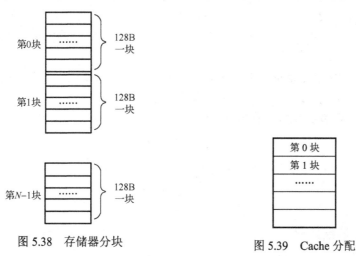

图 5.38　存储器分块　　　　　　图 5.39　Cache 分配

读者马上就会想到：Cache 的存储空间有多大？如果和主存一样大，那主存没有必要了；如果小于主存，很显然不可能将主存中的全部数据和指令都复制到 Cache 中，如果 Cache 已满则该如何处理呢？已满的 Cache 显然就无法发挥其加速的作用，这时又该如何处理呢？如果 Cache 比主存空间小，那么 Cache 的地址和主存的地址无法实现 1∶1 的关系，又该如何处理呢？

（1）Cache 的容量肯定比主存的容量小，到底多大合适现在还没有一个定论，一般概念上讲，Cache 的容量比内存的容量小 10^3 数量级，例如：内存的容量为 4GB～8GB，则 Cache 一般选择 2MB～4MB。

（2）Cache 比内存小，显然无法将内存的内容完全复制到 Cache 中，也无法实现地址的一一对应关系。换句话说，需要实现 Cache 和内存之间的一个映射关系。

（3）Cache 满了之后，需要放弃一些已经复制的内容，引入一些新的内容，这就会产生如何放弃的问题。

（4）如果 CPU 要往存储器中写入数据，显然也存在如何更新 Cache 和内存中的内容，使两者的内容保持一致的问题。

5.10.2　Cache 的地址映射与变换

为了将信息从主存复制到 Cache 中，需要应用某种规则或方法将主存地址定位到 Cache，称之为**地址映像**。将主存的信息通过硬件装入到 Cache 后，CPU 执行程序时需要将主存地址变换为 Cache 地址，称之为**地址变换**。

到目前为止，存在 3 种 Cache 与主存地址的映射方式：直接映像、全相联映像、组关联映像。

（1）直接映像（Direct Mapping）：这是一种多对一的映射关系，但一个主存块只能拷贝到 Cache 的一个特定行位置上去。Cache 的行号 i 和主存的块号 j 有如下函数关系：$i = j \bmod m$（m 为 Cache 中的总行数）。直接映射方式的优点是硬件简单，成本低。缺点是每个主存块只有一个固定的行位置可存放，容易产生冲突，发生抖动现象（Thrashing），因此适合大容量 Cache 采用。

（2）全相联映像（Associative Mapping）：主存中一个块的地址与块的内容一起存放于 Cache 的行中，其中块地址存放于 Cache 行的标记部分中。这种方法可使主存的一个块直接复制到 Cache 中的任意一行上，非常灵活，命中率大。它的主要缺点是比较器电路难于设计和实现，因此只适合于小容量 Cache 采用。

（3）组关联映像（Set Associative Mapping）：它将 Cache 分成 u 组，每组 v 行，主存块存放到哪组是固定的（直接映像的特征），至于存到该组中哪一行是任意的（全相联的特征），Cache 容量和组数 u、行数 v 之间的函数关系如下：

$$m = u \times v$$

Cache 组的组号 q 和主存地址 j 之间的关系是

$$q = j \bmod u$$

5.10.3　Cache 的替换策略

当新的一块数据装入 Cache 时，如果 Cache 已经装满，那么原来存储的一块数据必须被替换掉，对于直接映像，一个特定块只可能有一个相对应的行。对于全相联映像和组关联映像，就需要选择合适的替换算法。常见的替换算法有 3 种：随机产生替换法、先进先出（FIFO）替换、近期最少使用（LRU）替换。

（1）随机产生替换策略：随机替换是不管 Cache 块的历史、现在及将来使用的情况而随机地选择某块进行替换，这是一种最简单的方法。

（2）先进先出（FIFO，First In First Out）替换策略：将 Cache 的 N 个块理解为一个队列，第一个进入的块将最早被替换。这种策略不需要随时记录各个块的使用情况，容易实现，且系统开销小。其缺点是一些需要经常使用的程序块可能会被调入的新块替换掉。

（3）近期最少使用（LRU，Least Recently Used）替换策略：近期最少使用 LRU 替换策略的基本思想是——把 CPU 近期最少使用的块作为被替换的块。这种替换算法相对合理，命中率最高，是目前最常采用的方法。它需要随时记录 Cache 中各块的使用情况，以便确定哪个块是近期最少使用的块，但是实现起来比较复杂，系统开销较大。

5.10.4 Cache 的写策略

当 CPU 往内存写数据时，是往 Cache 中写，还是往主存中写呢？往 Cache 中写显然较快速，但是会造成 Cache 和主存中的内容不一致，那么一旦 Cache 中被改写的块被替换的时候，主存的内容如何与 Cache 中的内容进行同步是一个需要考虑的问题。（1）因为主存可以被 CPU 修改，也可以被 I/O 修改，因此这些操作也应进行同步。（2）另一情况是多处理器系统且共用内存时由于各个处理器有自己的 Cache 因而需要同步。

相应的写策略有两种，分别是写直达法和写回法。

① 写直达法（write through）

指在执行"写"操作时，不仅把数据写入 Cache 中相应的块，同时也写入下一级存储器中。这种技术可能会产生大量的存储信息量而引起瓶颈问题。

② 写回法（write back）

只把数据写入 Cache 中相应的块，不写入下一级存储器。在 Cache 中通常会设置"修改位"，当某个块被替换时检查修改位，然后确定是否要写回到主存储器中。写回法的缺点是部分存储器是无效的，因此 I/O 模块的存取只允许通过 Cache 进行，这样就造成了更复杂的电路和潜在的瓶颈问题。

为了解决多 Cache 且共享主存器的一致性同步问题，通常采用的方法有：写直达的总线检测、硬件透明、非 Cache 存储器。

5.10.5 Cache 的实现方式

无论是 Cache 的地址映像和变换方式，还是 Cache 的替换策略、Cache 的写策略都是为了实现存储器的速度优化问题而设计的，所以不管采用哪种策略，它们都只能用硬件电路来实现，试想若依靠软件实现的话，Cache 的"高速"含义就毫无意义了。因此，在增加 Cache 的同时，必然伴随着一整套的硬件电路的加入，此处不详细讨论如何用硬件实现各种策略，只提供一个供读者理解的 Cache 的硬件结构图（如图 5.40 所示），读者可以通过该图理解 Cache 的工作原理。图中虚线框内部分为 Cache 的硬件实现的结构图。如果您想详细了解 Cache 技术，请参阅计算机系统结构的相关书籍。图中虚线部分为 Cache 的硬件实现的结构图。

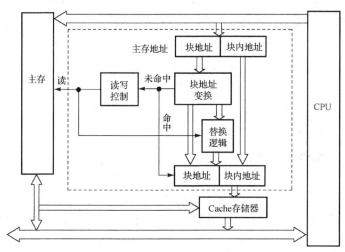

图 5.40　Cache 硬件结构图

5.11 本 章 小 结

对于冯·诺依曼体系结构计算机而言，存储器是独立于 CPU 之外的一个设备，相对于 CPU 而言应该算是一个外部设备。但是，存储器确是计算机不可缺少的一个组成部分，"计算机的程序和数据不加区分地存储在存储器中"，而程序的执行却是在 CPU 中，很显然 CPU 和存储器之间需要很大量的信息交换，而通过分析知道，CPU 对存储器的访问无外乎有两种方式：读和写。如何实现 CPU 对存储器的读和写呢？这就需要总线的介入，需要时序的配合。所以，在实现 CPU 和存储器接口时，我们要考虑 CPU 和总线的时序，也需要考虑存储器芯片的时序。

存储器的模型为我们提供了一个对存储器理解的依据。每个存储器单元由两部分组成：一个是存储单元的地址；另一个是存储单元存储的内容。地址通过地址总线传输，单元内容通过数据总线传输，存储单元中存储的可以是指令，也可以是数据，还可以是地址，那么 CPU 如何区分从存储器单元中获得信息是程序、数据、还是地址呢？如果区分开了，CPU 又将如何处理该信息呢？这些问题只考虑存储器是得不到答案的，而是需要将处理器的内容和总线的内容联合起来分析，才能理解计算机的完整工作过程。

当你弄懂了计算机的工作过程，你肯定会对存储器的存储原理感兴趣，用什么方式来实现一个二进制位的存储呢？我们讲解了一个 SRAM 的存储原理，使用 6 个 MOS 管构成的电路，可以通过电路的状态来存储二进制位。而要实现一个存储器芯片，则需要将该电路整合为一个阵列，建立起地址总线和数据总线，才能实现对一个单元的访问机制。

对一个计算机系统而言，内存的容量常常决定了计算机的一种"能力"，所以需要扩展计算机的存储器，而扩展存储器需要考虑到计算机系统原有的存储器，也要考虑到原有的 I/O 接口，新扩展的存储器既不能和已有的存储器冲突，也不能和已有的 I/O 接口冲突。这里所谓的**冲突**，实际上可以理解为：出现了一个地址对应两个（或两个以上）的设备（或存储器单元）。因为一旦产生冲突，总线上将出现相互矛盾的信息，总线的状态即变得不确定，CPU 通过总线读到的数据将变得混乱，如何避免总线冲突是存储器扩展的主要原则。

为了解决慢速存储器导致快速 CPU 工作效率降低的问题，我们引入了 Cache 技术，Cache 在避免大范围地提高计算机价格的基础上，有效地解决了存储器的瓶颈问题。现在的计算机一般都设计多层 Cache（如 L1、L2、L3），一般来讲 L1 与 CPU 最近，其与寄存器的速度相仿，因而价格也比较昂贵，所以数量一般较少；L2 存在于 L1 之外，比 L1 的速度要慢，容量要大；L3 更在 L2 之外，速度会比 L2 稍慢，但是比主存还是要快多了。多层 Cache 就有效地解决了存储器的瓶颈问题。

思考题及习题 5

1. SRAM 和 DRAM 相比较哪个响应速度更快？
2. 在主存中用 DRAM 的优势是什么？
3. ROM 分为几类？各类的特点是什么？
4. 汇编语言的寻址方式一般有几种？请分别列出与其对应的汇编语言指令。
5. 请说明一下存储器的层次结构，为什么采用"金字塔"结构？
6. 容量为 16K×32 位的存储空间，其地址线和数据线分别是多少？当选用下列不同规格的存储芯片时，请计算各需要多少片？

1K×4 位，2K×8 位，4K×4 位，16K×1 位，4K×8 位，8K×8 位

7. 设有一个具有 20 位地址和 32 位字长的存储空间，请回答以下几个问题。

　① 该存储空间能存储多少个字节的信息？

　② 如果存储空间由 512K×8 位 SRAM 芯片组成，则需要多少片？

8. 假设 CPU 的地址总线为 16 位，数据总线为 8 位，请用 16K×8 位的 SRAM 对其进行扩展，要求：画出该存储器的组成逻辑框图。

9. 假设 CPU 的地址总线为 20 位，数据总线为 32 位，要求用 256K×16 位 SRAM 芯片对其扩展。SRAM 芯片有两个控制端：当 $\overline{CS}$ 低电平有效时，表示该片被选中；当 $\overline{W/R}$ =1 时执行读操作，当 $\overline{W/R}$ =0 时执行写操作。

10. 某计算机中，已知配有一个地址空间为 0000H～3FFFH 的 ROM 区域。现在再用一个 RAM 芯片（8K×8 位）形成 40K×16 位的 RAM 区域，起始地址为 4000H。假设 RAM 芯片有 $\overline{CS}$ 和 $\overline{WE}$ 信号控制端。CPU 的地址总线为 $A_{15}\sim A_0$，数据总线为 $D_{15}\sim D_0$，控制信号为 R / W，$\overline{MREQ}$（访存信号），要求：

　① 画出地址译码逻辑框图；

　② 将 RAM 和 ROM 与 CPU 相连。

11. 说明存取周期和存取时间的区别。

12. 什么是存储器的带宽？若存储器的数据总线宽度为 32 位，存取周期为 200ns，则存储器的带宽是多少？

13. 某机器的字长为 32 位，其存储容量是 64KB，按字方式编址其寻址范围是多少？若主存以字节方式编址，试画出主存字地址和字节地址的分配情况。

14. 什么是堆栈？堆栈的功能是什么？

15. 假设 8086/8088 CPU 堆栈的栈底地址为 FFFF0H，如果连续执行 PUSH AX 和 PUSH BX 指令之后，请问栈顶的物理地址是多少？分别存储在哪几个寄存器中？如果再执行 POP BX 指令之后，请计算栈顶的物理地址是多少？

16. 假设有下列汇编语言程序：

```
        DATA SEGMENT
        A  DB 80,65,75,90,35,78,60,78,89,95
        B  DW ?
        C  DW 1234H, 5678H
        D  DB '1', '2', '3', '4'
        E  DW '12', '34', '56'
        DATA ENDS
```

　假设计算机编译后，从 30000H 处开始存储数据，请根据数据段定义画出存储器的内存分配情况。要求：

　① 标出每个存储单元的存储器地址；

　② 将数据标注在存储器中。

17. 编写汇编语言程序求下列数 12,45,125,−34,0,23,56,−123,22 中的最大值。数据为有符号整数。

18. 编写汇编语言程序，将例 17 中的数按照从大到小的顺序排列。

19*. Cache 解决了什么问题？

20*. Cache 能够有效的前提假设是什么？这些假设对我们的编程有什么提示？

21*. Cache 需要解决哪几个问题？分别是什么？

第6章 微机接口技术之并行接口

【学习目标】 了解并行通信的基本概念，掌握利用 8255A 实现并行系统的软硬件技术。

【知识点】 （1）并行的概念；（2）键盘输入；（3）显示输出；（4）I/O 编址的方式；（5）键盘消抖；（6）8255A 的机制；（7）接口查询机制。

【重点】 利用 8255A 实现并行系统的软硬件技术。

冯·诺依曼在设计计算机之初，即想到了人需要与计算机打交道，也就是说，人与计算机之间需要有接口。一直到乔布斯发明的 APPLE II 之后，接口设备才被人们所接受，即今天我们常见的显示器、键盘等设备。而随着技术的进步，到目前为止，接口设备出现了很多种形态，如鼠标、打印机、照相机、手机……。

也就是说，接口设备有很多，与 CPU 接口的方式也因为设备的不同而不同，即接口技术因设备不同而不同。所以，在讨论接口技术时，会出现很多的不同形态。为了使读者能够容易理解，本书第 6～8 章只集中讲解其中的几部分内容：（1）并行通信接口方式；（2）串行通信接口方式；（3）独立编址和统一编址的接口方式；（4）查询和中断的接口控制方式。

本章将以较简单的键盘接口讲解计算机的输入原理；以 LED 数码管显示讲解计算机的输出原理，然后将 8086/8088 CPU 以最小工作模式设计成为一个既有存储器，又有输入、输出接口的较完整的小型计算机硬件系统。

6.1 键盘和 CPU 的接口技术

键盘是我们非常熟悉的计算机输入设备，通过按键的敲击，可以进行文字编辑、图形制作、游戏操控等。但是对键盘的工作原理了解的人就不一定很多了。

键盘的工作原理一般分为两种：机械式和电容式。早期的键盘一般采用机械式原理，机械键盘采用金属弹簧作为弹性材料，当键盘被按下时，金属触点导通，弹起时触点断开，计算机通过触点的导通和断开获得键盘的状态信息。但这种键盘使用时间一长故障率升高，现在已基本被淘汰，取而代之的是电容式键盘。它是基于电容式开关的键盘，原理是通过按键改变电极间的距离产生电容量的变化，暂时形成震荡脉冲允许通过的条件。随着技术的进步键盘技术也得到了较快的发展，如触摸式键盘、红外键盘等。

本书的注意力并不在于键盘的实现技术，而在与键盘与 CPU 的接口，所以我们用最简单的机械式键盘来讲解。为了叙述方便，用图 6.1 所示的原理图来表示每个按键。

图 6.1　键盘与按键表示

6.1.1 简单的键盘接口

键盘要实现与 CPU 的接口，显然要通过总线，而挂在总线上的设备必须具备以下两个特

性：（1）可以独自占用总线；（2）可以释放总线（与
总线断开）。所以挂接在总线上的设备必须具备有三
态：高电平、低电平、高阻状态，而键盘是一个开
关，无论实现技术是什么，只有两态，所以键盘不
能够直接挂接在总线上，必须通过一个三态缓冲器
才能和总线连接。根据我们已有的知识可知，Intel
8286 是一个双向的缓冲器，因此键盘可以利用 8286
与总线相连。8286 有 8 个输入端、8 个输出端，直
观上可以实现 8 个按键的键盘，如图 6.2 所示。

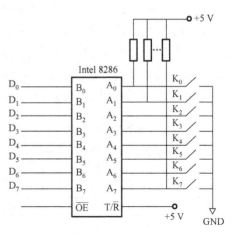

图 6.2　键盘接口 I

　　由图 6.2 可知，$K_0 \sim K_7$ 组成 8 个按键，分别连
接在缓冲器 8286 的 $A_0 \sim A_7$ 端，$T/\overline{R}$ 端直接接在高
电平上，明确了 8286 的数据传输方向只能从 A 端
往 B 端传送，相反方向被禁止。8286 的输出端 $B_0 \sim$
B_7 直接连接在数据总线的 $D_0 \sim D_7$ 端，即连接在数据总线上。根据 8286 的真值表可知，当 $\overline{OE}$
端为低电平时，8286 被使能，数据从 A 端反映到 B 端，出现在数据总线上；当 $\overline{OE}$ 端为高电
平时，则 8286 被禁止，B 端输出为高阻状态，即相当于和总线之间断开，所以 8286 符合与
总线连接的基本要求。

　　$K_0 \sim K_7$ 键盘开关的一端接到数据地上，另外一端连接到 8286 的 $A_0 \sim A_7$ 端，同时这一端
通过一个电阻连接到+5V 上。当 K 断开时，+5V 通过电阻将 A 端电平拉高，成为高电平；当
K 被按下时，A 端通过 K 与地连接，A 端被拉为低电平。这里之所以要将每一个开关的另一
端通过电阻拉高，是因为在 K_i 断开时，A 端的电平不确定，容易引起混淆。如此一来，当 $A_0 \sim$
A_7 没有按键被按下，则 8286 导通后，出现在数据总线上的数据为 FFH；当 K_0 被按下，则 8286
导通时，出现在数据总线上的数据为 FEH；当 K_1 被按下，则 8286 导通时，出现在数据总线
上的数据为 FDH……以此类推，则每一个按键被按下时，对应总线上会有唯一一个数据与该
键对应，称之为**键值**，如表 6.1 所示。

　　现在存在一个问题，即可能有 2 个以上的键盘同时被按下，就会出现 FCH 的键值（实际
上是 K_0 和 K_1 同时被按下），如果你的程序需要，那么你可以继续扩充你的键值表，来实现你
所设定的功能。我们现在假设没有 2 个以上的键同时被按下的可能。

　　通过上面的分析我们知道，只要控制 8286 的 $\overline{OE}$ 端，即可以实现对键值的读操作。那么
如何控制 $\overline{OE}$ 端？

　　根据我们的知识，显然可以利用地址对 8286 进行地址编码，同时可以通过 CPU 的读指
令将 8286 的数据读到 CPU 内部。但这就出现了一个问题，如何对 8286 进行读写？采用何种
指令？

　　对此有以下两种解决方案。

　　（1）采用与存储器一样的读指令，与存储器一起编址。例如：MOV AL，[8000H]。我们
称之为**存储器映像编址**（存储器统一编址）。换句话讲，存储器和 I/O 设备统一编址，不区分
存储器和 I/O 设备，采用相同的汇编语言指令。优点是不需要增加存储器指令即可实现；缺点
是要占用存储器的空间。也就是说，这种方法要分割出一部分存储空间用作 I/O 地址，因此存
储器的空间被压缩了。

在 CPU 的构成及工作原理一章中我们列举 8086/8088 CPU 的例子，将其内部分为了逻辑地址和物理地址，逻辑地址通过一个移位和加法运算才形成物理地址，之所以这么复杂，是要扩展存储器空间到 1M 字。如果采用存储器映像编址的方法，这 1M 字空间并不能全部为存储器空间，需要拿出一部分给 I/O 设备，到底拿出多少，现在还不得而知，假设拿出 384K 字空间，则存储器空间剩下 640K 字，如图 6.3 所示。

表 6.1　键值对应表

键值	按键编号
FEH	K_0
FDH	K_1
FBH	K_2
F7H	K_3
EFH	K_4
DFH	K_5
BFH	K_6
7FH	K_7

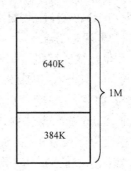

图 6.3　假设的存储器与 I/O 地址分配

这种方法原理上是行得通的，但设计者常常不愿意这么做，原因是和最初的扩大存储器空间的想法不一致。但有的 CPU 也采用此种方法。

（2）**独立编址**。给存储器的 1M 字空间完全保留，另外再拿出 1M 字空间给 I/O 设备，两者之间各自独立，相互之间没有影响。很显然这种思路是可取的，但问题是如何实现两个 1M 字的空间呢？从硬件技术讲，只要在 CPU 增加一个引脚，当读/写存储器时，该引脚为"1"；当读/写 I/O 设备时，该引脚为"0"。但这就要求读写存储器的指令和读写 I/O 设备的指令不一样，因为要产生不同的读写时序。

所以两种方法各有优缺点。8086/8088 CPU 选择了独立编址的方式。因此，8086/8088 CPU 引脚中存在一个 M/$\overline{\text{IO}}$ 引脚，该引脚的作用即是实现独立编址。当 M/$\overline{\text{IO}}$ =1 时，是对存储器进行读写操作；当 M/$\overline{\text{IO}}$ =0 时，是对 I/O 设备进行读写操作。为了配合 M/$\overline{\text{IO}}$ 引脚，8086/8088 增加了两个汇编语言指令：IN 和 OUT，其使用规则如表 6.2 所示。

表 6.2　I/O 设备操作指令

指令	功能说明	使用方式
IN	从 I/O 设备读信息	IN　AL，DX
OUT	往 I/O 设备写信息	OUT　DX，AL

经过分析发现 I/O 设备用不了 1M 字地址空间，因此 8086/8088 系统为 I/O 设备留的地址空间为 640K 字空间，即使用了 20 位地址中的低 16 位作为 I/O 设备的地址空间。而 16 位二进制数使用一个寄存器就可以保存，也就不需要进行移位和加法运算了。所以，在硬件电路设计时只需要考虑 $A_0 \sim A_{15}$ 即可。

假设键盘接口的地址为 8000H，我们习惯称之为 I/O 端口（虽然是 I/O 地址，但为了与存储器地址区分开，所以称为端口），则要求 A_{15} 为"1"，其余地址都为"0"，则译码电路采用数字逻辑的方式如图 6.4 所示。

当 A_{15} 为"1"，$A_{14} \sim A_0$ 为"0"，$\overline{\text{RD}}$ 为低电平，M/$\overline{\text{IO}}$ 为低电平时，"或"门输出为低电

平，选中 8286 芯片，8286 将 A 端的信息传送到 B 端，出现在数据总线上，CPU 通过数据总线获得键盘信息。

CPU 采用的指令为：IN　AL，DX。而 DX 中数据为 8000H。完整的程序应为：

```
MOV DX, 8000H
IN  AL, DX
```

细心的读者会发现存在一个问题：IN　AL，DX 为一条指令，执行时间为一个指令周期，而一个指令周期的时间非常短，也就是说，如何保证在执行 IN 指令的时候，键盘恰好被按下？IN 指令在程序的什么地方，什么时候执行？用户无法知道，但如果程序像上述程序的编法，那么用户就必须要知道 CPU 何时读 8000H 端口，然后实现操作者和 CPU 指令的配合，这样的配合难度可想而知。

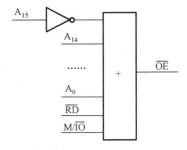

图 6.4　键盘译码电路

所以，对此有两个办法：（1）用户先按下键盘，然后运行程序，使人等待计算机。此方法中如果程序只操作一个键，似乎可行，但如果程序需要操作多个键，则此方法失效。（2）当程序需要接受键盘信息时，设计一个循环程序，使 CPU "等待人"的输入，如果有按键按下，则程序继续执行，如果没有按键按下，则计算机反复读 I/O 端口，直到有按键按下为止。

因此，方法（2）似乎可行，但程序该如何编制呢？请看下面一段程序：

```
LOP: MOV DX, 8000H
     IN  AL, DX
     CMP AL, 0FFH
     JZ  LOP
     ...
```

此段程序中，先读端口的数据，将读到的值和 FFH 相比较，如果相等，则根据前面的讲解可知，没有按键被按下，所以跳到 LOP 处，继续读 I/O 口，一直到从 I/O 口读到的数据不是 FFH，则说明有按键被按下，跳出循环，进行下面的操作。即，如果没有键盘被按下，程序则"死等"。这种方法看上去有点儿浪费 CPU 的时间，但确实是一种键盘控制的方法，我们称之为**查询方法**。很多的 I/O 接口均采用此种方法实现 CPU 和设备之间的信息传递。

查询的方法虽然显得有点儿"笨"，但是是有效的，是否还有更好的办法呢？我们将在中断技术一章再讲解另外一种方法。

6.1.2　矩阵键盘的接口技术

6.1.1 中讲解的键盘连接方式采用的是将每一个按键连接到缓冲器的输入端的方式，这种连接方式的键盘硬件原理简单，编程方便，但是如果按键的个数比较多，就需要多片 8286，电路的复杂性就提高了。

因此，人们发明了矩阵键盘。其原理图如图 6.5 所示。图中 $KEY_0 \sim KEY_3$ 4 根线分别通过电阻接到电源上，即被拉高为高电平。KEY_0 连接到 4 个按键（$K_0 \sim K_3$）的一端，而 $K_0 \sim K_3$

的另一端分别连接到 $KEYSCAN_0 \sim KEYSCAN_3$ 上。如此一来，每一个键分别连接在两根线上，例如：K_0 一端连接在 KEY_0 上，另一端连接在 $KEYSCAN_0$ 上。

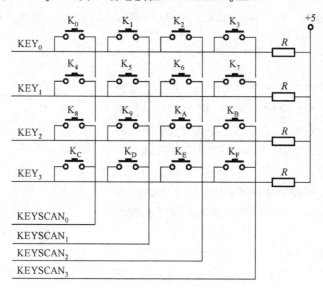

图 6.5　矩阵键盘电路原理图

　　将图中 $KEY_0 \sim KEY_3$ 作为 CPU 的输入线，而将 $KEYSCAN_0 \sim KEYSCAN_3$ 作为 CPU 的输出线。同样是 8 根线，但是连接了 16 个按键，比 6.1.1 中方法的效率提高了一倍。

　　其工作原理是这样的：

　　（1）$KEYSCAN_0 \sim KEYSCAN_3$ 4 根输出线每次输出时仅有一根线为低电平（即"0"），另外的 3 根线均为高电平（即"1"），例如 $KEYSCAN_0$ 为"0"，则 $KEYSCAN_1 \sim KEYSCAN_3$ 为"1"。输出的 4 位二进制数为：1110B。

　　（2）当 $KEYSCAN_0$ 为低电平时，与其相连的 K_0、K_4、K_8、K_C 4 个按键如果没有键被按下，则 $KEY_0 \sim KEY_3$ 输入到 CPU 中均为"1"；如果其中有一个键（例如 K_4）被按下，则与 K_4 相连的 KEY_1 线被拉低为低电平，则 CPU 读 KEY_1 时为"0"，没有被按下的键因为拉高电阻的关系，始终为"1"。则 CPU 读到的 4 位二进制数为：1101B。

　　（3）将输入、输出的两个 4 位二进制数组合为一个 8 位二进制数，则为 1110,1101B（EDH）。则 EDH 为按键 K_4 的编码。其中高 4 位为输出数据，低 4 位为输入数据。

　　（4）以此类推，则 K_8 的编码为：1110,1011B（EBH）；K_1 的编码为 1101,1110B（DEH），……16 个按键分别有 16 个编码，程序可以通过编码来判断是哪个键被按下。

　　此例中采用了 4 根输出线和 4 根输入线，则可以连接 4×4=16 个按键，如果输入为 n 根线，输出为 m 根线，则可以支持 $n \times m$ 个按键。

　　对于输入信息，可以采用 8286 作为输入缓冲器，那么输出怎么办呢？虽然 8286 是双向的缓冲器，但在此处使用 8286 作为输出是不合适的。8286 只有缓冲的功能，而没有锁存的功能（即 8286 的输入如果消失，则输出随即消失）。而矩阵键盘的软件编程显然既存在输入，又存在输出，而 CPU 同一个时间不可能既作为输入，又作为输出，只能是分时操作：先输出，后输入；或者先输入，后输出。按照矩阵键盘的工作原理，显然需要先输出，当输出结束后，8286 必须释放总线，否则总线将被钳位，总线的功能丧失。而 8286 一旦释放总线，其输出随即消失，则 $KEYSCAN_0 \sim KEYSCAN_3$ 的状态不定，已有的设计原理失效。因此，必须选择一个即使总线释放，但之前输出的信息仍保持不变的芯片作为输出方可，根据前面的知识，我们知道 Intel 8282 具备这样的功能。

所以，我们选择 8286 作为输入接口芯片，采用 8282 作为输出接口芯片。其具体连接如图 6.6 所示。

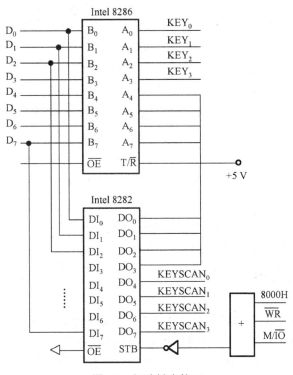

图 6.6　矩阵键盘接口

我们将 $KEY_0 \sim KEY_3$ 接到了 8286 的低 4 位；将 $KEYSCAN_0 \sim KEYSCAN_3$ 接到了 8282 的高 4 位。8286 的 $\overline{OE}$ 端采用如图 6.4 所示的相同的译码方式，而 8282 的 STB 端需要的是 CPU 的写信号，所以，我们连接了 $\overline{WR}$ 和 $M/\overline{IO}$ 信号，而端口地址仍然采用 8000H 地址。那么 8282 和 8286 两片芯片都采用同一个端口地址，会不会引起冲突呢？请读者自己分析一下。

由图可见，当往 8000H 端口写入数据时，8282 被选中，同时 $KEYSCAN_0 \sim KEYSCAN_3$ 的信息被锁存在 8282 的输出端，即矩阵键盘的列线有其自有的电平（只能有一个为低电平）。此时再读入 8000H 端口的信息，选中 8286 芯片，将 $KEY_0 \sim KEY_3$ 的信息通过总线读入到 CPU 内部。输出的信息是 CPU 输出的，CPU 能够记录输出的信息，将输出的信息和输入的信息合成为一个标准的键盘信息，即能够判断哪个按键被按下。

按照硬件电路图的连接方式，可以编写如下程序。

```
DATA SEGMENT
    PORT EQU 8000H
    X DB 11100000B, 11010000B, 10110000B, 01110000B
    KEY DB ?
DATA ENDS
CODE SEGMENT
    ASSUME CS: CODE, DS: DATA
START:
```

```
                MOV   AX, DATA
                MOV   DS, AX
                MOV   DX, PORT        ; 将 I/O 端口的地址送到 DX 寄存器
        TEMP:   MOV   SI, OFFSET X    ; 将变量 X 的偏移地址移动到 SI 寄存器中
        LOP1:   MOV   AL, [SI]
                OUT   DX, AL          ; 输出到 8282 锁存器，使 D4~D7 中只有一个为低电平
                NOP                   ; CPU 的空操作指令，作延迟用
                NOP
                IN    AL, DX          ; 读入 8286 端口信息
                MOV   BL, AL
                CMP   AL, FFH         ; 和 FFH 比较
                JNZ   LOP             ; 如果≠0，则有按键被按下
                INC   SI              ; 如果=0，则选择下一行输出
                CMP   SI, 4
                JZ    TEMP
                JMP   LOP1
        LOP:    AND   BL, 0FH         ; 屏蔽高 8 位信息
                MOV   AL, [SI]
                OR    AL, BL          ; 将输出信息与输入信息合并，成为一个字节的编码
                MOV   KEY, AL         ; 将编码信息保存到存储单元中
                MOV   AX, 4C00H
                INT   21H
        CODE ENDS
        END START
```

从矩阵键盘的原理分析中可以看出，CPU 对 I/O 端口的读/写操作和对存储器的读/写操作基本相同。只不过针对不同的 CPU 可能会区分采用同样的汇编语言指令还是采用不同的汇编语言指令。采用相同的汇编语言指令意味着 I/O 端口要占用存储器的空间；使用不同的汇编语言指令意味着存储器的空间和 I/O 端口的空间各自独立。

通过前面讲述的两种键盘的接口技术，我们就可以发现外围接口电路原理的不同，意味着与 CPU 的硬件连接技术不一致，同时也意味着软件的不同。在矩阵键盘接口中，实际上存在一个扫描的过程，即一个时间扫描一组按键，将该组按键的一端设为低电平，看是否有按键被按下，然后再扫描第二组按键……，当全部组别被扫描完成一遍后，再重复上述扫描过程，一直到检测到某一个按键被按下为止。

而 CPU 如何知道是否有按键被按下呢？在设计键盘接口电路时，我们就要考虑当没有按键被按下时，CPU 将从端口读到一个不变的数（如 FFH），但当任意一个键被按下时，从端口读入的值将会发生变化（如 7EH，与 FFH 不相同），意味着有按键被按下。那么 7EH 代表的是哪一个键呢？由我们前面的分析可知：$K_0 \sim K_F$ 分别对应着 16 个不同的键值，而键值是 CPU 从 I/O 端口读到的数据，很显然 $K_0 \sim K_F$ 与键值之间存在一个对应表，而 $K_0 \sim K_F$ 分别代表什么键，同样可以与键值对应起来，如表 6.3 所示。

表 6.3　键值对应的按键

按键编码	键值（二进制）	键值（十六进制）	键对应的符号
K_0	1110，1110B	EEH	0
K_1	1101，1110B	DEH	1
K_2	1011，1110B	BEH	2

按键编码	键值（二进制）	键值（十六进制）	键对应的符号
K_3	0111，1110B	7EH	3
K_4	1110，1101B	EDH	4
K_5	1101，1101B	DDH	5
K_6	1011，1101B	BDH	6
K_7	0111，1101B	7DH	7
K_8	1110，1011B	EBH	8
K_9	1101，1011B	DBH	9
K_A	1011，1011B	BBH	*
K_B	0111，0111B	7BH	#
K_C	1110，0111B	E7H	.
K_D	1101，0111B	D7H	空格
K_E	1011，0111B	B7H	确认
K_F	0111，0111B	77H	取消

表中所设计的按键对应的符号是我们任意设定的，基本是按照银行系统终端密码键盘的需要而设定的，当然你也可以根据需要自行设定。

有了这样一张表格，你就可以设计你自己的应用程序了。以银行的密码输入为例，一般国内银行的密码为 6 位数字，通过数字键盘输入。你可以设定一个存储区，该存储区可以存储 6 个字节的数字（用 DB 定义）。设计一个汇编语言程序，等待键盘的输入。因为密码必须为 6 位，多 1 位或少 1 位都属于不合法的密码，要予以清除。当 6 位密码输入完成后，需要按"确认"键来确认密码输入完成。此时你的缓冲区中已经有了 6 个键值，通过表格对应算法，将键值对应转换为 ASCII 码，形成一个字符串。通过字符串比较算法和系统中原有的密码进行逐个比对，如果正确程序会返回一个正确的信息，如果错误程序将返回一个错误信息。银行系统即可以通过这个信息进行后续的操作。

上面所说的键值实际上就是给键盘的一个编码，例如：K_1（或者说"1"键）的编码为 DEH。每一个按键对应唯一一一个编码，则按键可以正常工作。本例中的编码是根据电路的设计得到的，如果我们将 $KEYSCAN_n$ 和 KEY_n 的连接方式调换一下，将 KEY_n 作为扫描输出，将 $KEYSCAN_n$ 作为输入，则对应的键值是不一样的。也就是说，键值的编码种类可以有很多种，但这种编码方式只适合于与自己产品配套的场合，但它并不普遍，即不是一种国际通行的标准。现在计算机键盘是用两个字节表示键值（称为键盘扫描码），其中低 8 位为 ASCII 码，而高 8 位为扫描码。

6.1.3*　键盘消抖技术

通常的按键所用开关为机械弹性开关，当机械触点断开、闭合时，由于机械触点的弹性作用，一个按键开关在闭合时不会马上稳定地接通，在断开时也不会一下子断开。因而在闭合及断开的瞬间均伴随有一连串的抖动，为了避免产生这种现象而采取的措施就是**按键消抖**。

在设计键盘的过程中，有一个假设一直指导着我们的思想：按键的被按下和弹起是一种理想的情况，即如图 6.7(a)所示，但实际上，在物理界这种理想的状态很难达到，实际的情况和理想的状态之间有比较大的差距，如图 6.7(b)所示。

物理界的实际情况是按键被按下和弹起的过程中都分别有一段抖动时间，在这段抖动时间内，按键的状态是不确定的，如果在抖动时间内 CPU 采集按键的状态，则可能会得到错误的结果，因此必须想办法消除抖动所带来的影响。

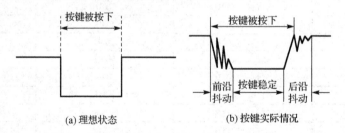

图 6.7　按键的形态

抖动时间的长短由按键的机械特性决定，一般为几ms～几十ms。这是一个很重要的时间参数，在很多场合都要用到。

按键稳定闭合时间的长短则是由操作人员的按键动作决定的，一般为零点几秒至数秒。按键抖动会引起一次按键被误读多次。为确保 CPU 对按键的一次闭合仅作一次处理，必须消除按键抖动。在按键闭合稳定时读取按键的状态，并且必须判别到按键释放稳定后再作处理。

消抖是为了避免在按键按下或是抬起时电平剧烈抖动带来的影响。按键的消抖，可用硬件或软件两种方法。

（1）硬件消抖

在键数较少时可用硬件方法消除键抖动。图 6.8 所示为 RS 触发器的硬件消抖方式，较常用。

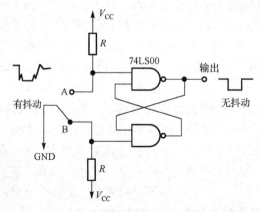

图 6.8　按键硬件消抖方式

图中两个"与非"门构成一个 RS 触发器。当按键未被按下时，输出为 0；当按键被按下时，输出为 1。此时是使用按键的机械性能，使按键因弹性抖动而产生瞬时断开（抖动跳开 B），只要按键不返回原始状态 A，双稳态电路的状态不改变，输出保持为 0，就不会产生抖动的波形。也就是说，即使 B 点的电压波形是抖动的，但经双稳态电路之后，其输出也为规范的矩形波。这一点通过分析 RS 触发器的工作过程很容易得到验证。

（2）软件消抖

如果按键较多，则常用软件方法消抖，即检测出按键闭合后执行一个延时程序（5ms～10ms 的延时），让前沿抖动消失后再检测按键的状态，如果仍保持闭合状态电平，则确认为真正有按键被按下。当检测到按键释放后，也要执行几 ms～几十 ms 的延时，待后沿抖动消失后才能转入该按键的处理程序。

　　一般来说，软件消抖的方法是不断检测按键值，直到按键值稳定。实现方法中假设未按键时输入 1，按键后输入为 0，抖动时不定。可以做以下检测：检测到按键输入为 0 之后，延时 5ms～10ms，再次检测，如果按键还为 0，那么就认为有按键输入。延时的 5ms～10ms 恰好避开了抖动期。

　　在工程设计中，我们常常面临一些工程问题，即所面对的问题是非理想状态的，而许多的理论是在理想状态（或接近理想状态）下获得的，所以在将理论应用到实际应用中时，需要将现实状态进行处理，使其接近理想状态，才能应用理论知识。所以，在学习理论的时候，我们一定要特别注意理论的前提条件。

6.2　LED 与 CPU 的接口技术

6.2.1　LED 简介

　　（1）发光二极管（Light-Emitting Diode，简称 LED）

　　发光二极管（LED）是一种能发光的半导体电子元件。这种电子元件早在 1962 年出现，早期只能发出低强度的红光，之后发展出了其他单色光的版本，时至今日能发出的光已遍及可见光、红外线及紫外线，光强度也提高了。而用途也由初时作为指示灯、显示板等到被广泛应用于显示器、电视机、采光、装饰和照明。

　　LED 具有单向导通性，即只能往一个方向导通（通电），称为正向偏置（正向偏压），当电流流过时，电子与空穴在其内部复合而发出单色光，这称为电致发光效应，而光线的波长、颜色跟其所采用的半导体材料种类与掺入的元素杂质有关。所以，LED 是有正负极性的。图中引脚长的为正极，短的为负极。在原理图中一般以图 6.9 所示的方式表示 LED。

　　如果将 LED 的正极接到 +5V 上，而负极接到地上，原则上讲 LED 将会发光。但因为二极管的正向导通电阻接近为零，根据欧姆定律，通过 LED 的电流会相当大，导致二极管会被较大电流损坏。所以在连接时，需要设计一个限流电阻，电阻的大小要看 LED 发光需要的电流的大小，例如：早期的 LED 发光二极管需要 5mA 左右的电流，则电阻为：$R = 5V / 5mA = 1 \times 10^3 \Omega = 1k\Omega$（这里忽略了二极管的正向压降）。电路图如图 6.10 所示。

图 6.9　LED 外观及电路图符号　　　　　　　　图 6.10　LED 导通电路图

　　图 6.10 的电路连接方式中，LED 一旦上电始终是亮的，没有灭的过程，一般的电源指示灯常常采用此种方式。从图中我们也可以想象得到，如果我们将 LED 的正极连接到 CPU 的端口输出，则可以通过控制端口的输出为"1"来点亮 LED，通过输出为"0"来关闭 LED。同样也可以将 LED 的负端连接到 CPU 的端口输出，当端口输出端为"1"时，LED 两端的电压均为高电平，LED 灭，当端口输出为"0"时，LED 亮。所以我们应该有两种设计方式来控制 LED 的亮和灭。我们将在 6.2.2 中具体讲解电路的设计方式。

（2）LED 数码管（LED Segment Displays）

LED 数码管实际上是由 7 个发光管组成 8 字形构成的，如图 6.11 所示，加上小数点就是 8 个发光二极管。这些段分别由字母 a、b、c、d、e、f、g、dp 来表示，其中 dp 为小数点。当数码管特定的段加上电压后，这些特定的段就会发亮，以形成我们眼睛看到的数字。例如：如果 a、b、c、d、g 亮，其他的 LED 灭，则我们看到的是一个数字"3"。

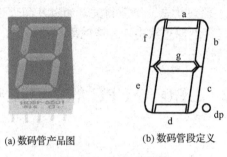

(a) 数码管产品图　　　　　(b) 数码管段定义

图 6.11　LED 数码管

LED 数码管的应用场合很多，如电梯的楼层指示；交通红绿灯定时显示；工业仪表的数码显示；冰箱、空调的温度显示等。虽然 LED 数码管只能显示数字信息，不能显示文字和图形等信息，但也可以作为计算机的一个较简单、较有效的输出设备，所以本书将 LED 数码管作为输出设备来讲解。

LED 数码管由多个发光二极管封装在一起组成"8"字型的器件，引线已在内部连接完成，只需引出它们的各个笔划的电极即可。LED 数码管常用段数一般为 7 段；有的另加一个小数点，成为 8 段数码管。

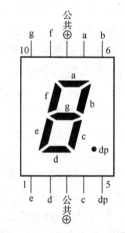

图 6.12　共阳极 LED 引脚图

LED 数码管根据 LED 的接法不同分为共阴极和共阳极两类。所谓共阴极，是将 7 段（或者 8 段）LED 的负端连接在一起，形成公共端引出 LED 数码管，要求公共端接低电平，而另外 7 个端口接 CPU 的控制端。所谓的共阳极，是将 7 段（或者 8 段）LED 的正端连接在一起，形成公共端引出 LED 数码管，要求公共端接高电平，而另外 7 个端口接 CPU 的控制端。了解 LED 的这些特性，对编程是很重要的，因为不同类型的数码管，除了它们的硬件电路有差异外，编程方法也是不同的。图 6.12 所示为共阳极 LED 数码管的引脚图。

6.2.2　LED 与 CPU 的接口

现在利用我们已有的知识进行几个设计实例。在设计的过程中，请读者注意硬件电路的连接方式、软件的实现方式、硬软件的配合。

【例 6.1】　在端口 7500H 设计 8 个可控的 LED 指示灯，要求：（1）每个 LED 可以独立点亮；（2）8 个 LED 同时点亮；（3）8 个 LED 等循环闪亮，即第 1 个 LED 亮，其他 7 个熄灭；延迟 60ms 后，第 2 个 LED 亮，其余熄灭；延迟 60ms 后，第 3 个 LED 亮，其余熄灭；……8 个 LED 点亮一遍以后，整个过程重复进行。

LED 的硬件连接如图 6.13 所示。图中每个 LED 的正端连接在一起共同接到+5V 上，而负端通过一个限流电阻分别连接到 Intel 8282 的 $DO_0 \sim DO_7$ 引脚。而 8282 的 $B_0 \sim B_7$ 和数据总线 $DI_0 \sim DI_7$ 相接。$\overline{OE}$ 端接到 GND 上，要求 8282 是始终导通的。STB 端连接一个译码电路，因为题目指定是 7500H，则通过转换为二进制数后知道，A_{14}、A_{13}、A_{12}、A_{10}、A_8 为 "1"，其余各个地址线均为 "0"，将 A_{14}、A_{13}、A_{12}、A_{10}、A_8 分别连接一个反相器，与其他地址一起连接到 "或" 门。同时将 $\overline{WR}$ 和 $M/\overline{IO}$ 也连接到 "或" 门。当 CPU 输出指令：OUT DX，AL 时（其中(DX)=7500H），"或" 门输出为低电平，通过反相器连接到 STB，则 CPU 将 AL 中的数据信息锁存到 8282 中。如果(AL)=01111111B=7FH，则 DO_7 为低电平，其他引脚均为高电平。只有和 DO_7 相连的 LED 导通发光，其他的 LED 处于熄灭的状态。

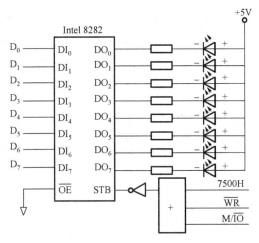

图 6.13　例 6.1 LED 硬件电路图

（1）我们只需要控制 AL 中的数据，保持其中只有 1 位为 "0"，其他位均为 "1"，则可以实现每个 LED 单独亮的功能。

（2）使(AL)=00H，使用 OUT　DX，AL 指令(其中(DX)=7500H)，则 8 个 LED 同时点亮。

（3）实现循环点亮，需要我们设计一个算法，程序如下：

```
        MOV  AL, 11111110B    ; 为 AL 赋初值，初值为最低位为 "0"，其他均为 "1"
        STC                   ; 置进位位（CF）为 "1"
LOP:
        MOV  DX, 7500H        ; 设定 I/O 端口地址，存储在 DX 中
        OUT  DX, AL           ; 将 AL 的数据发送到 I/O 端口中，此时 DO0 的 LED 将点亮
        RCL  AL, 1            ; 带进位的循环左移，将进位位移到 D0
        Delay（60）           ; 此处不是一个指令，而只是一个说明，实际上应该有一个
                             ; 延迟程序的调用过程，但为了理解方便，我们假设
                             ; Delay（60）即是一个延迟程序
        JMP  LOP
```

这段程序中用到了 RCL 指令，需要说明一下。RCL 为带进位循环左移指令，其功能如图 6.14 所示。该指令可以对字节操作，也可以对字操作。操作数可以是寄存器，亦可以是

存储单元；如果每次只移动 1 位，则可以在指令中直接给出；如果要移动若干位必须在 CL 中指定移动位数。例如：

```
RCL  BX, 1
RCL  WORD PTR[DI], CL   ; CL 中存放移动位数
```

WORD PTR 是一条强制指令，要求[DI]间接寻址的数据要按字操作，即 16 位二进制数操作

本程序中，选择 AL 寄存器为要移位的寄存器（事先已经赋初值为：11111110B），而且将进位位（CF 位）置 "1"。当没有发生移位之前，D_0 为 "0"，则

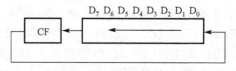

图 6.14　带进位循环左移

DO_0 输出为 "0"，最低位的 LED 灯亮；移位 1 次，则 CF 位（"1"）移到 D_0 位，而原来的 D_0 位移到 D_1 位，原来的 D_1 位移到 D_2 位，……原来的 D_7 位移到 CF 位，则(CF)=1，而 AL 中的数据变为了(AL)=11111101B，将该数延迟 20ms 后发送到 I/O 端口处，此时 $D_1=$ "0"，而其他位为 "1"，所以只有 DO_1 连接的 LED 灯亮，其他灯灭。以此类推，程序不断移位，使得在 AL 中的 "0" 从 D_0 依次移到 D_1、D_2、D_3、D_4、D_5、D_6、D_7，则相应的 LED 等也分别被点亮；当 AL 中的 "0" 被移到 CF 中时，AL 中的所有位均为 "1"，此时所有的 LED 灭，下一个 20ms 后重新从 D_0 开始依次被点亮。

本例中采用了一个移位指令，比较巧妙地实现了 LED 灯循环亮的功能。我们当然也可以采用其他的方法。例如：

```
DATA  SEGMENT
   X DB  11111110B, 11111101B, 11111011B, 11110111B, 11101111B, 11011111B,
          10111111B, 01111111B
DATA  ENDS
```

通过循环查表，将每个数据依次输出到 I/O 端口，然后重复上述过程，也可以实现循环点亮 LED 的功能。读者可以自行比较两个程序之间的差别，体会汇编语言程序设计的技巧。

【例 6.2】 设计具有一位 LED 数码管的系统，可以显示 0、1、2、3、4、5、6、7、8、9 十个数字。要求用共阳极 LED 数码管。

如果前一个例子你已经明白了，那么此例和前一个例子几乎一模一样。只是 LED 数码管在外型上将 LED 做成了条型，而且按照一个特定的规则摆放而已。LED 数码管有 10 个输入引脚，其中有两个为公共端，如果是共阳极则需接在高电平，如果是共阴极则需接在低电平，可以根据你设计的需要选择共阳极还是共阴极。在此我们选择共阳极 LED 数码管，则其电路图如图 6.15 所示。

DO_0～DO_7 分别连接在 LED 数码管的 a、b、c、d、e、f、g、dp 端，两个公共端连接在一起共同接在+5V 上，当 DO_0～DO_7 中的某几个输出为低电平时，相应的 LED 导通，显示 0～9 数字。

因为硬件电路是按照图 6.15 连接的，则 0～9 个数字的显示对应着 DO_0～DO_7 的输出组合，所以这时候需要我们对 DO_0～DO_7 的输出进行编码，即对 CPU 的输出进行编码。编码如表 6.4 所示。

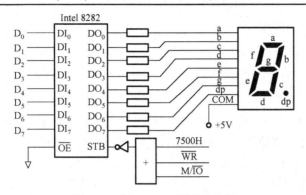

图 6.15　例 6.2 LED 硬件电路图

表 6.4　LED 数字编码表

编号	二进制编码	对应导通 LED	十六进制编码	输出数字
1	11000000B	abcdef	C0H	0
2	11111001B	bc	F9H	1
3	10100100B	abdeg	54H	2
4	11100000H	abcdg	E0H	3
5	10011001B	bcfg	99H	4
6	10010010B	acdfg	92H	5
7	10000010B	acdefg	82H	6
8	11111000B	abc	F8H	7
9	10000000B	abcdefg	80H	8
10	10010000B	abcdfg	90H	9

注意，此处的编码是根据我们设计的硬件电路而制定的，即如果电路的连接方式不一致，其编码是不一样的。根据这样一个编码，就可以形成如下的程序：

```
DATA  SEGMENT
  X  DB C0H, F9H, 54H, E0H, 99H, 92H, 82H, F8H, 80H, 90H
DATA  ENDS
CODE  SEGMENT
      ASSUME CS: CODE, DS: DATA
START:
      MOV AX, DATA
      MOV DS, AX
      MOV BX, OFFSET X
      MOV DX, 7500H
      MOV SI, 0
```

```
            MOV AL, [BX][SI]
            OUT DX, AL
            ......
    CODE  ENDS
            END START
```

改变程序中的 SI 中的值，即可以在 LED 数码管上分别显示 0～9 十个数字信息。

【例 6.3】 设计具有 4 位 LED 数码管的系统，4 个 LED 都分别可以显示 0～9 的数字，CPU 可以分别控制 4 个 LED 数码管。要求最终在 4 个 LED 数码管上显示出"1234"这个数字。

有了前一个例子的基础，本例的基本思路就有了。因为每个 LED 数码管都需要接输出控制，所以我们马上联想到为每个数码管设计一个 8282 锁存器，通过 4 个片选来选定 8282，而每个 LED 数码管的连接方式可以与例 6.2 的连接方式相同，唯一的不同是，每个 8282 的输出端口地址要区分开来，如图 6.16 所示。

图 6.16 中 STB 为 8282 的控制端，需要 I/O 端口号、$\overline{\text{WR}}$ 和 M/$\overline{\text{IO}}$ 信号形成组合逻辑来选通，而且每个 8282 的端口号要区分开。程序在设计时，实际上是将显示的编码分别发送到不同的 I/O 端口来实现不同 LED 数码管的数字显示。

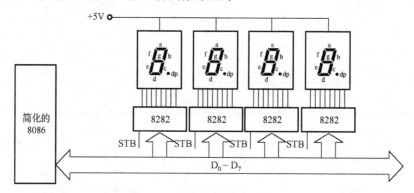

图 6.16　4 位 LED 数码管电路设计

这种设计方式延续了例 6.2 单个 LED 数码管显示的设计思路，很显然是合理的。但是我们发现要用 4 片 8282 和 4 个 I/O 端口地址，如果有更多的 LED 数码管，就需要更多的 8282 芯片和更多的 I/O 端口，如果在资源充足的情况下，这种设计思路是可以接受的。但如果资源不是很充足的情况下该怎么办？例如：电路板的尺寸受到限制；I/O 端口的地址资源有限……

我们能否进行一个设想：将每个 LED 数码管的 a～g、dp 端都连接在一起共同连接在一个 8282 上，这就意味着，通过一个锁存器，一个 I/O 端口对 4 位 LED 数码管进行输出。直觉上 4 位 LED 会同时显示相同的数字，即不能够出现每位 LED 数码管同时显示不同的数字。**但请注意，LED 数码管还有 1 个 COM 端，在上面的设计中是将其直接连到了+5V 上，也就是说 COM 端其实是电源端。**直接将其连接到电源端，则每个 LED 数码管就不可控制。我们能否想一个办法让电源端可控。即由 CPU 发出命令来决定哪一个 LED 数码管通电导通，哪一个数码管断电。这样想有什么意义呢？如果 LED 数码管断电就不亮了，也就无法显示数字信息，这是很显然的道理。

数码管显示的数字是给人眼看的，而人的眼睛有一个特性：视觉印象在人眼中大约可保持 0.1s，即如果在视野范围内物体在小于 0.1s 时间内完全通过，可能不被发现。0.1s 相当于 100ms，对人的眼睛来讲很短的时间，但对于计算机来讲却是很长的一段时间（计算机是以

ns 来计算的），如果在 0.1s 之内，CPU 能够将 4 位 LED 数码管的显示信息完全扫描一遍或多遍，则人眼将会看到什么呢？

　　这就是我们下面设计的基本原理。如果将前一个设计称为：**静态显示设计**的话，显然此设计可以称之为：**动态显示设计**。具体设计电路如图 6.17 所示。

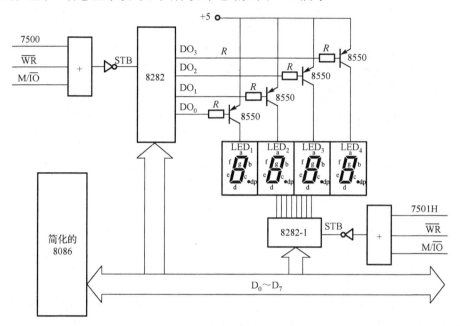

图 6.17　4 位 LED 数码管显示电路设计

　　图 6.17 中，我们将 4 位 LED 数码管的 a～f、dp 端接到 8282-1 的 DO_0～DO_7 端（与例 6.2 中连接方式一致），而 8282-1 的选通端设计的端口地址为 7501H。LED 数码管的 4 个公共端分别通过一个三极管（8550）连接到+5V，8550 的基极通过电阻与另一片 8282 的 DO_0～DO_3 分别相连。当 8282 DO_0～DO_3 的输出均为"0"时，三极管的基极-发射极没有偏置电压，三极管处于截止状态，4 位 LED 数码管均不通电。当 8282 的 DO_0 端输出为"1"，其他端输出为"0"时，则在三极管的基极加上一个正电压，通过电阻限流使得三级管饱和导通，则最左边的 LED_1 数码管通电。如果 8282-1 的输出端有信号，则按照输出编码 LED_1 显示相应数字。（为了叙述方便，我们将 4 位 LED 按照自左向右的顺序定义为：LED_1、LED_2、LED_3、LED_4）。下一个时刻，CPU 输出使得 8282 的 DO_1 端输出为"1"，其他端为"0"，则 LED_2 上的三级管导通。如果此时 8282-1 有输出数据，则 LED_1 按 8282-1 的输出编码显示相应数字……。也就是说，如果希望 4 位 LED 数码管显示相同数字，则 8282-1 输出编码不变即可；如果希望显示不同数字，则在导通三极管之前，需要在 8282-1 输出端输出要显示的数字编码，然后在 0.1s 时间内尽可能多次地按照自左向右的顺序刷新 LED 数码管。

　　相应的程序编写如下。

```
DATA  SEGMENT
  X  DB C0H, F9H, 54H, E0H, 99H, 92H, 82H, F8H, 80H, 90H
  Y  DB 11111110B, 11111101B, 11111011B, 11110111B
DATA  ENDS
CODE  SEGMENT
```

```
            ASSUME CS: CODE, DS: DATA
    START:
            MOV AX, DATA
            MOV DS, AX
            MOV BX, OFFSET X
            MOV DI, OFFSET Y
            MOV SI, 0
    LOP1:
            MOV DX, 7501H
            MOV AL, [BX][SI]
            OUT DX, AL
            MOV DX, 7500H
            MOV AL, [DI]
            OUT DX, AL
            INC    SI
            INC    DI
            CMP SI, 4
            JNZ    LOP1
            MOV DI, OFFSET  Y
            JMP    LOP1
            ……
    CODE  ENDS
            END START
```

从键盘的设计到 LED 电路的设计，我们发现任何一个计算机系统的设计都涉及软件、硬件两个方面。当设计硬件时一定要考虑软件如何实现，硬件设计不同，软件的实现方式也一定不同。只有硬件和软件配合起来，计算机系统才能有效地工作。

【例 6.4】　在十字路口的东西、南北方向各装有红、绿、黄指示灯，设计一个交通灯实时控制系统。要求：（1）东西方向和南北方向通行时间分别为 30s 和 60s；（2）由绿灯变为红灯之前的 3s 内，绿灯灭，黄灯亮；（3）时间由两位 7 段 LED 数码管作倒计时显示。

虽然我们已经有了 LED 输出控制的思路，但解决这样一个题目我们依然会存在困难，其中最困难的部分显然在于 30s 和 60s 的延迟时间如何控制。虽然我们可以利用软件设计一个时间延迟程序，但是因为题目要求用 LED 数码管显示时间的变化，也就是说我们需要一个准确的时间基准，而用软件实现的延迟时间的准确性不好控制。那怎么办呢？我们先将此例子放一放，看看我们还有哪些知识需要学习。

6.3　并行接口芯片 8255A

到目前为止，我们所采用的接口芯片集中于锁存器 8282、缓冲器 8286，这些芯片能够实现 CPU 与外设的并行接口，但是这类芯片一般只有单一功能，要想实现一个比较复杂的接口电路则需要若干个芯片组合来完成，我们称之为**分立元器件**。利用分立器件实现的接口电路一般体积比较大，例如：如果实现 8 位 LED 数码管的静态显示接口电路，则需要 8 片 8282 芯片。为了规避系统过大的问题，我们想了一些办法，例如应用动态显示接口技术，以及矩阵键盘等。能否设计一些功能较强大的通用接口芯片（如专用的并行接口芯片）成为了一个问题。

如果想设计一个通用的并行接口芯片，就需要研究并行接口的特性。很显然，不同的问题、不同的设计思路其接口电路会有很大的不同，如键盘需要输入，LED 需要输出；输入不能锁存，而输出必须锁存；与总线相连的必须是三态门；……如何实现通用性是一个问题。能不能设计一个器件，其相关的功能可以设定，即设计者需要什么功能就可以通过硬件或者软件的方式对该器件的功能进行选择，如果可以实现可设定，显然其应用的范围就会变得较宽。

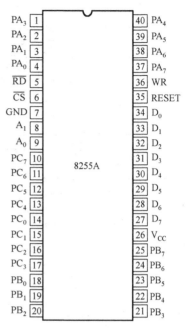

图 6.18　8255A 引脚图

8255A 即是根据上述思路设计的一款并行接口芯片，称之为**可编程外设接口电路**（Programmable Peripheral Interface，简称 PPI）。即 8255A 本身具有多种功能，一个特定的问题可能只需要其中的几项功能，该芯片提供了一种方式，即通过对该芯片进行编程可以选定其功能。8255A 具有 24 个输入/输出引脚，以及可编程的通用并行输入/输出接口电路。它是一片使用单一+5V 电源的 40 脚双列直插式集成电路。8255A 的通用性较强，使用灵活，通过它 CPU 可直接与外设相连接。8255A 的引脚如图 6.18 所示。

6.3.1　8255A 引脚介绍

8255A 芯片共有 3 类引脚，分别介绍如下。

（1）与外设接口相连的引脚

$PA_7 \sim PA_0$（Port A）：A 口输入/输出可选信号线，双向，三态。

$PB_7 \sim PB_0$（Port B）：B 口输入/输出可选信号线，双向，三态。

$PC_7 \sim PC_0$（Port C）：C 口输入/输出可选信号线，双向，三态。

（2）与总线相连的引脚

$D_7 \sim D_0$（Data Bus）：三态、双向数据线，与 CPU 数据总线连接，用来传送数据。

$\overline{CS}$（Chip Select）：片选信号线，低电平有效时，8255A 芯片被选中。

A_1, A_0（Port Address）：地址线，用来选择内部端口。

$\overline{RD}$（Read）：读出信号线，低电平有效时，允许数据读出。

$\overline{WR}$（Write）：写入信号线，低电平有效时，允许数据写入。

RESET（Reset）：复位信号线，高电平有效时，将所有内部寄存器（包括控制寄存器）清"0"到默认状态。

（3）电源引脚

V_{CC}：+5V 电源。

GND：地线。

6.3.2　8255A 内部结构图

在介绍 8255A 的功能之前，先了解一下其内部结构，通过结构图我们可以理解 8255A 是如何实现"可编程的"，如图 6.19 所示。

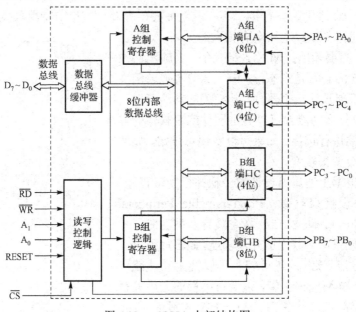

图 6.19　　8255A 内部结构图

（1）与 CPU 的接口电路

与 CPU 的接口电路由数据总线缓冲器和读/写控制逻辑组成。

数据总线缓冲器是一个三态、双向的 8 位寄存器，8 根数据线 $D_7 \sim D_0$ 与系统数据总线连接，构成 CPU 与 8255A 之间进行信息传送的通道，CPU 通过执行输出指令向 8255A 写入控制命令或往外设传送数据，通过执行输入指令读取外设输入的数据。

读/写控制逻辑电路用来接收 CPU 系统总线的读信号 $\overline{RD}$、写信号 $\overline{WR}$、片选择信号 $\overline{CS}$，端口选择信号 A_1, A_0 和复位信号 RESET 用于控制 8255A 内部寄存器的读/写操作和复位操作。

（2）内部控制逻辑电路

内部控制逻辑包括 A 组控制与 B 组控制两部分。A 组控制寄存器用来控制 A 口 $PA_7 \sim PA_0$ 和 C 口的高 4 位 $PC_7 \sim PC_4$；B 组控制寄存器用来控制 B 口 $PB_7 \sim PB_0$ 和 C 口的低 4 位 $PC_3 \sim PC_0$。它们接收 CPU 发送来的控制命令，对 PA，PB，PC 3 个端口的输入/输出方式进行控制。

（3）输入/输出接口电路

8255A 片内有 PA，PB，PC 3 个 8 位并行端口，PA 口和 PB 口分别有 1 个 8 位的数据输出锁存/缓冲器和 1 个 8 位数据输入锁存器，PC 口有 1 个 8 位数据输出锁存/缓冲器和 1 个 8 位数据输入缓冲器，用于存放 CPU 与外部设备交换的数据。

对于 8255A 的 3 个数据端口和 1 个控制端口；数据端口既可以写入数据又可以读出数据；控制端口只能写入命令而不能读出；读/写控制信号（$\overline{RD}$, $\overline{WR}$）和端口选择信号（$\overline{CS}$, A_1 和 A_0）的状态组合可以实现 A，B，C 3 个端口和控制端口的读/写操作。8255A 的端口分配及读/写功能如表 6.5 所示。

8255A 总共有 3 个并行口：PA，PB，PC，而且 A，B，C 口均可以作为输入/输出口，同时 8255A 为了方便控制 A，B，C 口，需要一个控制寄存器，控制寄存器中的数据用来设定 8255A 的各个端口的工作模式（下一节会详细介绍）。因此，如何往 PA，PB，PC 口输出数据；如何从 PA，PB，PC 口读回数据；如何往控制寄存器写数据等成为了问题。从表 6.5 中我们可以看到设计者有了一个很巧妙的手段解决了上述问题，即为 PA，PB，PC 口的输入各设计一个地址；为 PA，PB，

PC 口的输出也各设计了一个地址了，同时配合 $\overline{RD}$，$\overline{WR}$，$\overline{CS}$ 由 CPU 发出的控制信号，很方便地解决了上述问题。所以，我们在使用 8255A 的时候要合理地处理 A_0、A_1 两根地址线。

表 6.5　8255A 的端口分配及读写功能

$\overline{CS}$	$\overline{WR}$	$\overline{RD}$	A_0	A_1	功能
0	0	1	0	0	数据写入 A 口
0	0	1	0	1	数据写入 B 口
0	0	1	1	0	数据写入 C 口
0	0	1	1	1	命令写入控制寄存器
0	1	0	0	0	读出 A 口数据
0	1	0	0	1	读出 B 口数据
0	1	0	1	0	读出 C 口数据
0	1	0	1	1	非法操作

6.3.3　8255A 的工作方式及其初始化编程

8255A 有 3 种工作方式：基本输入/输出方式、单向选通输入/输出方式和双向选通输入/输出方式。（这部分内容涉及中断的内容，而中断还没有讲到，读者可以先越过此部分内容）

1．8255A 的工作方式

（1）方式 0：基本输入/输出方式（Basic Input/Output）。方式 0 是 8255A 的基本输入/输出方式，其特点是：与外设传送数据时，不需要设置专用的联络（应答）信号，可以无条件地直接进行 I/O 传送。

PA, PB, PC 3 个端口都可以工作在方式 0。PA 口和 PB 口工作在方式 0 时，只能设置为以 8 位数据格式输入/输出；PC 口工作在方式 0 时，可以将高 4 位和低 4 位分别设置为数据输入或数据输出方式。

方式 0 常用于与外设无条件进行数据传送或用查询方式进行数据传送。

（2）*方式 1：单向选通输入/输出方式（Strobe Input/Output）。方式 1 是一种带选通信号的单方向输入/输出工作方式，其特点是：与外设传送数据时，需要联络信号进行协调，允许用查询或中断方式传送数据。

PC 口的 PC_0, PC_1 和 PC_2 定义为 B 口工作在方式 1 的联络信号线，PC_3, PC_4 和 PC_5 定义为 PA 口工作方式 1 的联络信号线。

PA 口和 PB 口工作在方式 1，当数据输入时，C 口的引脚信号定义如图 6.20 所示。PC_3, PC_4 和 PC_5 定义为 A 口的联络信号线 $INTR_A$，IBF_A 和 $\overline{STB_A}$，PC_0, PC_1 和 PC_2 定义为 B 口的联络信号线 $INTR_B$，IBF_B 和 $\overline{STB_B}$，剩余的 PC_6 和 PC_7 仍可以作为基本 I/O 线，工作在方式 0。

工作在方式 1 输入联络信号的功能如下：

$\overline{STB}$（Strobe Input）：选通信号，输入，低电平有效。此信号由外设产生输入，当 $\overline{STB}$ 有效时，选通 A 口或 B 口的输入数据锁存器，锁存由外设输入的数据，供 CPU 读取。

IBF（Input Buffer Full）：输入缓冲器满信号，输出，高电平有效。当 A 口或 B 口的输入数据锁存器接收到外设输入的数据时，IBF 变为高电平，作为对外设 $\overline{STB}$ 的响应信号，CPU 读取数据后 IBF 被清除。

INTR：中断请求信号，输出，高电平有效。用于请求以中断方式传送数据。

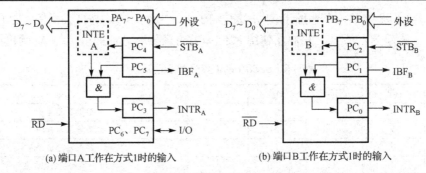

(a) 端口A工作在方式1时的输入　　　　　　(b) 端口B工作在方式1时的输入

图 6.20　当数据输入时，C 口的引脚信号定义

为了能实现用中断方式传送数据，在 8255A 内部设有一个中断允许触发器 INTE，当触发器为"1"时允许中断，为"0"时禁止中断。A 口的触发器由 PC_4 置位或复位，B 口的触发器由 PC_2 置位或复位。

工作在方式 1 时，数据输入的时序如图 6.21 所示。当外设的数据准备就绪后，向 8255A 发送 $\overline{STB}$ 信号以便锁存输入的数据，$\overline{STB}$ 的宽度至少为 500ns，在 $\overline{STB}$ 有效之后的约 300ns，IBF 变为高电平，并一直保持到 $\overline{RD}$ 信号由低电平变为高电平，待 CPU 读取数据后约 300ns 变为低电平，表示一次数据传送结束。INTR 是在中断允许触发器 INTE 为 1，且 IBF 为 1（8255A 接收到数据）的条件下，在 $\overline{STB}$ 后沿（由低变高）之后约 300ns 变为高电平，用以向 CPU 发出中断请求，待 $\overline{RD}$ 变为低电平后约 400ns，INTR 被撤销。

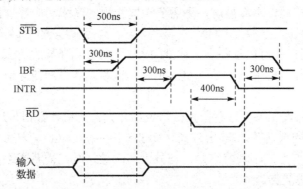

图 6.21　端口 A 和端口 B 工作在方式 1 时数据输入的时序图

A 口和 B 口工作在方式 1，当数据输出时，C 口的引脚信号定义如图 6.22 所示。

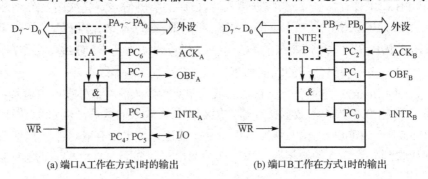

(a) 端口A工作在方式1时的输出　　　　　　(b) 端口B工作在方式1时的输出

图 6.22　当数据输出时，C 口的引脚信号定义

　　PC_3, PC_6 和 PC_7 定义为 A 口联络信号线 $INTR_A$, $\overline{ACK_A}$ 和 $\overline{OBF_A}$, PC_0, PC_1 和 PC_2 定义为 B 口联络信号线 $INTR_B$, $\overline{ACK_B}$ 和 $\overline{OBF_B}$, 剩余的 PC_4 和 PC_5 仍可以作为基本 I/O 线, 工作在方式 0。

　　工作在方式 1 时输出联络信号的功能如下:

　　$\overline{OBF}$ (Output Buffer Full): 输出缓冲器满指示信号, 输出, 低电平有效。$\overline{OBF}$ 信号由 8255A 发送给外设, 当 CPU 将数据写入数据端口时, $\overline{OBF}$ 变为低电平, 用于通知外设读取数据端口中的数据。

　　$\overline{ACK}$ (Acknowledge Input): 应答信号, 输入, 低电平有效。$\overline{ACK}$ 信号由外设发送给 8255A, 作为对 $\overline{OBF}$ 信号的响应信号, 表示输出的数据已经被外设接收, 同时清除 $\overline{OBF}$ 信号。

　　INTR: 中断请求信号, 输出, 高电平有效。用于请求以中断方式传送数据。

　　工作在方式 1 时数据输出的时序如图 6.23 所示。当 CPU 向 8255A 写入数据时, $\overline{WR}$ 信号上升沿后约 650ns, $\overline{OBF}$ 有效, 发送给外设, 作为外设接收数据的选通信号。当外设接收到发送来的数据后, 向 8255A 回送 $\overline{ACK}$ 信号, 作为对 $\overline{OBF}$ 信号的应答。$\overline{ACK}$ 信号有效之后约 350ns, $\overline{OBF}$ 变为无效, 表明一次数据传送结束。INTR 信号在中断允许触发器 INTE 为 1 且 $\overline{ACK}$ 信号无效之后约 350ns 变为高电平。

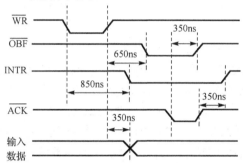

图 6.23　端口 A 和端口 B 工作在方式 1 时数据输出的时序图

　　若用中断方式传送数据时, 通常把 INTR 连到 8259A 的请求输入端 IR_i。

　　(3) 方式 2: 双向选通输入/输出方式 (Bi-Directional Bus)。方式 2 为双向选通输入/输出方式, 是方式 1 输入和输出的组合, 即同一端口的信号线既可以输入又可以输出。由于 C 口的 $PC_7 \sim PC_3$ 定义为 A 口工作在方式 2 时的联络信号线, 因此只允许 A 口工作在方式 2, 引脚信号定义如图 6.24 所示。可以看出, $PA_7 \sim PA_0$ 为双向数据端口, 既可以输入数据又可以输出数据。

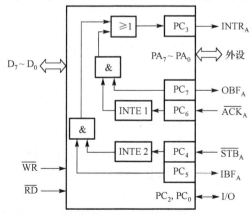

图 6.24　端口 A 工作在方式 2 时引脚信号定义

C 口的 $PC_7 \sim PC_3$ 定义为 A 口的联络信号线，其中 PC_4 和 PC_5 作为数据输入时的联络信号线，PC_4 定义为输入选通信号 $\overline{STB}_A$，PC_5 定义为输入缓冲器满 IBF_A；

PC_6 和 PC_7 作为数据输出时的联络信号线，PC_7 定义为输出缓冲器满 $\overline{OBF}_A$，PC_6 定义为输出应答信号 $\overline{ACK}_A$；PC_3 定义为中断请求信号 $INTR_A$。

需要注意的是：输入和输出共用一个中断请求线 PC_3，但中断允许触发器有两个，即输入中断允许触发器为 INTE 2，由 PC_4 写入设置，输出中断允许触发器为 INTE 1，由 PC_6 写入设置，剩余的 $PC_2 \sim PC_0$ 仍可以作为基本 I/O 线，工作在方式 0。

2. 8255A 初始化编程

8255A 的 PA，PB，PC 3 个端口的工作方式是在初始化编程时，通过向 8255A 的控制端口写入控制字来设定的。

8255A 由编程写入的控制字有两个：**方式控制字**和**置位/复位控制字**。方式控制字用于设置端口 PA，PB，PC 的工作方式和数据传送方向；置位/复位控制字用于设置 PC 口的 $PC_7 \sim PC_0$ 中某一条口线 PC_i（$i=0 \sim 7$）的电平。两个控制字共用一个端口地址，由控制字的最高位作为区分这两个控制字的标志位。

（1）方式控制字的格式

8255A 工作方式控制字的格式如图 6.25 所示。

D_0：设置 $PC_3 \sim PC_0$ 的数据传送方向。$D_0=1$ 为输入；$D_0=0$ 为输出。

D_1：设置 PB 口的数据传送方向。$D_1=1$ 为输入；$D_1=0$ 为输出。

D_2：设置 PB 口的工作方式。$D_2=1$ 时工作在方式 1；$D_2=0$ 时工作在方式 0。

D_3：设置 $PC_7 \sim PC_4$ 的数据传送方向。$D_3=1$ 为输入；$D_3=0$ 为输出。

D_4：设置 PA 口的数据传送方向。$D_4=1$ 为输入；$D_4=0$ 为输出。

$D_6 D_5$：设置 PA 口的工作方式。$D_6 D_5=00$ 时工作在方式 0，$D_6 D_5=01$ 时工作在方式 1，$D_6 D_5=10$ 或 11 时工作在方式 2。

D_7：方式控制字的标志位。恒为 1。

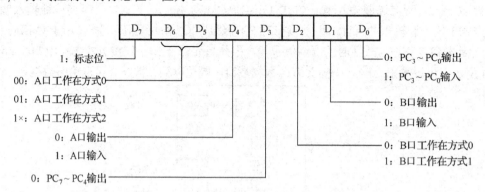

图 6.25　8255A 工作方式控制字的格式

例如，将 8255A 的 PA 口设定为工作方式 0 输入，PB 口设定为工作方式 1 输出，PC 口没有定义，则工作方式控制字为 10010100B。

（2）PC 口置位/复位控制字的格式

8255A PC 口置位/复位控制字的格式如图 6.26 所示。8255A PC 口置位/复位控制字用于设置 PC 口某一位口线 PC_i（i=0～7）输出为高电平（置位）或低电平（复位），对各端口的工作方式没有影响。

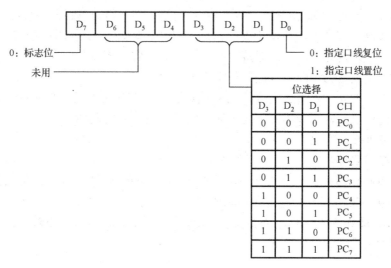

图 6.26　8255A PC 口置位/复位控制字的格式

D_3～D_1：8 种状态组合 000～111 对应表示 PC_0～PC_7。

D_0：用来设定指定口线 PC_i 为高电平还是低电平。当 D_0=1 时，指定口线 PC_i 输出高电平；当 D_0=0 时，指定口线 PC_i 输出低电平。

D_6～D_4 没有定义，状态可以任意，通常设置为 0。D_7 位作为标志位，恒为 0。例如，若把 PC_2 口线输出状态设置为高电平，则置位/复位控制字为 00000101B。

（3）8255A 初始化编程

8255A 的初始化编程比较简单，只需要将工作方式控制字写入控制端口即可。另外，PC 口置位/复位控制字的写入只是对 PC 口指定位输出状态起作用，对 PA 口和 PB 口的工作方式没有影响，因此只有需要在初始化时指定 PC 口某一位的输出电平时，才写入 PC 口置位/复位控制字。

【例 6.5】　设 8255A 的 PA 口工作在方式 0，数据输出，PB 口工作在方式 1，数据输入，编写初始化程序（设 8255A 的端口地址为 FF80H～FF83H）。

初始化程序如下：

```
MOV    DX, 0FF83H          ;控制寄存器端口地址为 FF83H
MOV    AL, 10000110B       ;A 口工作在方式 0,数据输出,B 口工作在方式 1,数据输入
OUT    DX, AL              ;将控制字写入控制端
```

【例 6.6】　将 8255A 的 PC 口中 PC_0 设置为高电平输出，PC_5 设置为低电平输出，编写初始化程序（设 8255A 的端口地址为 FF80H～FF83H）。

初始化程序如下：

```
MOV    DX, 0FF83H          ;控制端口的地址为 FF83H
MOV    AL, 00000001B       ;PC0 设置为高电平输出
OUT    DX, AL              ;将控制字写入控制端口
MOV    AL, 00001010B       ;PC5 设置为低电平输出
OUT    DX, AL              ;将控制字写入控制端口
```

8255A 是一个多功能芯片，在利用 8255A 作为并行接口芯片之前，首先要非常清楚 8255A 的功能、引脚定义及操作方式（本节主要介绍此部分内容）。而在具体应用 8255A 设计电路之前，也要清楚外围设备的功能和操作方式，我们需要做的是将外围设备的功能同 8255A 的功能有效地结合起来，在我们的头脑中要有清晰的硬件、软件接口方式，只有逻辑上、时序上没有问题的情况下，设计才成立。即接口的设计应该做到以下几个步骤：

（1）清楚外围设备的功能、性能和连接方式。

（2）选择合适的接口芯片。要考虑与外围设备的硬件连接方式、软件设计方式；同时要考虑外围设备的性能指标，指标的不同可能带来设计上的巨大差别。

（3）设计硬件接口电路。

（4）设计接口软件。

每一个接口芯片都会有一个完整的说明书（Data Sheet），需要我们仔细阅读。本节关于 8255A 的介绍实际上就是一个经过翻译和整理的芯片说明书，其实并不完备，还有很多内容没有介绍到（如果想详细了解其他功能或性能，请到 www.datasheet.com 下载 8255A 的说明书），但这并不影响我们后续的设计内容。

6.4　键盘和 LED 通过 8255A 与 CPU 接口

本节我们通过一个具体的实例来了解一下利用接口芯片设计接口电路的方法。

【例 6.7】　利用并行接口芯片 8255A 实现一个 4×4 矩阵键盘的输入功能和 4 位 LED 数码管的输出功能的接口系统。要求画出硬件电路图和编制系统运行软件，软件要求实现 $K_1 \sim K_F$ 对应十六进制的数字 0～F，当按下第一个键在 LED_1 上显示相应的数字，当按下第二个键时，在 LED_2 上显示相应的数字，……

（1）设计 4×4 的矩阵键盘。根据 6.1 节的知识，我们知道要实现一个 4×4 的矩阵键盘，需要有 4 个输出端和 4 个输入端。而 8255A 的 PA 口、PB 口如果选择为输入，则 8 个引脚皆为输入；如果选择为输出，则 8 个引脚皆为输出，即只能 8 位设定，而不能 4 位设定。而 PC 口可以选择高 4 位和低 4 位分别设定，所以需要选择 PA 口作为输出（使用 4 位作为键盘扫描），选择 $PC_3 \sim PC_0$ 作为输入。

（2）设计 4 位 LED 显示。同样根据 6.2 节的知识可知，4 位 LED 显示按照动态显示的办法，需要 8 位输出连接 LED 的 a～g，dp 端，另外需要 4 个 LED 的片选端（输出）。所以可以选择 PB 口为输出端，连接 LED 的数据端，选择 $PC_4 \sim PC_7$ 作为 LED 的片选端（输出方式）。

（3）两种外设利用了 8255A 的 PA，PB，PC 口，只浪费了 PA 口的 4 个输出端。同时无论是矩阵键盘，还是 LED 数码管显示，都不需要应答信号，所以可以选择 8255A 的方式 0，即 PA，PB，PC 口均工作在方式 0 即可。

（4）矩阵键盘、LED 数码管的工作原理我们已经清楚了，其与 8255A 的硬件连接方式也清楚了，工作方式也选择好了（初始化的方式确定了），经分析知道一片 8255A 足以实现本例的需求。现在还需要考虑的是如何和 CPU 接口。从 8255A 的说明书中可知，要使用 8255A 需要有 4 个端口地址，因为 CPU 之前没有连接任何其他的外设，所以此时我们可以任意选择端口号。例如：8000H 作为基地址，则 8255A 所需要的 4 个端口号分别为 8000H、8001H、8002H、8003H。如果 CPU 之前已经有连接的外设，则此时的设计需要将已有的外设所占用的端口排除在外，以避免发生数据冲突。

（5）硬件电路图如图 6.27 所示。用一片 8255A 即可以实现键盘和 LED 显示的接口。如果用分立元件，则至少需要 3 片锁存器，一片缓冲器，另外还需要 4 个地址译码电路。所以使用并行接口芯片使得电路变得简单，并且容易实现。

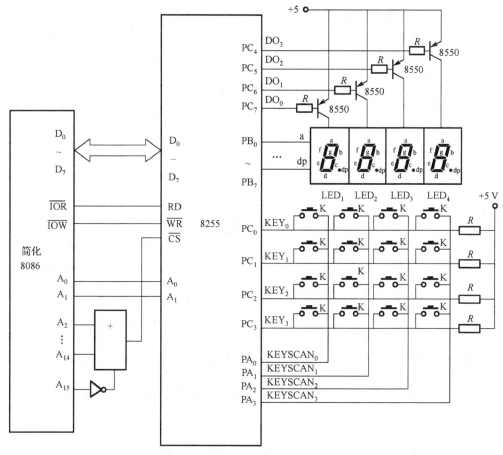

图 6.27　键盘和 LED 接口电路图

（6）软件实现应该包括几个部分：①8255A 的初始化程序。用于完成与硬件电路相对应的设置，即将 PA, PB, PC 口都设置为方式 0，PA 口、PB 口、PC 口的高 4 位设置为输出，PC口的低 4 位设置为输入。②键盘采集程序。包含键盘的扫描过程和获得键盘码。③LED 输出显示程序。包括选择哪一位显示哪个数字信息和 LED 的循环扫描。

上述 3 个部分的程序的功能相对独立，因此我们需要将这 3 个部分有机地结合在一起，形成一个完整的系统程序。为了使程序的结构清晰，计算机语言都提供了函数的调用功能，在 C 语言中称为**函数调用**，在汇编语言中称为**子过程调用**。涉及到过程（函数）调用至少存在两个步骤：过程（函数）的定义；过程（函数）的调用。在过程调用中还涉及一个参数传递的问题，相对比较复杂，在此我们不做过多的说明，为的是将我们的注意力集中在计算机的硬件系统方面，如果读者感兴趣可以参考"8086 汇编语言程序设计"。

根据例题的需求，我们设计如图 6.28 所示的主程序框图。具体的程序分为几个子过程，分别为：主调度程序；8255A 的初始化过程；键盘编码获得过程；键盘码与 LED 编码的对应过程；LED 扫描过程。

```
DATA  SEGMENT
    X   DB   C0H, F9H, 54H, E0H, 99H, 92H, 82H, F8H, 80H, 90H, C8H, 83H,
             C6H, A1H, 86H, 8EH    ; 16 个数字 0～F 的 LED 显示编码
    Y   DB   EEH, DEH, BEH, 7EH, EDH, DDH, BDH, 7DH, EBH, DBH, BBH, 7BH,
             E7H, D7H, B7H, 77H    ; 16 个按键编码
    Z   DB   4 DUP（FFH）          ; 申请 4Bytes 的存储空间，用于存储 LED 编码
DATA  ENDS
CODE  SEGMENT
    ASSUME CS：CODE, DS：DATA, SS：STACK
; --------------------------------------------------------------------
; 主程序，与流程图一致
; --------------------------------------------------------------------
START:
        MOV    AX, DATA
        MOV    DS, AX
RESTA:
        MOV    SI, Z            ; 将 SI 指向 LED 编码的显示首地址
        CALL   INIT8255         ; 调用 8255A 的初始化过程
        MOV    CL, 04H          ; CL 作为 LED 显示的选择寄存器，指向 LED1
NEXT:
        CALL   GETKEY           ; 调用键盘等待程序
        CALL   FINDCODE         ; 通过 GETKEY 的返回值 BL 中的数据，找
                                ; 到对应的 LED 码值
        MOV    DX, 8001H        ; 定位 PB 口地址
        MOV    AL, BL           ; 将 LED 的数字编码保存在 AL 中
        MOV    DX, AL           ; 将编码发送到 LED 的 a～dp 端
        MOV    [SI], AL         ; 将 LED 编码保存在存储器中
        MOV    DX, 8002H        ; 定位 PC 口地址
        MOV    AL, CL           ; 将 CL 暂存在 AL 中
        MOV    DX, AL           ; 选中 LED1～LED4
        INC    SI
        INC    CL
        CMP    CL, 08H          ; 判断是否已经有 4 个 LED 编码
        JZ     RESTA            ; 重新开始
        JNZ    NEXT             ; 没超过 4 个，继续
; --------------------------------------------------------------------
; 8255A 的初始化过程。设置 8255A 的工作方式、各个端口的输出/输入状态，初始化各个
; 端口的状态，保证上电后系统的 LED 处于没有显示的状态
; --------------------------------------------------------------------
INIT8255    PRODUCE NEAR        ;
        MOV    DX, 8003H        ; 定位 8255A 控制寄存器地址
        MOV    AL, 10000001H    ; 设置 A、B、C 口工作在方式 0，A 口输出，B
                                ; 口输出，PC0～PC3 为输入，PC4～PC7 为输出
        OUT    DX, AL           ; 初始化 8255A
        MOV    DX, 8000H        ; 定位 PA 口地址
        MOV    AL, 0FFH         ; 将 PA 口输出置 "1"
```

```
        OUT     DX, AL          ;
        MOV     DX, 8001H       ; 定位 PB 口地址
        MOV     AL, 0FFH        ; 将 PB 口输出置 "1"
        OUT     DX, AL          ;
        MOV     DX, 8002H       ; 定位 PC 口地址
        MOV     AL, 04H         ; 将 PC4 口输出置 "0"
        OUT     DX, AL          ; PC 口的置位与复位与 PA、PB 口不一致
        MOV     AL, 05H         ; 将 PC5 口输出置 "0"
        OUT     DX, AL          ;
        MOV     AL, 06H         ; 将 PC6 口输出置 "0"
        OUT     DX, AL          ;
        MOV     AL, 07H         ; 将 PC7 口输出置 "0"
        OUT     DX, AL          ;
        RET                     ; 过程结束返回
INIT8255 ENDP
; -------------------------------------------------------------------
; 键盘编码获得子过程。本过程扫描键盘，等待按键被按下；如果没有按键被按下，则过程处
; 于等待状态；当有按键按下时，将 PC 口采集的键盘值和扫描的数据组合成为键盘码，保存于
; BL 寄存器中
; -------------------------------------------------------------------
GETKEY PROC NEAR                ; 定义获得键盘值子过程
RESTART:
        MOV     CX, 04H         ; 设置 CX 为计数器
        MOV     DL, 11111110H   ; 置扫描端口 PA 的初值为 PA0 为 "0"
        STC                     ; 置 CF 位为 "1"
CONTINUE:
        CALL    SCAN            ; 调用 LED 扫描程序
        MOV     DX, 8000H       ; 定位 PA 口地址
        MOV     AL, DL          ;
        MOV     DX, AL          ; 扫描第一排按键
        MOV     DX, 8002H       ; 定位 PC 口地址
        IN      AL, DX          ; 读 PC 口数据
        CMP     AL, 0FFH        ; 判断是否有按键被按下
        JNZ     KEY             ; 如果（AL）不为 FFH，则有按键被按下，转
                                ; 到 KEY 标号处执行
        RCL     DL              ; 循环左移 DL 寄存器，扫描其他排按键
        DEC     CX              ; 计数器减 1
        JZ      RESTART         ; 如果（CX）==0，则重新开始全过程
        JMP     CONTINUE        ; 如果（CX）! =0，则不重置 CX，继续扫描
KEY:
        AND     AL, 0FH         ; 清 AL 中的高 4 位为 "0"
        MOV     CL, 4           ; 设置移位位数
        RCL     DL, CL          ; 将 DL 的低 4 位移到高 4 位
        AND     DL, 0F0H        ; 将 DL 的低 4 位清零
        OR      AL, DL          ; 将 AL 的低 4 位与 DL 的高 4 位合并为键值
        MOV     BL, AL          ; 将按键编码置于 BL 中
```

```
                RET                        ; 过程结束返回
                GETKEY    ENDP            ; 将得到的键盘值存储在 BL 中
```

; --
; 根据键值找到对应的 LED 数字显示编码子过程。将获得的键值与数据表中的键值逐
; 一比对，发现相同的键值，记录下该键值在数据表中的位置，利用该位置信息找到
; LED 编码，将编码值保存在 BX 中
; --

```
FINDCODE    PROC NEAR
        MOV AL, BL                 ; 将按键编码值保存在 AL 中
        MOV BX, Y                  ; 将键盘编码表的首地址置于 BX 中
        MOV SI, 0                  ; 将偏移地址置 "0"
CONT:
        MOV CL, [BX][SI]           ; 将地址表中的值读入到 CL 中
        CMP AL, CL                 ; 将获得的键值与表中的键盘编码相比较
        JZ  LEDCODE                ; 如果相同，则找到相同的编码
        INC SI                     ; 如果不同，则将 SI 加 1，继续搜索键值表
        C  MP SI, 15               ; 表格是否搜索完成
        JZ  TOEND                  ; 如果搜索完成，没有找到匹配的键值，则退出
        JMP CONT                   ; 继续搜索
LEDCODE:
        MOV BX, SI                 ; 找到匹配的键值，将位置信息存在 BX 中
        RET                        ; 结束返回
TOEND:
        MOV BX, 0FFFFH             ; 没有找到，出错
        RET                        ; 结束返回
FINDCODE  ENDP
```

; --
; LED 扫描子过程。通过按键可以分别获得 4 个 LED 的数字显示编码，将该 4 个编码
; 依次存放在变量 Z 所在的存储空间中，该空间被初始化为 FFH。如果没有按键被按
; 下，则将 FFH 数据发送到 LED 的 a～dp 端。根据电路的设计，LED 处于不通电状态，
; 即处于 "灭" 的状态。通过控制 PC4～PC7 控制端，分别将 Z 的数据进行显示
; --

```
SCAN    PROC NEAR
    MOV SI, Z                      ; 将 SI 指向 Z 所在的首地址
    MOV CX, 4                      ; 将 CX 设为计数器
CONTINUE_1:
    MOV DX, 8001H                  ; 定位 PB 口地址
    MOV AL, [SI]                   ; 将 Z 中的 LED 编码送到 AL 中
    OUT DX, AL                     ; 将编码值送到 PB 口
    MOV DX, 8003H                  ; 定位 PC 口地址
    MOV AL, CL                     ; 将 PC 口的 PC4～PC7 分别置零，选中 LED
    INC SI                         ; 将 SI 指到 Z 的下一个数据单元
    INC CX                         ; CX 计数器加 1
    CMP CX, 8H                     ; 是否超过 4 个
    JNZ CONTINE_1                  ; 没超过，则继续扫描
    RET                            ; 超过 4 个则扫描结束，过程返回
```

```
        SCAN    ENDP
        START
        CODE ENDS
```

　　程序中我们尽量使用已经讲过的汇编语言指令，没讲过的请大家参看附录。程序中我们利用了一个小技巧，在 8255A 的 C 口设置中和 A、B 口的输出设置不一样，我们将 CL 寄存器初始化为 4H，然后依次加 1，产生 5、6、7，而 4、5、6、7 正好吻合 C 口 PC_4~PC_7 输出分别为 "0" 的状态，所以算是一个 "小伎俩"。

　　程序中我们使用了汇编语言的过程定义与调用，主要是希望程序可读性较好。过程的定义基本过程为：

```
        NAME PROC NEAR
          ......
        NAME ENDP
```

　　其中 PROC 为关键字，NAME 为过程名，用户可以根据自己的爱好来命名。NEAR 代表本过程为近过程，可以省略。有近过程就有远过程，关键字为 FAR，不可省略。存在远近过程原因是因为 8086/8088 的存储器是分段的，**近过程代表调用过程和子过程的定义在同一个段内；而远过程代表不在同一个段内**。如果省略不写关键字（FAR 或 NEAR），则编译器会默认为 NEAR 过程。

　　在过程中可以调用其他过程，使用汇编语言提供的 CALL 指令，CALL 后面跟着要调用的过程名字，例如：CALL INIT8255。既然过程定义存在远近之分，调用过程也需要标注远近，所以完整的调用语句应该为：

```
        CALL NEAR PTR INIT8255
```

　　NEAR PTR 为强制伪指令，即告诉编译器：INIT8255 过程为段内调用。如果是在不同的代码段，则需要书写为：

```
        CALL  FAR PTR NAME
```

　　其中的 NEAR PTR 可以省略不写，即当编译器遇到 CALL INIT8255 时，编译器默认为近过程，在本代码段中寻找。

　　其实大家可能已经觉察到，由于存储器的分段，导致程序、数据的寻址和查找都出现了许多的问题，现在看不见得是一个好的设计，但是在 20 世纪 70~80 年代，计算机技术还不是十分先进，各种资源（存储器、CPU 的速度）都不十分充分的情况下，它确实是一个非常实用的设计，所以 8088/8086 成为了一款经典的 CPU。

　　在过程调用期间，存在一个较复杂的问题——参数传递。过程虽然功能上相对独立，但是要想最终链接为一个系统程序，则需要相互配合，例如：LED 显示需要数字编码，而数字编码需要通过键盘过程获得，那该如何将键值传递给 LED 显示过程呢？在本例中我们利用了一个方法：通过寄存器传递。即将键盘获得的键值存在 BL 中，再调用 LED 显示程序时，从 BL 中将键值读出。参数传递还有两种方法：第一种，利用存储器来传递参数；第二种，利用堆栈来传递参数。在此我们不做细致的讲解，请大家参看 "8086 汇编语言程序设计"。

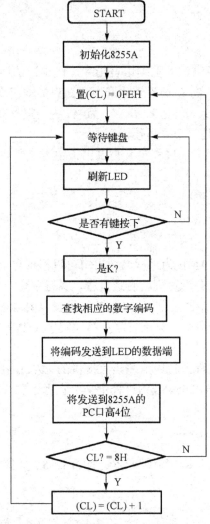

图 6.28 例 6.7 的主程序流程图

涉及了过程的概念，还应该提醒大家，我们上面设计的程序是有问题的，什么问题呢？——没有设计堆栈段。在存储器技术一章中我们讲解过堆栈技术，程序在调用过程时，相当于程序出现了跳转，即寄存器 IP 中的内容发生了变化，程序按照新的 IP 依次执行。而调用结束后（或过程返回后），CPU 必须执行调用过程下面的程序，例如：主程序中的下面一段程序：

```
NEXT:
    CALL    GETKEY          ; 调用键盘等待程序
    CALL    FINDCODE        ; 通过 GETKEY 的返回值 BL 中的数据，找
                            ; 到对应的 LED 码值
    MOV     DX, 8001H       ; 定位 PB 口地址
    MOV     AL, BL          ; 将 LED 的数字编码保存在 AL 中
```

当执行 GETKEY 过程时，IP 是指向 GETKEY 过程的地址，在 GETKEY 过程执行完后，程序要继续执行调用 FINDCODE 过程，那么如何能使 IP 中的地址回到 CALL FINDCODE 指

令呢？这就需要使用堆栈，在转去执行 GETKEY 过程之前，需要将 CALL FINDCODE 指令的首地址压入堆栈，当 GETKEY 过程返回时，从堆栈中将该地址弹出到 IP 寄存器中，则程序可以继续执行主程序。

所以，本段程序一定需要堆栈段，所以需要设计如下代码：

```
STACK   SEGMENT
    DB  256 DUP(?)
STACK   ENDS
```

注意，至于为什么是 256 个字节，我们只是简单估算了一下。过程调用在本段程序中最多只有两层，每个调用最多需要 6 个字节（其中 IP 地址占 4 个 CS∶IP，另外两个需要给 FLAG 寄存器用），两层也就需要用 12 个堆栈单元，因此 256 个字节足矣。

6.5　本　章　小　结

到目前为止，我们对 CPU 进行了接口扩展，给 CPU 安置了键盘和 LED 显示设备，一个小型的计算机系统已经初具模型，这与冯·诺依曼体系的计算机基本吻合。我们也基本说清楚了程序是如何存储，CPU 是如何读/写数据，以及 CPU 是如何与接口交换信息的。

从例 6.7 中可以看到 CPU 与键盘建立了接口，与 LED 建立了接口，硬件设计、软件设计都比较完整。但是我们仍有一些不满意：当例 6.7 中的程序运行起来后，程序将等待键盘的输入，而键盘由人来输入，人什么时候按下键盘程序是无法预知的，所以我们采用的方法是"死等"（程序查询方式）。只要你不按下键盘，程序就循环扫描键盘，一直到键盘被按下为止。我们发现此时的 CPU 完全被键盘扫描程序所占用，而无法再去执行其他的任务，这称为**资源独占**。对这种比较"霸道"的形式我们不太满意。我们希望 CPU 可以被多个任务"分享"，让计算机可以更有效地被利用。能不能设计一种机制？使得 CPU 不去"死等"键盘，而是当键盘确实被按下时，及时通知 CPU，CPU 只是去到键盘端口取回键盘值即可（我们现在 PC 的键盘就是按照这样的思路设计的）。我们找到了这样一种机制——**中断**。那么中断应该包含哪些内容？计算机是如何管理中断的？当中断发生时 CPU 又如何工作呢？这些内容将在第 8 章中详细介绍。

思考题及习题 6

1. 什么是并行通信？
2. 并行通信的端口如何设定？端口设定的方式有几种？分别是什么方式？几种方式的区别是什么？分别有什么优缺点？
3. 可编程并行接口芯片的特性有哪些？如何进行设置？
4. 矩阵键盘接口中所采用的原理是什么？如果要设计一个矩阵键盘，包括 32 个按键，请说明需要几根输入线？几根输出线？请利用 8255A 并行接口芯片设计 32 个按键的接口电路。
5. 并行接口芯片 8255A 的初始化程序应该包含几个部分？分别设置几个控制字？控制字中每一位的含义是什么？
6. 请编写上述习题 4 的汇编语言程序。

7. LED 数码管的工作原理是什么？如何与 CPU 接口？

8. 多位 LED 数码管如何与 CPU 接口？硬件如何接口？汇编语言程序如何编写？请设计实现一个可以同时显示"1、2、3、4"数字的汇编语言程序。

9. 上例中，如果显示可以"移动"的数字接口，例如：先显示"1234"，随后"4123"，"3412"，……那么硬件接口电路是否需要改动？如果需要，应该如何改动？汇编语言是否需要变动？如果需要，应该如何改变？

10. 利用 8255A 芯片设计一个包含键盘和一位 LED 数码管的接口系统。要求：（1）包含 8 个键盘和一位 LED 数码管；（2）键盘采用 I/O 接口设计；（3）分别定义 8 个按键为"0"、"1"、"2"、"3"、"4"、"5"、"6"、"7"；（4）键盘按下之前，LED 不亮；（5）当键盘按下"0"时，LED 上显示数字"0"；按下"1"时，LED 上显示数字"1"；……

第7章 微机接口技术之串行接口

【学习目标】 了解串行通信的基本概念，掌握利用 8251A 实现串行通信的软硬件技术。

【知识点】 （1）串行通信的概念；（2）同步串行通信；（3）异步串行通信；（4）单工；（5）半双工；（6）全双工；（7）波特率；（8）数据位；（9）起始位；（10）停止位；（11）校验位。

【重点】 利用 8251A 实现串行通信的软硬件技术。

在第 6 章中，我们讲解了计算机接口技术中的并行接口内容，并行接口简而言之就是多位二进制信息同时传输的技术，计算机中 CPU 与存储器、I/O 接口的数据传输都属于并行传输，在计算机发展初期，并行传输技术运用得较多。但是并行传输有着其致命的缺陷，即传输距离短。由于并行传输需要多根线缆并排排列（如图 7.1 所示），随着排线距离的加大，线间的电容增加，对数字信号的传输的干扰加大，会出现数字信号的畸变，导致传输的误码率增高。因此，在实际应用中，并行传输被证明只适合近距离的传输，而不适合远距离的传输。同时也因为线间电容的影响，不适合高频信号的传输。鉴于并行传输技术的制约，计算机的数字信号传输慢慢地往更多地应用串行传输的方向发展。

到目前为止，计算机中利用串行通信的技术有很多，如 USB、PCI Express、I2C、SPI，硬盘的 SATA、SAS 连接等都是采用串行接口技术。

图 7.1　并行传输线

7.1　串行传输的概念

串行传输是指数据的二进制代码在一条物理信道上以位为单位按时间顺序逐位传输的方式。串行传输时，发送端逐位发送，接收端逐位接收，同时，还要对所接收的字符进行确认，所以收发双方要采取同步措施。

通俗来讲，将排线变为单根线，二进制数通过单根线传输。例如：并行传输一个字节（8位二进制数）需要 8 根线，每根线传输一个二进制位，则可以假设高电平为"1"，低电平为"0"（反向假设亦可）。现在只有一根线，同样要传输 8 位二进制数，那怎么办？只能采用时间上的划分，如图 7.2 所示。设备 I 往设备 II 传输数字信号，在只有单根传输线的情况下，采用时间分割的方式：将传输 8 位二进制位所需要的完整时间等间隔地划分为 8 个单位时间，每个单位时间传输一位二进制位。图中我们显示的是传输顺序（自右向左）是 D_0、D_1、D_2、D_3、D_4、D_5、D_6、D_7。其实也可以反过来，先传 D_7，最后传 D_0。

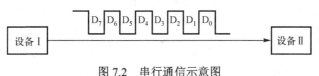

图 7.2　串行通信示意图

图 7.2 我们标明为示意图，很显然这里面有几个问题没有解决。（1）在设备 I 中（或可以理解为在 CPU 中），数据是并行存储的，8 位二进制数存储在存储器中（或寄存器中），如何将并行存储的 8 位二进制数，按单位时间分解（或者拆解）为 8 个二进制位呢？（2）设备 II 假设可以依次接收到 8 位二进制位，显然需要将其再合成为一个字节的数据存储起来，如何合成呢？（3）从上面的叙述中，我们发现设备 I 既可以选择从 D_0 开始发送，也可以从 D_7 开始发送，设备 II 如何知道设备 I 是选择的哪种方式呢？如果方式理解出现错误，显然合成的数据是错误的。（4）其中一个最难理解的内容是时间问题。设备 I 和设备 II 的运行速度很可能不一致，即设备之间的时间可能不统一，那么所谓的"单位时间"是什么呢？换句话讲，如何统一两个设备之间的单位时间呢？（5）即使我们统一了单位时间，设备 I 什么时候发送第一个位，设备 II 如何能够知道并开始接收呢？（6）设备 II 如何知道，什么时候设备 I 的发送停止了呢？或者说设备 II 如何知道设备 I 要发送多少位呢？我们下面分别回答这些问题。

7.2　串/并、并/串转换

显然在串行传输的过程中存在一个"串转并"和"并转串"的问题，将图 7.2 改变一下画法，如图 7.3 所示。

图 7.3　串行传输示意图

从图 7.3 中可以看到，假设两个设备都是以并行的方式存储，则在串行过程中需要两个附加的设备：并/串转换器和串/并转换器。这两个转换器帮助我们解答了（1）和（2）问题。即设备 I 将数据并行传输给"并/串转换器"，由该转换器变为串行数据发送到串行线路上；"串/并转换器"从串行线路上获得串行数据，合成为并行数据，通过并行线传输到设备 II 上。对于设备 I 和 II 来讲，它们接收和发送的数据始终是并行的。至于"串/并转换器"和"并/串转换器"是如何实现的，请读者参看数字电路的相关知识。

7.3　串行通信的时间统一问题

串行通信的时间统一问题是串行通信的关键问题，为此，我们设计了两种方式来解决这个问题：同步方式（同步通信）和异步方式（异步通信）。

7.3.1　同步方式

解决时间统一问题，最直接的想法就是参与通信的设备之间用一个统一的时钟，为此，我们将图 7.3 进一步细化为图 7.4。

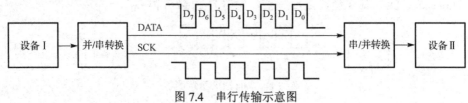

图 7.4　串行传输示意图

我们为串行通信添加了一根通信线，该线专门传输由设备 I 发出的一个时钟脉冲信号，我们称之为**同步脉冲信号**。因为有了同步脉冲信号，则设备 I 和设备 II 在串行通信中都要按照该信号所给出的频率同步工作，这样通信的双方就有了统一的时钟。

7.3.2　异步方式

同步的串行通信方式，需要增加一个同步的时钟信号。该信号一般为方波信号，方波信号通过线路时，因为线路的干扰会导致方波信号的衰减，所以如果添加时钟同步信号，则线路的长度不宜过长。所以，到目前为止，板内的串行总线常常采用同步串行通信方式，如现在较流行的 SPI、I²C 总线等。

我们知道并行总线不适宜长距离传输，同步串行通信依然不适合长距离传输。所以，需要一个能进行长距离传输的技术：**异步串行通信技术**。

异步串行通信不需要同步信号，但远距离传输的两台设备之间需要时间上的同步，如何实现同步呢？

一个最基本的想法就是：发送方发送数据的时钟频率（周期）和接收方接收数据的时钟频率要求相同。即每一秒钟发送的数据（二进制）位数和接收的数据位数相同，例如：发送方与接收方都设定为 9600bps，我们称之为比特率（二进制时称波特率），即 9600 Baud rates per second（每秒钟收发 9600 位二进制位）。如果按照这个想法，那么需要发送方和接收方都分别存在一个设备，该设备发送/接收的波特率可以进行软件设定。8086/8088 系统中，有一个专用芯片 8251A，该芯片可以对波特率进行设定，如图 7.5 所示。

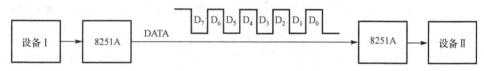

图 7.5　异步串行单向传输示意图

根据前面的讲解，8251A 除了可以统一波特率功能之外，还具备并/串转换（发送方）和串/并转换（接收方）的功能。一般的异步串行通信会有以下（如表 7.1 所示）7 种通信速率可以选择。

表 7.1　串行通信速率

序号	通信速率（bps）	序号	通信速率（bps）
1	110	8	38 400
2	300	9	57 600
3	1200	10	115 200
4	2400	11	230 400
5	4800	12	460 800
6	9600	13	921 600
7	19 200		

虽然双方已经统一了时间（频率），但是发送方何时发送，接收方何时接收并没有确定。发送方一次发送多少位二进制数据，接收方也无法知晓，要实现双方的正常通信，就要求发送的数据必须准确地传送到接收方，接收方必须能够准确地接收到数据。如何才能做到呢？

异步串行通信采用了以下几个方法来解决上述问题。

（1）**设定起始位**。假设发送方没有数据发送时，串行通信线保持在某一个电平，如低电平。接收方检测到通信线为低电平，即知道没有数据要通信。当发送方要发送数据时，先将通信线抬高为高电平，并且持续一个通信时钟周期（设定的通信波特率的倒数）。接收方在此周期内发现通信电平的变化，知道发送方要发送数据，但是双方约定好，此周期的电平只是起始位，并非要传输的数据。通过起始位的设定解决了双方通信的同步问题。在起始位之后，即是要发送的数据。

（2）**设定数据通信位数**。每次发送多少位数据，发送、接收双方需要预先约定好。如发送方数据位为 8 位，则接收方数据位数也必须为 8 位。为了通信方便，双方最好都可以进行设定，即可以选择。位数包括：5、6、7、8 位。发送方可以选择 4 个位数之一，接收方也可以选择 4 个位数中之一，但需要发送方、接收方两者一致（假设都选择 7 位）。发送方先发送一个起始位，然后顺序发送 7 位二进制数据；接收方根据事先的约定，通过起始位知道已经有数据要发送，从下一个周期开始，顺序接收 7 位二进制数据。

（3）**设定奇偶校验位**。在通信过程中，总是要面临着扰动（无论是通信线本身的电抗，还是环境的电磁干扰等），这些干扰都会影响到传输中的二进制信号，即有可能出现"0"变成"1"（或者"1"变成"0"）的情况。例如，发送方发送：1101010B，传输过程中因为干扰发生了变化，而接收方收到的是：1100010B，即 D_3 位发生了变化，显然通信过程中没有完成正确的信息传输。如何避免上述问题呢？我们将问题定义得更清楚一点：（1）接收方如何能够通过接收到的数据判断接收的数据是否正确？（2）如何能够避免通信数据出错？（3）能否判断哪位数据出错，即能否实现数据纠错？

为了使接收方能够判断数据是否出错，我们在数据位中添加一位，称为**"奇偶校验位"**。假设双方约定是奇校验，即发送方计算要发送的 7 位数据中"1"的个数，例如：1101010B 数据中"1"的个数为 4，是一个偶数，则添加的一位设定为"1"，那么发送的 8 位数据（包括奇偶校验位）中"1"的个数为 5 个，例如：11010101B，其中是奇数个"1"；接收方接收到 8 位数据，计算"1"的个数，如果依然是奇数个（5 个），则通信正确，否则通信错误。例如：接收到的数据是：11000101B，其中"1"的个数为 4，根据双方约定为奇校验，则接收方就可以判定该数据在通信的过程中出错了。

细心的读者马上会发现，此处有一个假设前提：通信过程中，一位二进制位出错的几率最大，即**单故障假设**。如果没有该假设，那么上述的方式不一定能检测到通信出错。

虽然奇偶校验位在一定程度上可以检测到通信出错，但是没有办法检测出哪一位二进制位出错，也就是没有办法进行纠错。如果要想纠错，还需要另外的技术，如 CRC 校验等。

（4）**设定停止位**。为了进行下一次串行通信，于是设计了停止位，即数据位及校验位发送完成后，发送方要发送（1 位、1.5 位或 2 位）停止位。之后，通信线恢复到等待通信的电平状态。

上述过程用波形方式描述，如图 7.6 所示。

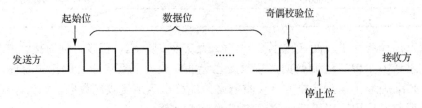

图 7.6　异步串行通信时序

所以，异步串行数据通信包含：1 位起始位+（5、6、7 或 8）位数据位 + 奇偶校验位 +（1、1.5 或 2）位停止位。

在计算通信位数时，要包含起始位、停止位、数据位、校验位 4 个部分。例如：设定通信的双方的通信速率为 9600bps，1 位起始位、8 位数据位、1 位奇偶校验位、2 位停止位，则一次串行通信发送、接收的二进制位数为 12 位。按照通信速率计算，每秒钟最多可以通信 9600/12=800 次。

7.4　单、双向串行通信

前面讲述的通信都是单向的，即只能从发送方向接收方发送数据，然而实际上应该存在以下方面的内容：

（1）如果在通信过程的任意时刻，信息只能由一方 A 传到另一方 B，则称为单工。

（2）如果在任意时刻，信息既可由 A 传到 B，又能由 B 传 A，但只能由一个方向上的传输存在，称为半双工传输。

（3）如果在任意时刻，线路上存在 A 到 B 和 B 到 A 的双向信号传输，则称为全双工。

上述 3 种串行通信方式描述如表 7.2 所示。

表 7.2　串行通信：单工、半双工、全双工

-------->	<-------->	-------->
A---------B	A---------B	A---------B
		<--------
单工	半双工	全双工

7.4.1　全双工方式（Full Duplex）

当数据的发送和接收分流，分别由两根不同的传输线传送时，通信双方都能在同一时刻进行发送和接收操作，这样的传送方式就是全双工制，如图 7.7 所示。在全双工方式下，通信系统的每一端都设置了发送器和接收器，因此，能控制数据同时在两个方向上传送。全双工方式无须进行方向的切换，因此，没有切换操作所产生的时间延迟，这对那些不能有时间延误的交互式应用（如远程监测和控制系统）十分有利。这种方式要求通信双方均有发送器和接收器，同时，需要 2 根数据线传送数据信号（可能还需要控制线和状态线，以及地线）。

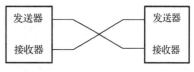

图 7.7　全双工串行通信示意图

比如，打电话即属于全双工方式。通话的双方（A 与 B）在通话的同时，A 可以听到 B 的语音，B 同时也能够听到 A 的语音。

7.4.2　半双工方式（Half Duplex）

若使用同一根传输线既作接收又作发送，虽然数据可以在两个方向上传送，但通信双方不能同时收发数据，这样的传送方式就是半双工制，如图 7.8 所示。采用半双工方式时，通信系统每一端的发送器和接收器通过收/发开关转接到通信线上，进行方向的切换，因此，会产生时间延迟。收/发开关实际上是由软件控制的电子开关。

当计算机主机用串行接口连接显示终端时，在半双工方式中，输入过程和输出过程使用同一通路。有些计算机和显示终端之间采用半双工方式工作，这时，从键盘输入的字符在发送到主机的同时就被送到终端上显示出来，而不是用回送的办法，所以避免了接收过程和发送过程同时进行的情况。

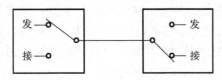

图 7.8　半双工串行通信示意图

例如：电影中经常见到警察用的对讲机就属于半双工方式。A 警察说话时，需要按住对讲机的通话按钮，此时 A 可以对另一个对讲机持有人 B 说话，而此时，B 只能处于接听方式，而不能说话。A 讲完后，松开通话按钮，此时 B 可以按住通话按钮讲话。也就是说，A、B 都可以讲话，只是不能同时讲话。

7.5　可编程串行通信芯片（Intel 8251A）

8251A 芯片系 Intel 公司为解决串行通信而设计的专用芯片，支持同步和异步串行通信，我们将支持异步串行通信的类芯片统称为：**异步收发器 UART**（Universal Asynchronous Receiver Transmitter），当今许多单片机系统中均包含 UART 模块。8251A 的外形如图 7.9 所示，其内部结构如图 7.10 所示。

串行通信一般涉及两台（或两台以上）的设备之间的数据交互。作为数据发送的一方需要将并行的数据通过 8251A 转换为串行数据发送到通信线上，而接收方需要通过 8251A 将接收到的串行数据转换为并行数据，再并行传送到接收设备的 CPU 中，如图 7.11（a）所示。对于远距离的传输（例如几～几十 km），发送方则需要将串行数据

图 7.9　8251A 串行通信芯片

调制为正弦波信号再发送到通信线上，接收方则需要将接收到的正弦波解调后变成方波，再由 8251A 将串行数据转换为并行数据，如图 7.11（b）所示。从这两个图中可以看到 8251A 在串行通信中的位置和作用。

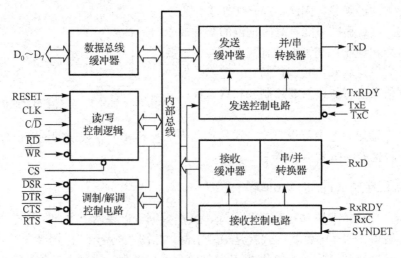

图 7.10　8251A 内部结构图

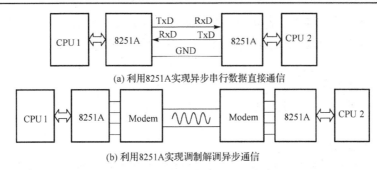

(a) 利用8251A实现异步串行数据直接通信

(b) 利用8251A实现调制解调异步通信

图 7.11　8251A 在串行通信中的作用

7.5.1　8251A 内部结构图

如图 7.10 所示，8251A 通过内部总线将 8251A 的各个功能模块连接在一起。这些模块包括：（1）与 CPU 信息交换的数据总线缓冲器、读/写控制电路模块；（2）支持异步通信的发送模块、接收模块、调制解调（Modem）模块。一般的接口电路都是负责实现两个设备（A 和 B）之间的通信转换任务，一方面与 A 设备交换信息，另一方面与 B 设备交换信息。所以，接口电路一部分模块需要与 A 设备连接；另一部分需要与 B 设备连接，这就是接口电路的主要特点。相当于是一个"翻译"，它的功能需要实现谈判的双方（A 和 B）能够相互沟通。

（1）数据总线缓冲器

数据总线缓冲器是三态双向 8 位缓冲器，它能够使 8251A 与系统数据总线连接起来，它含有数据缓冲器和命令缓冲器。CPU 通过输入/输出指令可以对它读/写数据，也可以写入控制字和命令字，再由它产生使 8251A 完成各种功能的控制信号。另外，执行命令所产生的各种状态信息也是从数据总线缓冲器读出的。

（2）接收器

接收器的功能是接收在 RxD 引脚上的串行数据并按规定的格式把它转换为并行数据，存放在数据总线缓冲器中。其工作原理如下：

在异步方式中，当"允许接收"和"准备好接收数据"有效时，接收器监视 RxD 线。在无字符传送时，RxD 线上为高电平，当发现 RxD 线上出现低电平时，即认为它是起始位，就启动一个内部计数器，当计数器计到一个数据位宽度的一半（若时钟脉冲频率为波特率的 16 倍时，则计数到第 8 个脉冲）时，又重新采样 RxD 线，若其仍为低电平，则确认它为起始位，而不是噪声信号。此后在移位脉冲 $\overline{RxC}$（即每隔 16 个时钟脉冲）作用下把 RxD 线上的数据送至移位寄存器，经过移位，就得到了并行数据。对这个并行数据进行奇偶校验并去掉停止位后，通过内部总线最后送至数据总线缓冲器，此时发出 RxRDY 信号，通知 CPU 字符已经收到。

在同步方式中，接收器监视 RxD 线，每出现一个数据位就把它移一位，构成并行字节，并送入接收寄存器，再把接收寄存器与同步字符（由程序给定）寄存器的内容相比较，判断是否相等。若不等，则 USART 重复上述过程；若相等，则表示已找到同步字符，并置 SYNDET 信号为高电平。在找到同步字符后，利用接收时钟 $\overline{RxC}$ 采样和移位 RxD 线上的数据位，且按规定的数据位将其装配成并行数据，再把它送至数据总线缓冲器，同时发出 RxRDY 信号通知 CPU。

（3）发送器

在异步方式中，发送器先在串行数据字符前面加上起始位，并根据约定的要求加上校验位和停止位，然后在发送时钟 $\overline{TxC}$ 的作用下，将数据通过 TxD 引脚一位一位地串行发送出去。

在同步方式中，发送器在准备发送的数据前面先插入由初始化程序设定的一个或两个同步字符，在数据中，插入校验位。然后，在发送时钟 $\overline{\text{TxC}}$ 的作用下，将数据一位一位地由 TxD 引脚发送出去。

（4）读/写控制和调制控制

读/写控制逻辑对 CPU 输出的控制信号进行译码以实现如表 7.3 所示的读/写功能，并实现对 Modem 的控制。

（5）定时和通信速率

8251A 的接收器和发送器分别设置了接收时钟和发送时钟信号输入线，以决定通信速率。提供外部时钟信号的装置称为**波特率发生器**。异步通信时波特率范围为 110～19 200bps。使用时，根据不同速率要求，在接收控制器和发送控制器中进行分频，以得到合适的接收或发送时钟频率。

$$数据传输波特率=外部时钟频率/分频系数$$

其中，分频系数也称为波特率因子。

表 7.3　8251A 读写控制

$\overline{\text{CS}}$	C/$\overline{\text{D}}$	$\overline{\text{RD}}$	$\overline{\text{WR}}$	功能
0	0	0	1	CPU 从 8251A 读数据
0	1	0	1	CPU 从 8251A 读状态
0	0	1	0	CPU 往 8251A 写数据
0	1	1	0	CPU 往 8251A 写命令
0	×	×	×	UART 总线悬空（无操作）

7.5.2　8251A 外部引脚信号说明

8251A 是用来作为 CPU 与外设或调制解调器之间的接口，如图 7.12 所示。

它的信号线可以分为两组：一组为与 CPU 接口的信号线；另一组为外设（或调制器）接口的信号线。

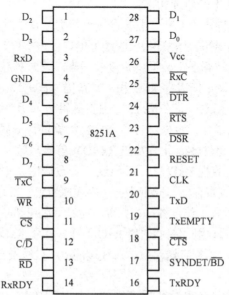

图 7.12　8251A 外部引脚图

1. 与 CPU 的连接信号

除了三态双向数据总线（$D_7 \sim D_0$）、读写信号（$\overline{RD}$、$\overline{WR}$）、片选信号（$\overline{CS}$）之外，还有：

（1）RESET：芯片复位线。当该线上加高电平（宽度为时钟的 6 倍）时，芯片复位而处于空闲状态，等待命令。通常把它与系统的复位线相连，以便上电复位。

（2）CLK：时钟线。为芯片内部电路提供定时，并非发送或接收数据的时钟。在同步方式中，CLK 的频率要大于接收器或发送器输入时钟（RxC 或 TxC）频率的 30 倍。在异步方式中，此频率要大于接收器或发送器输入时钟频率的 4.5 倍。

另外，CLK 的周期要在 $0.42\mu s \sim 1.35\mu s$ 范围内。

（3）$C/\overline{D}$：命令/数据线。若此端为高电平，则 CPU 对 8251A 写控制字或读状态字；若为低电平，则 CPU 读写数据。

（4）TxRDY（Transmitter Ready）：发送器准备好，是状态线，高电平有效。当它有效时，表示发送器已准备好接收 CPU 送来的数据字符，通知 CPU 可以向 8251A 发送数据。CPU 向 8251A 写入了一个字符以后，TxRDY 自动复位。当 8251A 允许发送（即 CTS 是低电平，TxEN 是高电平），且数据总线缓冲器为空时，此信号有效。在用查询方式时，此信号作为一个状态信号，CPU 可从状态的寄存器的 D_0 位检测这个信号；在用中断方式中，此信号作为中断请求信号。

（5）TxEMPTY（Transmitter Empty）：发送器空，是状态线，高电平有效。当它有效时，表示发送器中的并行到串行转换器空，即表示发送操作已经结束。8251A 从 CPU 接收待发的字符后，自动复位，字符串发送完毕，TxEMPTY 又变为高电平。TxEMPTY 即表示发送已经结束，这样在半双工方式中，CPU 就可以由它的信息判断何时切换数据的传输方向，由发送转为接收。

（6）$\overline{TxC}$（Transmitter Clock）：发送器输入时钟。由它控制 8251A 发送数据的速度。异步方式下，$\overline{TxC}$ 的频率可以等于波特率，也可以是波特率的 16 倍或 64 倍。同步方式下，$\overline{TxC}$ 的频率与数据位速率相同。

（7）RxRDY（Receiver Ready）：接收器准备好，是状态线，高电平有效。在允许接收的条件下，命令寄存器的 RxEN 位置位时，当 8251A 已经从它的串行输入端接收了一个字符，并完成了格式变换，准备送到 CPU 时，此信号有效，以通知 CPU 读取数据。当 CPU 从 8251A 读取一个字符时，此信号自动复位。在查询方式下，此信号可作为联络信号，CPU 通过读状态寄存器的 D_1 位检测这个信号；在中断方式下，它可作为中断请求信号。

（8）$\overline{RxC}$（Receiver Clock）：接收器输入时钟。其频率的规定和 $\overline{TxC}$ 相同。实际应用中，常把 $\overline{TxC}$ 和 $\overline{RxC}$ 连接在一起，使用同一个时钟源（波特率发生器）。

（9）SYNDET（Synchronous Detection）/BD（Break Detection）：双功能引脚。作同步字符检出信号时，它是双向线。它是输入还是输出，取决于初始化程序对 8251A 是工作于内同步或外同步的规定。在 RESET 时，此信号复位。

当工作于内同步方式时，该信号是输出。它为高电平时，表示 8251A 内部检测电路已经检测到所要求的同步字符，8251A 已达到同步。若为双字符同步时，则此信号在第二个同步字符的最后一位中间变高。当 CPU 执行一次读状态操作时，SYNEDT 复位。

当工作于外同步方式时，该信号是输入。当从外部检测电路检测到同步字符时，在这个输入端输入一个正跳变，使 8251A 在下一个 $\overline{RxC}$ 的下降边开始拼装字符。SYNDET 输入的高电平至少应维持一个 $\overline{RxC}$ 周期，直到 $\overline{RxC}$ 出现下一个下降沿。

另外，在异步方式下，它作为间断信号检出 BRKDET，此时信号是输出。当检测到间断码时，输出高电平。

2．与调制器的接口信号

8251A 提供了 4 个与 Modem 相连接的控制信号和数据发送以及数据接收信号线。它们的含义与 RS－232C 标准的规定相同。

（1）$\overline{\text{DTR}}$：数据终端准备好，输出信号，低电平有效。它在命令字的 D_1 置"1"时变为有效，用以表示 8251A 准备就绪。

（2）$\overline{\text{RTS}}$：请求发送，是输出信号，低电平有效。用于通知 Modem、8251A 按要求发送。它在命令字的 D_5 置"1"时有效。

（3）$\overline{\text{DSR}}$：数据装置准备好，是输入信号，低电平有效。用以表示调制器已准备好。CPU 通过读状态寄存器的 D_7 位检测此信号。

（4）$\overline{\text{CTS}}$：清除传送（即允许传送），是输入信号，低电平有效。是 Modem 对 8251A 的 RTS 信号的响应，当其有效时，8251A 方可发送数据。

（5）TxD：发送数据线。

（6）RxD：接收数据线。

另外，8251A 还提供了传输速率控制线。

（7）$\overline{\text{RxC}}$（Receiver Clock）：接收器时钟，这个时钟控制 8251A 接收字符的速度，在 RxC 的上升沿采集数据。

（8）$\overline{\text{TxC}}$（Transmitter Clock）：发送器时钟，由它控制 8251A 发送字符的速度，数据在 $\overline{\text{TxC}}$ 的下降沿由 8251A 移位输出。

7.5.3   8251A 的控制字与状态字

利用 8251A 在编程时由 CPU 发来的控制命令有：工作方式字和工作命令字，8251A 向 CPU 发送 1 个状态字节。下面分别加以说明。

（1）工作方式字

工作方式字（如图 7.13 所示）的作用：对 8251A 工作方式进行选择，规定是异步方式还是同步方式，并按照其工作方式指定帧数据格式。该命令输出时要求 C／$\overline{\text{D}}$＝1。

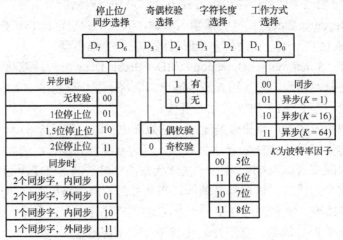

图 7.13   8251A 工作方式字定义

8位方式字可以分为4组，每组两位，其格式如下：

D_1D_0 用来确定是工作于同步方式还是异步方式。当 D_1D_0=00 时为同步方式；当 D_1D_0≠00 时为异步方式，且 D_1D_0 的3种组合可以用来选择输入时钟频率与波特率之间的比例系数。

D_3D_2 用来确定1个数据包含的位数。

D_5D_4 用来确定要不要校验以及奇偶校验的性质。

D_7D_6 在同步和异步方式下的意义是不同的。异步方式下用来规定停止位的位数；同步方式下用来确定是内同步还是外同步，以及同步字符的个数。

【例7.1】 某异步通信中，其数据格式采用8位数据位，1位起始位，2位停止位，奇校验，波特率系数是16，其工作方式字为11011110B=0DEH。程序如下：

```
MOV DX, 309H        ;8251命令口
MOV AL, 0DEH        ;异步工作方式字
OUT DX, AL
```

【例7.2】 同步通信中，若帧数据格式为：字符长度8位，双同步字符，内同步方式，奇校验，则工作字是00011100B=1CH。程序如下：

```
MOV DX, 309H        ;8251命令口
MOV AL, 1CH         ;同步工作方式字
OUT DX, AL
```

（2）工作命令字

工作命令字（如图7.14所示）的作用是确定8251A的实际操作（该命令输出时要求 $C/\overline{D}$=1），迫使8251A进行某种操作或处于某种工作状态，以便接收或发送数据。8251A的工作命令字的格式如下：

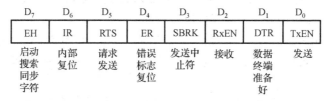

图7.14 8251A工作命令字

D_0 允许发送 TxEN（Transmit Enable）：D_0=1，允许发送；D_0=0，禁止发送。可作为发送中断屏蔽位。

D_1 数据终端准备就绪 DTR（Data Terminal Ready）：D_1=1，置 DTR 有效，表示终端设备已准备好；D_1=0，置 DTR 无效。

D_2 接收 RxEN（Receiver Enable）：D_2=1，允许接收；D_2=0，禁止接收。可作接收中断屏蔽位。

D_3 发送中止字符 SBRK（Send Break Character）：D_3=1，置 TxD 为"低"电平，输出连续的空号；D_3=0，正常操作。

D_4 错误标志复位 ER（Error Reset）：D_4=1，使错误标志（PC/OE/FE）复位。

D_5 发送请求 RTS（Request To Send）：D_5=1，置 RTS 为低电平，置发送请求 RTS 有效；D_5=0，置 RTS 无效。

D_6 内部复位 IR（Internal Reset）：D_6=1，使8251A回到方式选择命令状态；D_6=0，不回到方式命令。

　　D_7 进入搜索方式 EH（Enter Hunt Mode）：D_7=1，启动搜索同步字符；D_7=0，不搜索同步字符。

【例 7.3】 若要使 8251A 内部复位，并且允许接收，又允许发送，则程序段为：

```
MOV DX, 309H          ; 8251A命令口
MOV AL, 01000000B     ; 置D6=1，使内部复位
OUT DX, AL
MOV AL, 00000101B     ; 置D2=1，D0=1，允许接收和发送
OUT DX, AL
```

（3）状态字

　　8251A 执行命令进行数据传送后的状态字存放在状态寄存器中，CPU 可通过读入 8251A 的状态字，进行分析和判断，以决定下一步该如何操作。8251A 的状态字格式如图 7.15 所示（所有状态位是置"1"有效）。

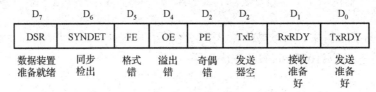

D_7	D_6	D_5	D_4	D_2	D_2	D_1	D_0
DSR	SYNDET	FE	OE	PE	TxE	RxRDY	TxRDY
数据装置准备就绪	同步检出	格式错	溢出错	奇偶错	发送器空	接收准备好	发送准备好

图 7.15　8251A 状态字

　　需要指出的是，状态寄存器的状态位 RxRDY、TxE、SYNDET 以及 DSR 的定义与芯片引脚的定义相同，只有 TxRDY 的含义与 8251A 芯片引脚上的 TxRDY 的含义是不同的。状态寄存器的状态位 TxRDY 表示只要发送缓冲器一空就置位；而引脚 TxRDY 还需要同时满足 $\overline{CTS}$=0 和 TxEN=1 时，即满足 3 个条件时才置位。$D_3 \sim D_5$ 就 3 位是错误状态信息。其中：

　　D_3 奇偶错 PE（Parity Error）：当奇偶错被接收端检测出来时，PE 置"1"。PE 有效并不禁止 8251A 工作，它由工作命令字中的 ER 位复位。

　　D_4 溢出错 OE（Overrun Error）：若前一个字符尚未被 CPU 取走，后一个字符已变为有效，则 OE 置"1"。OE 有效并不禁止 8251A 的操作，但是被溢出的字符丢掉了，OE 被工作命令字的 ER 位复位。

　　D_5 帧出错 FE（Framing Error）（只用于异步方式）。若接收端在任一串字符的后面没有检测到规定的停止位，则 FE 置"1"。由工作命令字的 ER 位复位，不影响 8251A 的操作。

　　例如，要要查询 8251A 接收器是否准备好，则用下列程序段：

```
    MOV DX, 309H      ; 状态口
L:  IN AL, DX         ; 读状态字
    AND AL, 02H       ; 查D1=1？（RXRDY=1？）
    JZ L              ; 未准备好，则等待
    MOV DX, 308H      ; 数据口
    IN AL, DX         ; 已准备好，则读数
```

若要检查出错，则用下列程序段：

```
    MOV DX, 309X      ; 状态口
    IN AL, DX         ;
    TEST AL, 38H      ; 检查D5D4D3位（FE、OE、PE）
    JNZ ERROR         ; 若其中有一位为1，则出错
```

（4）8251A 的方式字和命令字的使用

① 8251A 的方式字、命令字和状态字之间的关系是：方式字只是约定了双方通信的方式（同步/异步）及其数据格式（数据位和停止位长度、校验特性、同步字符特性）、传送速率（波特率因子）等参数，但并没有规定数据传送的方向是发送还是接收，故需要命令字来控制发/收。但何时才能发/收，这就取决于 8251A 的工作状态，即状态字。只有当 8251A 进入发送/接收准备好的状态，才能真正开始数据的传送。

② 因为方式字和命令字均无特征位标志，且都是送到同一命令口地址，所以在向 8251A 写入方式字和命令字时，需要按一定的顺序，这种顺序不能颠倒或改变，若改变了这种顺序，则 8251A 就不能识别。这种顺序是：复位→方式字→命令字 1→命令字 2→……如图 7.16 所示。

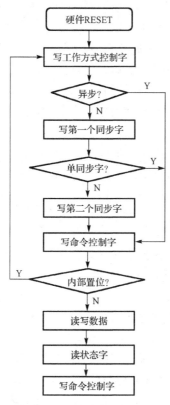

图 7.16　8251A 初始化流程

7.5.4　应用实例

【例 7.4】　假设 CPU 通过 8251A 与外设通信（如图 7.17 所示）。要求：（1）通信的双方工作在全双工异步串行通信模式；（2）数据格式为 7 位二进制数据位；（3）包含奇校验位；（4）停止位要求 1.5 个停止位；（5）波特率 9600bps。请编写 8521A 的初始化程序。

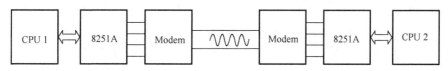

图 7.17　利用 8251A 实现调制解调异步通信

根据 8251A 的说明，在应用 8251A 时，需要对 8251A 进行初始化配置，即要求考虑 8251A 的工作方式字、工作命令字及状态字。

按照前面规定的工作方式字选择字各个数位的含义，那么方式选择字应该为 10011010B，也就是 9AH，（大家可以对照着含义逐一看看这个方式字的每个数位为什么是 0 或者 1）。工作命令字需要包括清除出错标志，令发送请求信号 RTS 处于有效状态，通知调制解调器和外设 CPU 将要发送信息。令数据终端准备好信号 DTR 处于有效状态，通知调制解调器和外设数据终端准备好接收数据。令发送允许位 TxEN 和接收允许位 RxE 为 1，使发送和接收允许都处于有效状态。这样，按照前面规定的命令字的各个数位的含义，命令字就应该设为 00110111B，也就是 37H。

假设 8251A 的命令端口地址为 82H，数据端口为 80H（我们在讲并行接口的时候提到过，8 位接口芯片在连接 8086 时，仅使用数据线的低 8 位，为了让传输信息时，数据出现在低 8 位数据线上，所以 CPU 访问各个端口是必须使用偶地址来访问的。为了同时满足 8251A 对端口的规定，在硬件连线上把地址线的 A$_1$ 作为地址的最低位来使用，从 CPU 的角度看，给出的是两个连续的偶地址，而从接口芯片的角度看，两个偶地址分别向右移了一位，也就是除以 2，于是就变成了一个奇地址，一个偶地址，于是就满足了双方的要求）。

初始化程序汇编语言如下：

```
    MOV  AL, 9AH      ; 设置方式选择字，使 8251A 处于异步模式；波特率因子为 16
    OUT  82H, AL      ; 数据格式为 7 个数据位，奇校验，1.5 个停止位
    MOV  AL, 37H      ; 设置命令字，置发送请求有效、数据终端准备好信号有效
    OUT  82H, AL      ; 置发送标志允许、接收允许标志为 1
    ……
```

【例 7.5】 串行接口芯片仍然选用 8251A，由于 8251A 和 Intel 系列微处理器以及 ISA 总线信号兼容，因此硬件连接十分简单。图 7.18 所示是两台 PC 的串行接口相互连接的逻辑图。PC 分配给串行口的地址为 03F8H～03FBH，命令端口为 03FAH，数据端口为 03F8H。串行接口和 CPU 的数据交互方式定义为状态查询方式，也就是说 CPU 是采用查询方式来和串行接口通信的，通过不断对串行接口的状态采样来确定串行接口的状态，从而决定应该采取什么样的动作。两台 PC 的串行接口之间采用无联络信号的全双工连接，我们在前面也讲过，只需要将它们的串行数据发送和串行数据接收端互相连接，并把地线连在一起，便可以实现通信。**在这里值得注意的是：** 为了使 8251A 能够满足调制解调器在电平方面要求的 RS-232-C 标准，要将 8251A 的 TXD 的 TTL 电平（0、+5V）转换成 RS-232 电平（±15V）进行传送，所以需要使 1488、1489 两种芯片实现电平转换，然后再将它变回 TTL 电平由另一台 PC 的 8251A 接收。要注意的是尽管使用的无联络信号的传输方式，但 8251A 的 $\overline{\text{CTS}}$ 端必须接地。两台 PC 可以同时作为数据发送方以及数据接收方，它们运行同样的驱动程序。

要求： 在甲、乙两台 PC 之间进行串行通信。甲机发送，乙机接收。要求将甲机的数据（其长度为 2DH）传送到乙机中去。采用起止式异步方式，字符长度为 8 位，2 位停止位，波特率因子为 64，无校验，波特率为 4800bps。CPU 与 8251A 之间用查询方式交换数据。端口地址分配是：309H 为命令/状态口，308H 为数据口。

由于是近距离传输，可以不设 Modem，而直接互连，同时是采用查询 I/O 方式，故收/发程序中只需检查发/收准备好的状态是否置位，即可收发 1 个字节。

甲、乙两台 PC 之间的硬件连接只需 TxD、RxD 和 GND 3 根线连接就能通信。采用 8251A

作为接口的主芯片再配置少量附加电路，如波特率发生器、RS-232C 与 TTL 电平转换电路、地址译码器等就可构成一个串行通信接口。

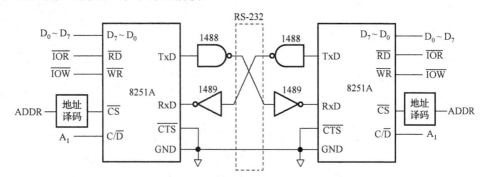

图 7.18　两台 PC 间 RS-232 串行通信

软件编程：接收和发送程序分别编写，每个程序段中包括 8251A 初始化、状态查询和输入/输出 3 个部分。

（1）发送程序（略去 STACK 和 DATA 段）

```
CODE SEGMENT
ASSUME CS: CODE
TRA PROC FAR
START:  MOV DX, 309H          ;控制口
        MOV AL, 00H           ;空操作
        OUT DX, AL            ;
        MOV AL, 40H           ;内部移位
        OUT DX, AL            ;
        NOP
        MOV AL, 0CFH          ;方式字（异步，2 位停止位，字符长度为 8 位，无校验，
                              ;波特率因子为 64）
        OUT DX, AL
        MOV AL, 37H           ;命令字（RTS、ER、RXE、DTR 和 TXEN 均置位）
        OUT DX, AL
        MOV CX, 2DH           ;传送字节数
        MOV SI, 300H          ;发送区首地址
L1:     MOV DX, 309H          ;状态口
        IN AL, DX             ;查状态位 D0（TXRDY）=1？
        TEST AL, 38H          ;查错误
        JNZ ERR              ;转出错处理
        AND AL, 01H           ;
        JZ L1                ;发送未准备好，则等待
        MOV DX, 308H          ;数据口
        MOV AL, [SI]          ;发送准备好，则从发送区取 1 字节发送
        OUT DX, AL            ;
        INC SI               ;修改内存地址
        DEC CX               ;字数减 1
        JNZ L1               ;未发送完，继续
    ERR:（略）
        MOV AX, 4C00H         ;已发送完，回 DOS
        INT 21H              ;
```

```
        TRA:  END
              CODE ENDS
              END START
```

（2）接收程序（略去 STACK 和 DATA 段）

```
        SCEG SEGMENT
        ASSUME CS: REC
        REC PROC FAR
        BEGIN:  MOV DX, 309H          ; 控制口
                MOV AL, OAAH          ; 空操作
                OUT DX, A
                MOV AL, 50H           ; 内部复位
                OUT DX, AL
                NOP
                MOV AL, OCFH          ; 方式字
                OUT DX, AL
                MOV AL, 14H           ; 命令字（ER、RXE 置 1）
                OUT DX, AL            ;
                MOV CX, 2DH           ; 传送字节数
                MOV DI, 400H          ; 接收区首地址
        L2:     MOV DX, 309H          ; 状态口
                IN AL, DX             ; 查状态位 D2（RXRDY）=1?
                TEST AL, 38H          ; 查错误
                JNZ ERR              ; 转出错处理
                AND AL, 02H           ;
                JZ L2                ; 接收未准备好，则等待
                MOV DX, 308H          ; 数据口
                IN AL, DX             ; 接收准备好，则接收 1 字节
                MOV [DI]             ; 修改内存
                LOOP L2              ; 未接收完，继续
        ERR：（略）
                MOV AX, 4C00H         ; 已接收完，程序结束，退出
                INT 21H              ; 返回 DOS
                REC ENDP
                CSEG ENDS
```

7.6　本　章　小　结

本章讲解了计算机的串行通信方式。CPU 与外部设备的通信方式是通过三总线（数据、地址、控制）进行的，其默认的通信方式为并行通信方式，为 8 位、16 位或 32 位二进制位，其决定于数据总线的宽度。而串行通信每个单位时间只能传送 1 位二进制位，显然两者是无法直接通信的，需要一个接口电路发送端先将并行的数据通过并/串转换器变为串行数据，而接收端需要通过串/并转换器将串行数据再恢复为并行数据，才能实现两个 CPU 之间的数据交换。

串行通信是用单根线实现多位二进制数据的传送，也就是说，需要将时间划分为单位时

间，通信的双方必须时钟一致才能实现串行通信，为此，设计了两种通信方式：同步和异步串行通信方式。同步方式需要通信的某一方发送一个时钟信号给另一方以实现双方时钟的同步，这就要求传输距离不能太远（≤1m）。而异步传输不需要传输同步时钟，因此传输距离会更远（几 m～几 km），所以两种方式各有优缺点。

对于异步传输而言，因为没有同步的时钟信号作为同步，所以需要参与通信的双方有相同的协议以实现传输的同步。为此，异步传输需要参与通信的设备统一几个参数：起始位、停止位、通信数据位数、奇偶校验位、通信速率。只有在这几个参数完全相同的前提下，才能实现异步串行通信。

异步串行通信国际上现有几种标准，如 RS–232、RS–422、RS–485 等，均是通信经常采用的标准。为了保证传输的正确性，对每个标准都有相应的电气协议和软件协议标准。以 RS–232 为例，其长距离传输中采用的电平选择 ±15V 信号，而不是习惯的 0V、5V，而且采用的是 "反逻辑"，即+15V 代表数字 "0"，–15V 代表数字 "1"。这样做的好处是可以抗一定程度干扰。如果距离在 12m 之内，则可以直接进行数字通信。而更长距离的通信，因为通信链路本身的带宽限制，用数字通信效果不好，误码率会比较高。为了降低误码率，所以需要将数字信号转换为模拟信号（正弦信号），长距离用正弦信号传输。这个过程称为**调制过程**；对于接收端，需要将模拟信号转换为数字信号，这个过程称为**解调过程**。经过调制解调的传输距离可以达到几十 km～几千 km。

为了实现串/并、并/串转换；实现传输过程中需要满足的电气特性；实现同步或异步传输的参数特性，Intel 公司设计和生产了专用的支持串行通信接口芯片（8251A）。该芯片既支持同步传输，也支持异步传输；在异步传输时可以选择数据位（5、6、7 或 8 位），选择停止位（1、1.5 或 2 位）；选择奇校验、偶校验或无校验……这是一款多功能芯片，而每一次具体的通信时，必须只能有一组明确的参数，而参数的选择需要由通信的双方约定好，所以 Intel 公司在设计 8251A 时，设计了用软件进行参数选择的功能。因此对于使用者而言，在硬件设计完成后，需要通过软件选择确定一组参数，这个过程称为**初始化过程**。

从接口技术的两章内容中我们可以看到：接口首先是一个电路，该电路是将两种不同设备连接在一起，实现信息的交互；接口同样需要软件的设置和信息交互。实现计算机接口需要了解参与通信的双方的软、硬件特性，然后根据通信双方硬件特性实现硬件接口，通过双方的软件特性实现软件接口。

思考题及习题 7

1. 什么是串行通信？你如何理解串行通信？

2. 什么是单工？什么是半双工？什么是全双工？三者的区别是什么？

3. 什么是同步串行通信？通信时如何实现通信双方的同步技术？什么是异步串行通信？通信时如何实现通信双方的同步技术？

4. 异步串行通信需要设置哪些参数？为什么？

5. 8251A 是一个 40 个引脚的芯片，请分析一下哪些引脚是与 CPU 交换信息的？哪些引脚是与外设交换信息的？

6. 8251A 有几个寄存器？分别是什么作用？每个寄存器的每一位的定义分别是什么？

7. 假设一个异步串行通信的波特率为 9600bps，如果数据位为 8 位，停止位为 1 位，无奇偶校验位，请问每秒钟可以传输几个字节的信息？（或者，如果波特率为 9600bps，则信息传输时，波特率计算时是否包含起始位、数据位、停止位、奇偶校验位？）

8. 假设两个 CPU（A 和 B）实现异步串行通信，传输距离为 5m，请利用 8251A 设计一个串行通信电路，并分别完成 CPU A 和 CPU B 实现通信的程序设计。

9*. 设计一个异步串行通信接口电路，实现两个 8088 CPU 之间的信息交互。要求：（1）通信参数为：9600bps，8 位数据位，2 位停止位，无奇偶校验位；（2）两个 CPU 的串行端口分别为：命令端口为 03FAH，数据端口为 03F8H。请画出电路图和写出初始化程序。

10. 请问 RS–232 是串行通信标准吗？是同步还是异步？通信过程中的电气特性是什么？需要用什么方式实现 TTL 电平到 RS–232 电平的转换？

11*. 通信过程中肯定存在者扰动，即存在干扰，信息在长距离交互中可能出现误码的情况。接收端能否设计某种手段来检验接收的数据信息是否有误码存在（检错）？能否设计一种手段判断哪一位数据在传输中出错，并将错误的数字纠正回来（纠错）？

第8章 中断技术

【学习目标】 了解中断的基本概念，掌握中断的响应过程。

【知识点】 （1）中断的概念；（2）中断源；（3）中断优先级；（4）中断嵌套；（5）中断屏蔽；（6）中断服务程序；（7）中断向量表；（8）中断响应。

【重点】 中断的响应过程；中断服务程序。

接口的控制技术有3种：查询、中断、DMA。前面几章中我们讲解的都是查询的控制方式，查询的方式容易理解，但需要以付出计算机的时间资源为代价，所以不是最经济的技术。中断概念的引入为解决实时性的问题提供了一个好的解决方案，但代价是——中断不是常规逻辑，属于异常逻辑，其概念和实现机制都相对比较复杂，但却十分有效。本章中我们将针对中断的如下几个问题进行叙述。（1）什么是中断？（2）中断应该包含几个基本概念？（3）计算机对于中断事件该如何响应？（4）设计一套什么样的机制来实现响应过程？（5）你设计的响应机制能否适应很复杂的中断状况？

中断的概念是计算机中比较复杂和比较难以理解的一个概念，为了能让读者理解起来比较容易，我们先举一个日常生活的例子来帮助大家理解。

假如说你正在教室里专心致志地看书，这是你现在正在完成的任务，在两个小时之内看完10页书，突然你的手机响了，这时候你有两个选择：其一，无论谁来电话，无论什么事，都不予理睬，将电话静音，照常认真看书；其二，停下你正在进行的任务，转而去接电话。原则上讲两个选择都可以接受，但如果是重要的电话，你放弃了接听可能耽误了重要的事情。

这个日常生活的例子中，看书是你预定的任务，而来电是一个突然的事件，将你预定的任务打断，我们称电话铃响为一个**中断事件**。所谓的中断概念，通俗的理解就是正在进行的任务被紧急事件所打断。

我们要分析一下什么事情会中断正在进行的任务。其实有很多，严重的例如：发生地震、火灾、停电等；不严重的例如：突然来了个同学，突然教室里有人喧哗等。所以，对于"在教室里安心看书"这样一个任务，可能有很多的情况发生时会打断你的看书计划，我们将这些可能中断你的计划的意外事件统称为——**中断源**。显然中断源会有许多个。

当中断发生时，你会怎么办？你应该有两个选择（像上面例子中说明的），你可以不予理睬，照常按自己的计划进行，我们称之为**中断屏蔽**（Interrupt Mask）；当然也可以不屏蔽，那你就要接听电话，而接听电话的过程就离开了你正在看书的任务，而转向了另外的任务，我们称之为**进入中断过程**。但是，我们在举中断源的例子时，有一些严重的中断，例如地震、火灾等，对于这类事件，你没有能力选择不予理睬（那将付出惨痛的代价），所以，对于中断源来讲，我们可以分为：**可屏蔽中断**（Maskable Interrupt）和**不可屏蔽中断**（Nonmaskable Interrupt）。

当你在看书的过程中接听了电话，等于你进入了一个中断过程，在接听电话的过程中，你还可能遇到其他的中断，例如：同学来看你，老师出现在你的面前等。这种情况下你该怎么办？你也有两个选择：其一，如果你觉得和老师打个招呼是必要的，那么你将停止在电话中讲话，来和老师进行适当的沟通。其二，你觉得同学并不需要马上打招呼，你可以继续打电话，等电话讲完了再和同学打招呼。显然，这里存在一个谁更重要的问题，我们称之为**优先级高低的问题**，所以在中断源中会有优先级的高和低的问题，也就是说，你需要为所有的中断源进行一个优先级的排序。

在上一段的叙述中，我们发现其中有一个过程很有趣，你正在接电话，老师突然出现在你的面前，如果你觉得和老师打个招呼很有必要，你会停止电话沟通，转而去和老师打招呼。我们要明确，你现在其实的计划是看书，而接听电话是一个中断任务，在中断任务中，又出现了一个比电话的级别更高的中断，你选择了和更高级的中断接洽，则又进入了一个新的中断任务，我们称这个过程为**中断嵌套**。当老师走后，你再继续你的电话通话过程。通完电话后，再回到你的读书任务中。

你会发现你真的很忙，但似乎又忙而不乱，那你是如何处理这么多事情的呢？将上述过程在你的脑子里仔细回想一下，你就能够理解计算机的中断过程是如何进行的了。

8.1　中　断　概　念

我们现在给出计算机中断的几个比较专业的概念。

（1）中断：它是 CPU 在执行一个程序时，对系统发生的某个事件（程序自身或外界的原因）作出的一种反应。CPU 暂停正在执行的程序，保留现场后自动转去处理相应的事件，处理完该事件后，到适当的时候返回断点，继续完成被打断的程序。

（2）中断源：引起中断发生的事件统称中断源。

（3）中断优先级：为了管理多个中断请求，需要按照每个（类）中断的重要程度，对中断进行分级管理。当有多个中断请求同时出现时，CPU 总是响应中断级别高的中断。

（4）中断嵌套：当 CPU 正在处理优先级较低的一个中断，又来了优先级更高的一个中断请求，则 CPU 先停止低优先级的中断处理过程，去响应优先级更高的中断请求，在优先级更高的中断处理完成之后，再继续处理低优先级的中断，这种情况称为中断嵌套。

（5）允许/禁止（开/关）中断：CPU 通过指令限制某些设备发出中断请求，称为屏蔽中断。

（6）从 CPU 要不要接收中断即能不能限制某些中断发生的角度，中断可分为：可屏蔽中断，可被 CPU 通过指令限制某些设备发出中断请求的中断；不可屏蔽中断，不允许屏蔽的中断，如电源掉电。

中断什么时候来是一个关键的问题，如果我们非常清楚一个中断可能什么时候到来，我们其实可以在计划中安排处理中断。而通过日常生活的例子分析我们很明显地感觉到，中断什么时候到来是不可预计的，即中断来的时间是随机的，无规律可循。

那么计算机该如何处理中断呢？显然需要一种设计好的机制，虽然 CPU 不能预知中断的到来时刻，但只要有中断发生，而且没有被屏蔽，则 CPU 就可以马上响应该中断。所以，中断的处理应该涉及以下 4 个问题：（1）如何检测中断？（2）如何响应中断？（3）如何屏蔽中断？（4）如何从中断任务中退出？

8.2　中　断　检　测

对于 CPU 而言，中断产生的时间是随机的，即 CPU 无法确知中断产生的具体时间。而中断一般意味着比较重要的或者紧急的事件发生，要求 CPU 快速响应中断，因此 CPU 必须做到在短时间内检测到中断，并及时响应。这对于汇编语言程序来讲是一个挑战。

不同的 CPU 对中断的检测方式不完全一样，在 8086/8088 系统中，CPU 是在每一条汇编语言执行结束后检测是否有中断请求，如果没有，则程序继续执行；如果有中断请求，则 CPU 将要执行的汇编语言指令的首地址压入堆栈，准备跳转到中断服务程序。

例如下面一段指令：

```
……
MOV AL, 02H
MOV BL, AL
MOV CL, 04H
……
```

当 MOV　AL，02H 执行完后，IP 中的地址应该指向 MOV BL，AL 的首地址，在没有执行 MOV BL，AL 指令之前检测是否有中断请求，如果没有，则按照 IP 地址中的内容继续执行下面的程序；如果有中断请求，则 IP 地址转到指向中断服务程序的入口地址。同时，要将 MOV BL，AL 的首地址压入堆栈。当中断服务程序结束后，将堆栈中的地址弹出到 IP 寄存器中，CPU 将按照 IP 寄存器中的地址继续执行，正好是下一条指令。同样在 MOV BL，AL 指令执行后也要检测是否有中断请求……

这种方式可以及时响应中断请求，最长的时间即是一条汇编语言指令的执行时间，外部设备一般比 CPU 慢，所以其响应速度基本满足了外部设备的实时性。既可以满足及时响应，又可以保障常规任务的正常执行，因此这是一个合理的设计。

8.3　中断服务程序

在上一节中讲到了一个中断服务程序的概念，然而什么是中断服务程序呢？中断发生，必然会有一种紧急的事情发生，需要 CPU 及时处理，也就是说，需要 CPU 执行一段预先设定好的程序，例如，键盘一般采用中断方式和 CPU 接口。（为什么？）当键盘请求中断时，CPU 在一条指令执行完成后检测到键盘中断，那 CPU 接下来要完成什么呢？根据我们已有的键盘知识，我们可以分析出 CPU 需要将键盘编码读入寄存器中。也就是说，CPU 需要执行一段程序，该程序的任务是将键盘接口中的键盘编码读入寄存器 AL。任意一个按键被按下，都会产生一个中断，而每一个中断的任务都是将键值读入寄存器。所以，需要有一段程序完成该任务，程序如下：

```
……
MOV DX, 8000H
IN  AL, DX
……
```

可能这个程序很短，只有 2～3 条语句，但我们称之为**中断服务程序**。即只有在键盘中断出现时该段程序才会被执行。

中断服务程序是中断发生后，CPU 要对中断进行处理的一段程序，是事先编制好的一段程序，虽然中断什么时候到来不可预测，但是中断来了后 CPU 需要做什么工作是可以事先预测好的，所以中断服务程序是可预先编制好的。一旦中断发生，CPU 直接跳转到中断服务程序处，执行中断服务。

很显然应该存在一种机制，使得 CPU 获得中断后可以直接跳转到中断服务程序中。我们称之为**中断管理机制**。

中断服务程序是处理随机发生的事件的程序，在什么时候被调用无法预知，也就是说，我们无法预知中断服务程序在哪条语句结束后会被执行，也就无法预测哪些寄存器可能正在被使用，所以中断服务程序进入后的第一件事就是要保护好进入中断前的现场。

中断现场保护包括哪些内容呢？第一个需要考虑的是哪些寄存器的内容需要保护；第二个需要考虑的是如何保护。为了回答这两个问题，我们先看一下图 8.1。

图 8.1　中断调用过程

在图 8.1 中，我们用"横线"代表程序指令，在正常运行的程序过程中，出现了一个中断请求，此请求什么时候到来是不可预知的，即在哪一条语句执行过程中到来是不可预知的。通过前面的叙述我们已经知道，8086/8088 系统会在每一条汇编语言指令执行完成后检测中断，检测到中断后，将自动跳转到中断服务程序中执行中断程序。中断程序执行完成后，CPU 需要跳转到"正常运行的程序"中继续中断前的程序运行，所以，CPU 在跳转到中断服务程序之前，必须记住当前"正在执行的程序"所运行到的地址，即下一条指令所在的地址（正在运行程序）。这是第一个要记忆的内容。

中断什么时候到来是不可预知的，即程序执行到什么地方的不可预知的，程序现在在进行什么计算也是无法预知的，而中断服务程序执行完成后，必须回到正在运行的程序中，继续进行其中断前的运算，即我们需要保证中断服务程序执行前的运算结果不会被中断服务程序所改变，我们需要保存 FLAG 寄存器中的内容，以及需要保存中断服务程序中要使用的寄存器中的内容。这是第二个要记忆的内容。

如何保存？换句话讲，保存在什么地方？答案是保存在堆栈中。对于第二个要记忆的内容，我们可以自己编写程序来保存，毕竟计算机无法知道你会在中断服务程序中使用哪些寄存器。而对于第一个要记忆的内容，编程者是无法用程序来保存的，必须有一种自动保存的机制，由 CPU 的硬件来保存。

中断服务程序中一般会编写保存现场的程序部分，如下所示：

```
......
PUSH  AX
PUSH  BX
PUSH  CX
......
POP   CX
POP   BX
POP   AX
IRET
```

前面的压栈指令，是将中断服务程序中要用到的 AX、BX、CX 3 个寄存器压栈，在中断服务程序结束前，将 CX、BX、AX 分别弹栈，恢复进入中断服务程序之前的寄存器中的内容。

对于正在运行的程序的地址保护，我们可以看一下以下的程序，为了便于理解，我们将程序的存储地址、机器码、助记符都写出来，程序如下：

```
......
13AC:0100   B82300   MOV   AX,23H
13AC:0103   BB5600   MOV   BX,56H
13AC:0106   01D8     ADD   AX,BX
13AC:0108   A30020   MOV   [2000H],AX
......
```

	......
FFFF: FFE4	CL
FFFF: FFE5	CH
FFFF: FFE6	BL
FFFF: FFE7	BH
FFFF: FFE8	AL
FFFF: FFE9	AH
FFFF: FFEA	FLAG
FFFF: FFEB	FLAG
FFFF: FFEC	06H
FFFF: FFED	01H
FFFF: FFEE	ACH
FFFF: FFEF	13H

假设中断请求在 MOV BX,56H 指令运行中间到来，则 CPU 在该指令执行完成后检测中断，当发现有中断请求时，CPU 将跳转到中断服务程序中执行，那么中断结束后回来需要继续执行的是 ADD AX,BX 指令。也就是说，CPU 需要记录 ADD AX,BX 指令所在的程序地址，即 13AC:0106，也就是 MOV BX，56H 指令的下一条指令，显然需要记录两个 16 位的二进制地址，即需要 4 个字节。

图 8.2 中断响应过程堆栈存储

CPU 将自动将 13AC:0106 地址压入堆栈，堆栈的示意图如图 8.2 所示。

先保存下一条指令的逻辑地址（CS:IP），然后保存 FLAG 寄存器中的内容，最后保存寄存器中的内容。我们统称这些保护为**保护中断现场**。通过现场的保护，我们可以设想无论中断什么时候来，CPU 都可以既完成中断响应，又不影响正在运行的程序的正常进行。

这种机制的设计是很完美的。读者可以从设计中体会：如果我们在生活和工作中遇到突发事件，该如何设计相应的响应机制。

【例 8.1】编写一个中断处理的汇编语言程序，在中断服务程序中显示"This is a interrupt program"字符串。

```
DISP DB 'This is a interrupt program', '$'
INT_PROGRAM PROC FAR
PUSH    AX                      ;保护现场
PUSH    BX
PUSH    CX
PUSH    DX
PUSH    SI
PUSH    DI
PUSH    BP
PUSH    DS
PUSH    ES
STI                             ;开中断
PUSH    CS                      ;将（CS）中的地址赋给（DS）
POP     DS
MOV     DX,OFFSET DISP          ;将 DISP 变量的偏移地址赋给 DX
MOV     AH,9                    ;设置功能码
INT     21H                     ;调用软中断 21H，显示字符串
```

```
            CLI                             ;关中断
            POP     ES                      ;恢复现场
            POP     DS
            POP     BP
            POP     DI
            POP     SI
            POP     DX
            POP     CX
            POP     BX
            POP     AX
            IRET                            ;中断返回
            INT_PROGRAM  ENDP
```

这段程序中的一些功能我们稍后会介绍。在此读者注意理解**中断服务程序的编写过程、现场保护和现场恢复的实现方法**。要强调 STI 指令之后的 PUSH CS 和 POP DS 两句的作用，PUSH CS 是将 CS 压栈，但此处不是为了现场保护，而是为了交换数据，刚被压入堆栈的 CS 马上被弹出，但并没有弹出到 CS 中，而是弹出到了 DS 中，这相当于 MOV DS，CS 语句的作用，但是在 8086 汇编语言中不支持段寄存器之间的数据移动，所以采用堆栈的数据移动方式。

【例 8.2】 为了便于读者理解，我们试图用 C 语言重写上述中断服务程序。

```
            char ch[]={"This is a interrupt program"};
            void interrupt int_program()
            {
                printf("%s",ch);
            }
```

例 8.1 和例 8.2 程序的功能是完全一致的，只是在 C 语言中体现不出来现场保护的过程，而是在 C 语言内部自行实现了。

【例 8.3】 编写一个中断服务程序，每次中断到来时自动记录中断次数，当中断次数超过 18 次时，将全局变量 Flag 置 1。

```
            char Flag=0;                    //定义全局变量 Flag，并赋初值为 0
            void interrupt temp( )          //interrupt 为关键字，注明此函数为中断服务程序
            {
                static int Count=0;         //定义静态整型变量 Count
                Count++;                    //每一次中断到来时，Count 变量加 1，记录中断次数
                if(count>=18){              //如果中断次数超过 18 次，则重新开始新一轮的计数
                    Count=0;                //同时将全局变量 Flag 置 1，告知其他程序，中断已经
                    Flag=1;                 //来过 18 次了
                }
            }
```

此例中的服务程序完成了一个中断到来次数的记录过程，但并没有说明该程序是怎么使用的。程序又该如何执行呢？要回答这两个问题，就需要了解 CPU 对中断的管理机制。这里需要说明的是：**不同的 CPU 对中断的管理机制不一样**，所以，中断管理机制需要和具体的 CPU 相结合，此处我们以 8086/8088 为例来讲解 CPU 的中断管理机制。

8.4 中断管理机制

在上一节中，我们了解了 CPU 通过中断服务程序来响应中断请求，同时我们也分析了 CPU 是如何实现"正常运行的程序"和"中断服务程序"之间的相互协调机制的。除此之外，还应该存在一种实现自动跳转到"中断服务程序"的机制。

中断源是多个而不是一个，也就意味着将有多个对应的中断服务程序。假设存在 256 个中断源，相应地存在 256 个中断服务程序，而每一个中断服务程序显然存储在存储器中的某一段地址区间内。为了方便，我们为这 256 个中断源分别编号：0 号中断；1 号中断；2 号中断……255 号中断。256 个中断中的任意一个中断发出请求，CPU 都要自动跳转到相对应的中断服务程序中，这需要什么样的一种机制呢？

每个中断服务程序都存储在存储器中，我们可以设想一种机制——每个中断服务程序的地址空间是固定的。例如，0 号中断存储在 1000:0000 地址处；1 号中断存储在 1000:0200 地址处……将这些固定的地址管理起来，可以实现 CPU 的自动跳转过程。但这样就存在一个问题——每个中断服务程序的存储空间将被限制在一个范围内。例如，对于 200H 个地址空间，如果中断服务程序的长度小于 200H，则存储空间会有浪费；如果长度超过 200H，那么就会有问题。但如果换一种角度，我们设计一段固定的地址空间，该空间中每个中断占有一个固定的内存空间（例如 8 个字节），这样 256 个中断所需要的空间为 256*8Bytes，而每 8 个字节中存放的是一个跳转指令，CPU 直接跳转到该中断所对应的中断服务程序入口所在的地址，如图 8.3 所示。

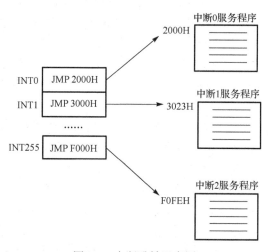

图 8.3 中断跳转示意图

图中的跳转方式从跳转的机制上是成立的，但是很显然图 8.3 中左边的列表也需要一种机制，使得当中断请求发生时，CPU 知道跳到存储器的什么地址去寻找中断服务程序的入口地址。目前存在的 CPU，有一些是采用上述中断管理机制的。

我们可以这样理解上述的管理机制：在图书馆中，我们经常会通过一个检索目录去查找我们所需要的书籍，检索表中注明了书籍所在的具体位置。书籍的位置是可以变动的，只要保证书籍的位置变动时，检索表中的记录也改变，就不会影响到书籍的查找。所以，图 8.3

中的中断服务程序可以理解为书籍，而左边的列表为一个检索表格。如果要改变中断服务程序的位置，就需要改变检索表格中的内容。

在 8086/8088 CPU 中，我们已经清楚：如果要实现程序的跳转，只需要改变 CS:IP 寄存器中的地址信息即可，CS:IP 中的值即是下一条将要执行的指令。所以，要想实现自动跳转到中断服务程序中，也只要改变 CS:IP 寄存器中的值即可。

8086/8088 可以管理 256 个中断源，为了有效管理这 256 个中断，设计了一个"检索表"，在这里我们称之为**中断向量表**。该表格的形式如图 8.4 所示。其为每一个中断源分配 4 个字节的地址空间，该空间中存放各自中断服务程序的入口地址 CS:IP。中断向量表固定存放在物理地址为 00000H～003FFH 的地址空间中，该空间为 1KBytes（2^{10}B），每个中断源占 4 个字节，刚好可以管理 256 个中断源。

因为物理地址是固定的，当任意一个中断提出请求时，CPU 会自动跳转到 0000:0000H 的地址处。因为每个中断所占有的内存空间数是固定的（4Bytes），如果每个中断被设定一个中断号，则当 CPU 获得中断请求，并得到中断号如 INT 3 时，INT 3 号中断中断向量所在的地址为

$$N \text{号中断在中断向量表中的地址} = \text{BaseAddress} + 4 \times N \qquad (8.1)$$

如果 $N=3$，则 3 号中断在中断向量表中的地址为：00000H+4×3H=0000CH，即 3 号中断的中断服务程序的入口地址存储在 0000CH、0000DH、0000EH、0000FH 这 4 个地址处，按照 8086/8088 的存储原则（高位在高地址，低位在低地址），则（CS）存储在 0000EH、0000FH 两个单元中，（IP）存储在 0000CH、0000DH 两个地址单元中。CPU 将 4 个地址单元中的信息取出，分别送入 CS:IP 寄存器，则 CPU 下一个指令周期将执行 CS:IP 中的程序，即中断服务程序。

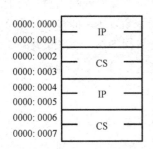

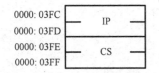

图 8.4　8086 中断向量表

到目前为止，许多 CPU 都是采用中断向量表的中断管理机制，当然也有采用其他管理方式的，所以中断管理机制因 CPU 的不同是不同的。

现在我们来整理一下思路，为了能够使 256 个中断源对应 256 个中断服务程序，又不让中断服务程序在存储器中的位置固定，我们设定了一个具有固定存储器地址的中断向量表，向量表中每一个中断对应固定的存储单元个数，用于存放中断服务程序的入口地址。当第 N 号中断服务程序编写完成后，我们需要获得该中断服务程序的入口地址，同时将该地址存储在中断向量表中对应的位置处。当第 N 号中断请求到来时，CPU 首先找到中断向量表，然后根据中断号 N，找到第 N 号中断在中断向量表中的位置，将中断向量表中的地址信息取出，发送到 CS:IP 寄存器中，则 CPU 自动跳转到第 N 号中断服务程序处自动执行。

通过上面的叙述，细心的读者会发现存在以下问题：（1）如何获得中断服务程序的入口地址？（2）如何将中断服务程序的入口地址存入到其对应的中断向量表中？（3）中断号是如何获得的？

第（3）个问题我们将在本章的 8.6 节回答，现在我们先假设能够获得中断号。我们先来看一下问题（1）和（2）。

谈到问题（1）和（2）时，不得不涉及操作系统的相关知识，但本书无意过多地讲解操

作系统的内容，所以在此处我们粗略地讲解一下操作系统的知识。中断服务程序在汇编语言中属于一个子过程（函数、子程序），当编译、连接之后，形成可执行程序，操作者将在 DOS 操作系统之上运行可执行程序。过程在运行时，操作系统将为每一个变量、过程自动分配存储空间，分配完成后，每一个变量或者过程都将获得在存储器中相应的存储地址，一般来讲，变量名、过程名都对应存储器中的地址。换句话说，中断过程名对应着中断服务程序的入口地址，该地址 DOS 操作系统是已知的。

在 DOS 操作系统中提供了一些基本功能，让操作者可以方便实现一些功能，设置中断服务程序的入口地址到中断向量表中是其中一个功能，使用的方法如下例。

【例 8.4】 将 INT_PROGRAM 中断服务程序设置为 60H 号中断，将入口地址放置在中断矢量表中。

```
MOV AX,SEG INT_PROGRAM      ；中断向量的段地址放于 DS 中
MOV DS,AX
MOV DX,OFFSET INT_PROGRAM   ；中断向量的偏移地址放于 DX 中
MOV AL,60H                  ；60H 为中断号，放于 AL 中
MOV AH,25H                  ；25H 为设置中断向量的功能号，放于 AH 中
INT 21H                     ；调用 21H 号中断，实现中断向量设置
```

上述程序中的 INT_PROGRAM 为我们自己编写的 60H 号中断的中断服务程序的过程名。

虽然我们回答了问题（1）和（2），显然，又出现了新的问题，上述程序中的 INT 21H 是怎么回事呢？也是一个中断吗？INT 21H 的中断响应机制与我们前面讲述的中断机制是一致的吗？为什么是 21H 中断呢？⋯⋯

我们讲了 8086/8088 系统可以管理 256 个中断，这 256 个中断分为外部中断和内部中断两部分。外部中断是由 I/O 设备或其他异常情况所引起的中断，通常来自 CPU 的外部，所以称为**外部中断**，又称为**硬件中断**（在 8.6 节中将详细讲解）。由 CPU 内部引起的中断，称为**内部中断**，这些中断包括：除法运算错误、执行软中断指令、单步中断等，它们都是非屏蔽中断（NMI）。内部中断一般分为以下 4 种：

（1）除法出错中断：当除数为 0 或除法中所得的商过大时，立即产生一个内部中断。

（2）溢出中断指令 INTO：这是一条软件中断指令，当执行该指令时，如果前面的运算产生了溢出，使 OF=1，便产生一个内部中断；如果 OF=0，则不产生中断。

（3）单步中断：这是为了调试程序方便提供的一个手段。当 FLAG 标志寄存器中的 TF=1 时，CPU 便进入了单步工作模式，每执行一条指令就产生一个内部中断，程序会停下来，以方便用户检查程序运行结果。

（4）软中断 INT n：这是设计者在设计计算机系统时为使用者提供的操作手段，相当于子程序，只是用中断方式实现的。一般的 PC 系统提供两组功能的软中断，一组在 ROM 的 BIOS（Basic Input/Output System，基本输入/输出系统）中，另一组在 DOS 系统中，用于完成常用的输入/输出功能。常用的 INT 21H 是 DOS 功能调用。

软中断 INT 21H 的功能有许多，在此我们举几个简单的例子，详细的功能请读者参照附录。

（1）显示功能调用：当 AH=9 时，功能是显示字符串。输入参数：DS:DX 为待显示字符串的首地址，字符串必须以 "$" 结尾。无返回结果。

【例 8.5】 在屏幕上显示 "Hello, World!" 字符串。

```
STRING DB 'Hello,World!','$'
```

```
        LEA DX,STRING              ;将 STRING 的偏移地址赋给 DX
        MOV AH,9                   ;21H 号中断的第 9 个功能
        INT 21H
```

（2）设置中断向量功能：当 AH=25 时，功能是将中断服务程序的入口地址按照中断号放入中断矢量表中，输入参数：AL=中断号；DS:DX=中断服务程序入口地址的段基址：偏移量。程序示例见例 8.4。

（3）程序终止功能：当 AH=4CH 时，功能是结束正在运行的汇编语言程序，一般放置在程序的最后。入口参数：AL=返回码。

【例 8.6】 在屏幕上显示"Hello，World！"字符串，并终止程序，返回到 DOS。

```
DATA SEGMENT
STRING DB 'Hello,World!', '$'
DATA ENDS
CODE SEGMENT
    ASSUME  CS: CODE, DS: DATA
START:
    MOV AX,DATA
    MOV DS,AX
    LEA DX,STRING
    MOV AH,9
    INT 21H
    MOV AX,4C00H                ; AH 赋给 4CH
    INT 21H
CODE ENDS
    END START
```

例 8.6 为一个完整的汇编语言程序，其中用到了两次 INT 21H，第一次为显示字符串，第二次为结束程序运行返回 DOS。

DOS 操作系统为我们提供的软中断相当于功能调用，只是使用的是中断的方式，其工作过程与中断的调用过程是一致的，只不过中断申请是通过类似于 INT 21H 的指令实现的，所以可以理解为是软件产生的中断，当然此类中断什么时候到来是由编程者控制的。

通过了解 8086 系统对于中断的管理机制，细心的读者会发现 256 个中断源的管理似乎并没有考虑中断的级别问题，也没有考虑中断的嵌套问题，难道不需要考虑吗？还是在这个管理机制中已经包含了上述两个概念了呢？

8.5　中断优先级管理

8086/8088 系统可以管理 256 个中断源，包括内部中断和外部中断，显然这些中断的级别是不一样的，有中断级别的高低之分。换句话讲，当两个中断同时到来的时候，CPU 先响应哪一个必须是确定的，所以中断级别要预先确定下来。同时，存在优先级就存在中断嵌套的问题，即如果 CPU 正在响应一个级别比较低的中断时，一个级别比较高的中断提出中断请求，CPU 将暂停现在的中断服务，转而去响应级别比较高的中断，以保证重要的事情得以及时处理。

在 256 个中断源中，预先设定一个中断级别，其优先级的顺序如表 8.1 所示。

表 8.1 8086/8088 中断优先级

中断源	优先级
内部中断（除法错误、INT n、INTO）	最高
不可屏蔽中断（NMI）	↓
可屏蔽中断（INTR）	
单步中断	最低

这是一个大的分类，其中的可屏蔽中断（INTR）属于外部中断，可以连接多个中断源，这多个中断源又会有其中断级别，需要通过一个中断优先权判别器来对优先级别进行判断。优先级别的判定技术一般有 3 种：软件查询法；链式电路硬件判别法；专用硬件判别法。

1. 软件查询法

将中断源按照固定顺序 A，B，C，…连接，在中断服务程序中依次判定是哪个中断源发出了中断请求，如图 8.5 所示。这种优先级判定方式也可以再分为两种：① 每次都从 A 开始，依次到 B，C，…；② 第一次从 A 开始，如果遇到有中断发生（例如：C 有中断），则响应 C 号中断，C 号中断结束后，不再回到 A 重新开始，而是从 D 开始，然后按 E，F，G，…的顺序执行。方式①中，中断的优先级是固定的，即"谁先被访问，谁先被响应"，所以中断的优先级顺序是 A，B，C，D，…，A 的优先级最高，B 次之……方式②的优先级是可变的，当 C 被响应完成之后，D 的优先级变为最高，然后是 E……这两种方式各有优缺点。

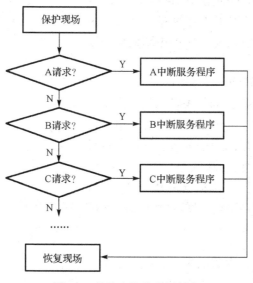

图 8.5 软件查询优先级判定

2. 硬件菊花链式电路优先级判别法

如图 8.6 所示，设备 1～设备 4 通过接口电路产生中断请求信号统一经过两级反相连接到 CPU 的没有 INTR（可屏蔽中断）端。当中断请求产生时，INTR 为低电平，CPU 没有中断请求；当有一个设备产生中断请求产生时，INTR 被拉为高电平，CPU 接收到外部中断请求，但此时的 CPU 尚不知道是哪个设备发出的中断请求。

接着，CPU 开始响应中断请求，发出 $\overline{\text{INTA}}$ 信号，该信号为低电平。$\overline{\text{INTA}}$ 首先到达设备

1 的菊花链电路中（参见图 8.7 所示的菊花链电路），如果设备 1 发出了中断请求，则设备 1 的接口发出一个高电平信号，在到达反相器 D_2 之前连接到菊花链式电路中，经过反相器 D_1 后变为低电平，$\overline{INTA}$ 和 D_1 的输出信号经过或门 O1 产生低电平，作为设备 1 接口的中断响应信号。同时 $\overline{INTA}$ 信号到达或门 O_2，设备 1 的中断请求信号也到达 O_2 的另一端，此时 O_2 的两端一端为低电平（$\overline{INTA}$），另一端为中断请求信号的高电平，则 O_2 输出为高电平，设备 2 的中断响应被截止，同理设备 3、设备 4 的中断响应也被截止。

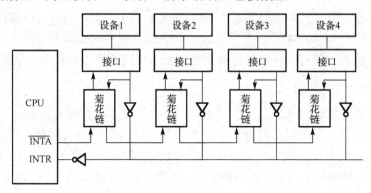

图 8.6　菊花链式中断优先级判定电路

　　如果设备 1 没有发出中断请求，则图 8.7 中的 D_2 的上端为低电平，使得 O_1 的输出端为高电平，而 O_2 的输出端为低电平，则电路开始检测设备 2 是否有中断请求发出，如果有，则响应设备 2 的中断请求。以此类推。

　　从图 8.6 的分析可以看到，设备 1 的优先级最高，设备 2 的优先级次之，设备 4 的优先级最低。也就是说，这种电路的连接方式事先必须设计好优先级，然后电路按照优先级从高到低的顺序依次安置，一旦设计完成，优先级的顺序不可更改。

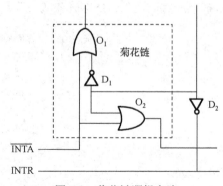

图 8.7　菊花链逻辑电路

　　从图 8.6 中也可以看到，菊花链式电路的一个最大的缺点：如果前级的电路出现问题，则其后的所有中断都将无法得到响应。

3．专用硬件判别法

　　采用集成电路芯片，将中断的优先级判别放置在芯片上，这种技术是现在常用的一种技术，为此 Intel 公司设计了一款专用的中断接口芯片 8259A，该芯片的功能较多，我们利用 8.6 节专门讲解 8259A 芯片。

8.6　可编程中断接口芯片：8259A

　　8259A 是 Intel 公司专门为了对 8086/8088 CPU 进行中断控制而设计的芯片，它是可以用程序控制的中断控制器。单个的 8259A 能管理 8 级中断。通过级联方式最多可以管理 64 级的向量优级中断系统。8259A 有多种工作方式，能应用于各种系统。各种工作方式的设定是在初始化时通过软件进行的。在总线控制器的控制下，8259A 芯片可以处于编程状态和操作状态，编程状态是 CPU 使用 IN 或 OUT 指令对 8259A 芯片进行初始化编程的状态。其外部引脚如图 8.8 所示。

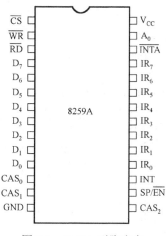

图 8.8 8259A 引脚定义

8.6.1 8259A 引脚说明

（1）$D_7 \sim D_0$：双向三态数据线，它可直接与系统的数据总线相连。

（2）$IR_0 \sim IR_7$：8 根外界中断请求输入线。

（3）读命令信号线，当其有效时，控制信息由 8259A 送至 CPU。

（4）写命令信号线，当其有效时，控制信息由 CPU 写入 8259A。

（5）选片信号线，由地址高位控制。高位地址可以经过译码与 CS 相连（全译码方式），也可以是某一位直接与 CS 相连（线选方式）。

（6）A_0：用以选择 8259A 内部的不同寄存器，通常直接连接至地址总线的 A_0。

（7）$CAS_2 \sim CAS_0$：级连信号线，当 8259A 作为主片时，这 3 根为输出线；作为从片时，则此 3 根线为输入线。这 3 根线与 SP / $\overline{EN}$ 线相配，实现 8259A 的级连。

8.6.2 8259A 的内部结构及工作原理

（1）8259A 的内部结构

8259A 的内部结构如图 8.9 所示。其包含 3 个寄存器：中断请求寄存器（IRR）、中断屏蔽寄存器（IMR）、中断服务寄存器（ISR），以及一个优先级判别电路和一个级联缓冲比较器。IMR 用来对外部中断进行屏蔽/非屏蔽的控制，8259A 可以对每个中断源分别进行屏蔽。IRR 用来寄存中断，如果由外部中断发生，而且暂时得不到 CPU 的处理，则其中断信号将保存在 IRR 中，直到被响应为止。ISR 保存正在被处理的中断，如果 CPU 响应了某个中断，则该中断被保存在 ISR 中，如果存在嵌套处理，则有多个中断被保存在 ISR 中。

当外部多个中断同时提出请求时，优先级判别电路根据优先级顺序优先响应级别高的中断。类似于上一节讲的菊花链电路。

（2）8259A 的工作原理

当一个中断请求从 $IR_0 \sim IR_7$ 中的某根线到达 IMR 时，IMR 首先判断此 IR 是否被屏蔽，如果被屏蔽，则此中断请求被丢弃；否则，则将其放入 IRR 中。屏蔽由 CPU 发出的指令来控

制。例如：IR_2 产生中断请求，则要判断 IMR 中对应与 IR_2 的控制位是否被屏蔽，如果没有被
屏蔽，则放入 IRR 中。

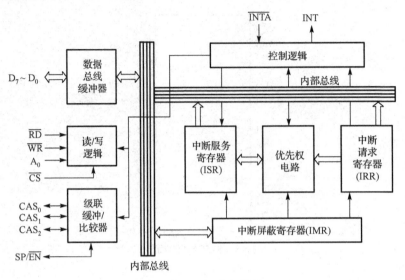

图 8.9   8259A 内部结构

在 IR_2 中断请求不能进行下一步处理之前，它一直被存放在 IRR 中。一旦发现处理中断的
时机已到，优先级判别电路将从所有被放置于 IRR 中的中断中挑选出一个优先级最高的中断，
将其传递给 CPU 去处理。IR 号越低的中断优先级别越高，如 IR_0 的优先级别是最高的。

8259A 通过发送一个 INTR（Interrupt Request）信号给 CPU，通知 CPU 有一个中断到达。
CPU 接收到这个信号后，会暂停执行下一条指令，然后发送一个 $\overline{INTA}$（Interrupt Acknowledge）
信号给 8259A。8259A 接收到这个信号之后，马上将 ISR 中对应此中断请求的相应位置 "1"，
同时 IRR 中的相应位会被复位。比如，如果当前的中断请求是 IR_2，那么 ISR 中的 BIT_2 就会
被设置，IRR 中 IR_2 对应的 BIT_2 位就会被清零。这表示此中断请求正在被 CPU 处理，而不是
正在等待 CPU 处理。

随后，CPU 会再次发送一个 $\overline{INTA}$ 信号给 8259A，要求它告知 CPU 此中断请求的中断向
量是什么，这是从 0～255 的一个数。8259A 根据被设置的起始向量号（起始向量号通过中断
控制字 ICW_2 被初始化）和实际的中断请求号计算出中断向量号，并将其放置在数据总线上。
比如被初始化的起始向量号为 8，当前的中断请求为 IR_3，则中断向量计算的方法为：二进制
的最后 3 位代表连接到 8259A 的实际中断 IR_3，二进制的前 5 位为使用者预先设定的数字（此
处为 8），则二进制数为：01000，011B=43H，即中断向量号为 43H。

CPU 从数据总线上得到这个中断向量之后，就去中断向量表中找到相应的中断服务程序
（ISR）入口地址，并调用它。如果 8259A 的中断结束（EOI）通知被设定为人工模式，那么
当中断服务程序处理完该处理的事情之后，应该发送一个 EOI（一个命令）给 8259A。

8259A 得到 EOI 通知之后，ISR 寄存器中对应于此中断请求的位会被清零。

如果 8259A 的中断结束（EOI）通知被设定为自动模式，那么在第 2 个 $\overline{INTA}$ 信号收到后，
8259A 的 ISR 寄存器中对应于此中断请求的相应位就会被清零。

在此期间，如果又有新的中断请求到达，并被放置于 IRR 中，而这些新的中断请求中有
比在 ISR 寄存中放置的所有中断优先级别还高的话，那么这些高优先级别的中断请求将会被

马上按照上述过程进行处理；否则，这些中断将会被放置在 IRR 中，直到 ISR 中高优先级别的中断被处理结束，也就是说直到 ISR 寄存器中高优先级别的位被清零为止。

8.6.3 单片 8259A 与总线的连接方式

Intel 8259A 与 Intel 公司的 CPU 的连接方式相对简单，如图 8.10 所示。

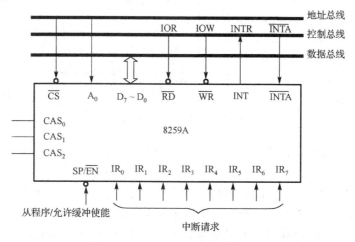

图 8.10 8259A 与总线的连接方式

$D_0 \sim D_7$ 与数据总线对应的 $D_0 \sim D_7$ 相连，作为数据和控制命令的传输通道。$\overline{CS}$ 片选端通过地址译码来选通，用户可以根据具体应用的需要设定地址。$\overline{RD}$ 和 8086 的 $\overline{IOR}$ 相连，$\overline{WR}$ 和 $\overline{IOW}$ 相连。INT 与 8086 的 INTR 相连，8259A 的 $\overline{INTA}$ 与 8086 的 $\overline{INTA}$ 相连，作为中断响应信号。$IR_0 \sim IR_7$ 连接到外部的中断源，高电平有效。地址线 A_0 和总线的 A_0 相连，片选的译码电路中不应该包含 A_0，8259A 通过 A_0 的不同来选择控制单元。$CAS_2 \sim CAS_0$ 作为级联端，单片时可处于悬空状态。

CPU 利用本身的 I/O 操作指令（IN 或 OUT）通过总线可以对 8259A 的功能进行设定。

8.6.4 8259A 的初始化

8259A 与 CPU 连接完成之后，需要对 859A 进行初始化设定，因为 8259A 是一个多功能集成芯片，具体的应用需要设定为某一种特定的功能。初始化任务在计算机系统中是必须要完成的任务，对于 PC 而言经常在 BIOS（Basic Input Output System）中完成，但其初始化的结果也不一定就是所需要的，所以一般都需要在应用程序中重新初始化。

8259A 有 6 种工作方式：①查询方式；②中断屏蔽；③缓冲模式；④中断嵌套模式；⑤中断优先权旋转；⑥中断结束命令，CPU 可以通过软件操作 8259A 的命令字进行选择。

8259A 有 4 个初始化命令字 $ICW_1 \sim ICW_4$，它们按照一定的顺序送入，用于设置 8259A 的初始状态。我们先来了解一下 ICW_1 到 ICW_4 分别用于设定什么内容。

图 8.11 所示为 ICW_1 命令字中各位的功能。其 D_4 必须为 1，为标志位，确定该命令字为 ICW_1。D_0 确定是否送 ICW_4，若根据需求判断 ICW_4 的各位应选择为零，则可置 D_0 位（即 ICW_4）为 0，即不送 ICW_4。D_1 位 SNGL 规定系统中是单片 8259A 工作还是级联工作。D_2 位 ADI 规定 CALL 地址的间隔，$D_2=1$，则间隔为 4，$D_2=0$，则间隔为 8。D_3 位规定中断请求输入线的触发方式，$D_3=1$ 为电平触发方式，此时边沿检测逻辑断开；$D_3=0$ 则为边沿触发方式。

D_7、D_6、D_5这3位只应用于MCS-8080/8085系统时才有效。设置ICW_1时，要求$A_0=0$，如图8.11所示。

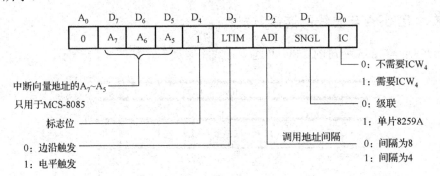

图8.11　8259A的ICW_1命令字

【例8.7】 假设8259A在8086系统中采用非级联方式，采用边沿触发方式接收中断信号，请写出ICW_1的控制字。

按照题目要求：8086系统的调用地址间隔为4，所以$D_2=1$；边沿触发则$D_3=0$；非级联方式则$D_1=1$；ICW_4是否需要要看中断的结束方式，现在无法判定，假设需要ICW_4，则$D_0=1$；$D_5\sim D_7$在8086系统中不起作用，可以都设为0，也可以都设为1，在此我们都设为0，则，ICW_1控制字为：00010111B=17H。

图8.12所示为ICW_2命令字各位的功能说明。图中$D_0\sim D_2$共3位二进制，可以表示8个数，分别对应8259A的$IR_0\sim IR_7$，由8259A自行填入。即当IR_3中断来临时，$D_0\sim D_2$则自动表示为011B。其中$D_3\sim D_7$为人工填入，表示中断类型号的高5位，如$T_7\sim T_3$为11111B，则当IR_3来临时，8259A产生的中断类型号为11111011B=FBH，显然$D_3\sim D_7$是用来调整中断类型号所在的范围的。

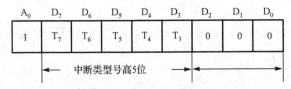

图8.12　ICW_2控制字说明

图8.13所示为ICW_3命令字各位的功能说明。ICW_3是标志主片/从片的初始化命令字。只有在一个系统中包含多片8259A时，ICW_3才有意义。因为是用于级联的控制字，所以主片和从片中命令字的意义不一致。

A_0	D_7	D_6	D_5	D_4	D_3	D_2	D_1	D_0
1	S_7	S_6	S_5	S_4	S_3	S_2	S_1	S_0

图8.13　ICW_3控制字说明

在主片中，$S_0\sim S_7$分别代表$IR_0\sim IR_7$哪个引脚上连接有从片，例如：$ICW_3=01001000B$，则表示IR_3和IR_6上分别连接了从片，其他引脚没有从片。

在从片中，ICW_3的命令字格式如图8.14所示。$D_3\sim D_7$都为0，$D_0\sim D_1$表示从片连接到主片的引脚位置。例如：$D_2D_1D_0=100B$，则表示该从片连接到了主片的 IR_3 引脚上。上述两个例子的硬件原理图如图 8.15 所示。

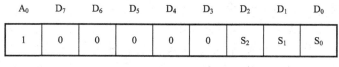

图 8.14 ICW_3 控制字说明

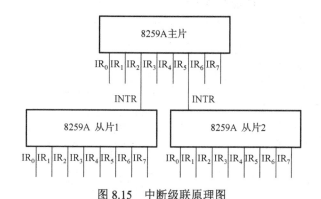

图 8.15 中断级联原理图

图 8.16 所示为 ICW_4 命令字说明。D_0 位选择 CPU，当 $D_0=0$ 时选择 8080/8085 CPU；当 $D_0=1$ 时选择 8086/8088CPU。

A_0	D_7	D_6	D_5	D_4	D_3	D_2	D_1	D_0
1	0	0	0	SFNM	BUF	M/S	AEOI	S_0

图 8.16 ICW_4 控制字说明

D_1 位用于选择中断结束方式。$D_1=0$ 为正常结束方式；$D_1=1$ 为自动结束方式。自动结束方式是在 CPU 发出第二个 $\overline{INTA}$ 后，8259A 将 ISR 中的相应位自动清零，结束中断。对于正常结束的中断方式，需要有用户通过程序发送 EOI（End of Interrupt）命令将 ISR 中的相应位清零。**注意，在中断嵌套中不宜采用自动结束方式。** 一般情况下，熟悉 8259A 的用户都会选择正常结束方式，在中断服务程序结束前，发送 EOI 命令。

D_3 说明 8259A 是工作于缓冲方式（$D_3=1$），还是工作于非缓冲方式（$D_3=0$）。如果 8259A 工作于缓冲方式，则 $SP/\overline{EN}$ 引脚作为输出信号，输出一个低电平允许信号，控制总线缓冲器与总线相连，在缓冲方式下，必须初始化 8259A 为主/从结构。如果 8259A 工作于非缓冲方式，则 $SP/\overline{EN}$ 引脚为输入方式，单片情况下，$SP/\overline{EN}$ 接高电平；级联情况下，主片 $SP/\overline{EN}$ 接高电平，从片 $SP/\overline{EN}$ 接低电平。

D_2 位表示 8259A 工作于主片方式还是从片方式。有两种情况：（1）当 8259A 工作于缓冲方式时，$D_2=1$ 表示该片 8259A 为主芯片；$D_2=0$ 表示该片 8259A 为从芯片。（2）当 8259A 工作于非缓冲方式时，该位不起作用。可以靠硬件接线来判断主从关系。

D_4 位表示嵌套方式。当 $D_4=1$ 时为特殊全嵌套方式；$D_4=0$ 时为普通全嵌套方式。普通全嵌套方式与我们讲过的嵌套方式的概念一致，即高级中断可以嵌套低级中断。特殊全嵌套方式的概念略有不同，同级或者高级中断可以嵌套同级或者低级中断。这里出现一个同级中断的概念，当 8259A 级联时，从片上的 IR_i 为同级中断，即当系统正在响应从片的 IR_2 时，从片上又出现了 IR_3 中断，而对于主片来讲，从片上的 IR_2、IR_3 都是同级中断，如果主片的 8259A 初始化为特殊全嵌套方式，则 CPU 会中断 IR_2，去响应 IR_3。

8259A 的功能比较复杂，需要读者在使用时仔细阅读 8259A 的使用说明，选择正确的工作方式进行初始化工作。8259A 的初始化过程也较复杂，需要严格按照顺序执行，即 $ICW_1 \rightarrow ICW_2 \rightarrow ICW_3 \rightarrow ICW_4$，顺序不能变换。其初始化的流程图如图 8.17 所示。（注：在设置 ICW_2、ICW_3、ICW_4 时要求地址线 $A_0=1$）。

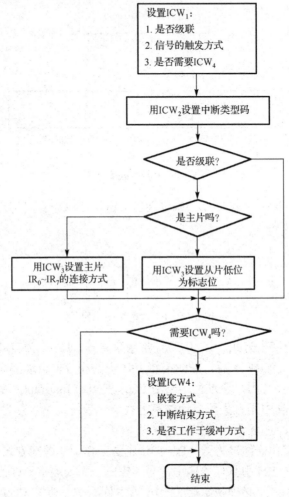

图 8.17　8259A 初始化流程

8.7*　中断工作过程及时序

中断工作过程分为两个方面：（1）硬件的响应过程；（2）软件的响应过程。两个过程是相互配合的，密不可分。我们先来看一下硬件的响应过程。为了使问题说明更方便，我们先设计一个单片 8259A 的硬件电路，如图 8.18 所示。从图中可以看到，8259A 的 INT 引脚与 CPU 的 INTR 相连；两个芯片的 $\overline{INTA}$ 相连；8259A 的片选为 200H；数据线与数据线相连。

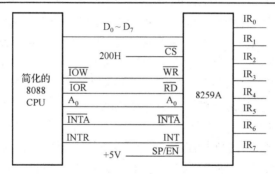

图 8.18 单片 8259A 中断硬件原理图

当 8259A 的 $IR_0 \sim IR_7$ 中任意引脚发生中断时，根据 8259A 初始化的结果，中断信号出现在 CPU 的 INTR 引脚，给 CPU 发一个中断信号。CPU 在每一条指令执行结束后，采样 INTR 端，当发现 INTR 有信号时（高电平有效），认为有中断请求发生，CPU 进入中断工作过程。CPU 响应中断时硬件通过 $\overline{INTA}$ 发出中断响应信号，8259A 收到这个信号之后，马上将 ISR 中对应此中断请求的相应位置 "1"，同时 IRR 中的相应位会被复位。然后，CPU 发出第二个 $\overline{INTA}$ 信号，8259A 在此时将中断向量号通过 $D_0 \sim D_7$ 发送给 CPU。这个过程为**硬件响应过程**，其时序图如图 8.19 所示。

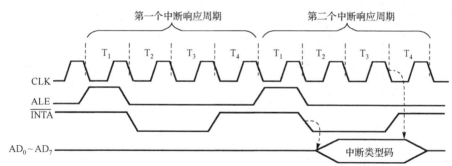

图 8.19 8088 中断响应时序图

CPU 在第 2 个 $\overline{INTA}$ 信号后获得中断向量号（例如：36H）。进入软件工作过程，软件工作过程包括以下 8 个步骤：①关中断；②断点保护；③中断源识别；④现场保护；⑤中断服务；⑥恢复现场；⑦开中断；⑧中断返回。

其中关中断、断点保护两个过程由 CPU 自动实现；然后 CPU 利用 36H 检索中断矢量表=0000:0000H+36H×4=0000:00D4H，从该地址处获得中断服务程序的入口地址 CS:IP，送到 CS 和 IP 寄存器中，则 CPU 就自动跳转到中断服务程序中了。第④～⑧个步骤，属于中断服务程序需要完成的内容，也就是需要在设计中断服务程序时由程序员来完成。

中断结束后，CPU 弹出压入堆栈的断点 CS:IP，程序自动跳转回到正常程序运行中。

8.8* 键盘中断接口实例

在第 6 章中，我们通过 8255A 接口芯片实现了键盘与 CPU 的接口，但是当时采用的是查询技术，即 CPU 需要不断地查询 8255A 中的数据，看是否有按键按下，如果有则做出相应的处理。查询技术是可以实现上述功能的，但是，我们也会发现，CPU 需要不断地去查询，换句话讲，CPU 需要花费时间去检测 8255A，时间就是 CPU 的资源。当 CPU 在检测 8255A 时，也就失去了做其他工作的机会。而对于使用过计算机的读者来讲，我们很清楚地知道，什么时间或者多长时间我们会使用键盘，此事并不确定。如果使用者一天 24 小时都没有使用键盘，而 CPU 每隔 10ms 却要检测一次键盘，24 小时之内 CPU 就需要检测 8 640 000 次键盘，而这些检测都是无效的操作，很显然这种方式不合理。能否有一种方式：键盘不操作时，CPU 根本不予理睬，但一旦键盘被按下，CPU 立即响应键盘操作，获得键盘码。换句话讲，当键盘被按下时，CPU 立即停止正在执行的任务，转去相应键盘操作，很显然，这正适用中断技术实现。下面我们就来实现一下：如何用中断技术实现键盘与 CPU 之间的接口。

这就需要实现两部分内容：（1）硬件电路的连接；（2）软件控制。先来看一下硬件电路的实现，如图 8.20 所示。

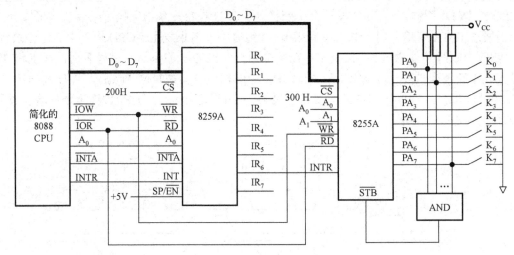

图 8.20　键盘中断硬件原理图

图 8.20 中，将 $K_0 \sim K_7$ 共 8 个按键连接到 8255A 的 PA 口，8255A 的片选为 300H（没有画出片选逻辑），8255A 的中断信号 INTR（PC_3）连接到 8259A 的 IR_6 引脚，8259A 的 I/O 地址为 200H。将 $K_0 \sim K_7$ 连接到一个与门的输入端，与门的输出端与 8255A 的 $\overline{STB}$ 端相连。根据与门的逻辑关系，我们知道，当 $K_0 \sim K_7$ 中的任意键被按下，则与门的输出为低电平，使 $\overline{STB}$ 有效，根据 8255A 在工作方式 1 下的工作时序（请参看第 6 章的 8255A 工作方式 1），将 $PA_0 \sim PA_7$ 端口的数据锁存到 8255A 的输入寄存器中，同时产生 INTR 信号传送到 8259A 的 IR_6 端。8259A 根据设定好的工作方式发送 INTR 信号到 CPU，CPU 接收到中断信号后，以完成中断相应任务。

软件实现的流程包括两个部分：（1）主程序，如图 8.21 所示；（2）中断服务程序，如图 8.22 所示。

主程序中要实现 8255A 和 8259A 的初始化过程，同时要完成将中断服务程序的入口地址放置到中断向量表中的过程，只有这样才能使中断发生时，CPU 自动跳转到中断服务程序中执行。

中断服务程序中一个主要的工作是读取键盘值，也就是读取 8255A 的 PA 口的数据。而其他内容为保证计算机正常工作所必须完成的任务：保护现场、恢复现场等。

下面我们用汇编语言分别实现上述两个程序。请读者对照硬件电路图、软件流程图来理解程序的编写和执行过程。

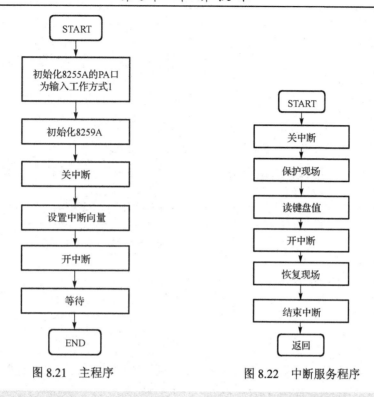

图 8.21　主程序　　　　　　　　　　图 8.22　中断服务程序

```
; -------------------------------------------------------------------
DATA SEGMENT
KEYBUF   DB 20DUP(0)
DATA ENDS
; -------------------------------------------------------------------
CODE SEGMENT
    ASSUME CS:CODE,DS:DATA
; -------------------------------------------------------------------
; 主程序。完成 3 个任务：初始化 8259A；初始化 8255A；设置中断向量
; -------------------------------------------------------------------
START:
    MOV AX,DATA
    MOV DS,AX

    CLI                         ; 关中断
    MOV   DX,303H
    MOV   AL,0B0H
    OUT   DX,AL                 ; 初始化 8255A 的 PA 口为方式 1 输入，C 口上端为输入

    MOV   DX,200H
    MOV   AL,0FH
    OUT   DX,AL                 ; 置 8259A 的 ICW1 为：需要 ICW4；单 8259A；间隔为 4；
                                ; 电平触发
    MOV   DX,201H
    MOV   AL,18H                ; 置 ICW2 为：D3～D7 为 00011B，则键盘中断号为 1EH
    OUT   DX,AL
```

```
        MOV     AL,00H
        OUT     DX,AL               ;置ICW3为：00H。因为是单片8259A，所以无级联

        MOV     AL,01H
        OUT     DX,AL               ;置ICW4为：正常停止方式；8086/8088CPU

        PUSH    DS                  ;设置中断向量
        MOV     AX,SEG KEY_INT      ;中断服务程序的段地址置于DS寄存器中
        MOV     DS,AX,
        MOV     DX,OFFSET KEY_INT   ;中断服务程序的偏移地址置于DX寄存器中
        MOV     AL,1EH              ;中断向量号置于AL中
        MOV     AH,25H              ;DOS功能调用
        INT     21H
        POP     DS
        STI                         ;开中断

NEXT:   JMP     NEXT                ;主程序等待中断到来
; --------------------------------------------------------------
; 下面的程序为一个子过程（相当于子程序），是键盘中断（1EH）的服务程序
; --------------------------------------------------------------
KEY_INT PROC    NEAR                ;中断服务程序
        CLI                         ;关中断
        PUSH    AX                  ;保护现场
        PUSH    BX
        PUSH    CX
        PUSH    DX
        PUSH    SI

        MOV     DX,200H             ;从8255A的PA口读入键盘值
        IN      AL,DX
        LEA     SI,KEYBUF           ;将读回来的键盘值保存在KEYBUF中
        MOV     [SI],AL

        POP     SI                  ;恢复现场
        POP     DX
        POP     CX
        POP     BX
        POP     AX

        STI                         ;开中断
        IRET                        ;中断返回
KEY_INT ENDP

CODE ENDS
    END START
```

上述软件是根据硬件设计原理，配合硬件原理而编写的。在设计硬件原理图时，我们已经想清楚要利用中断技术实现键盘操作。原则上也可以利用 74L245 来实现键盘的接口，但需要考虑如何产生中断信号，而采用 8255A 接口芯片是另一种选择。我们仔细了解了 8255A 的功能，发现方式 1 和本例的应用较相似，就决定采用 8255A 来实现键盘接口。但事实上读者也会发现，8255A 的 PB 口和 C 口的上端被浪费掉了。

本例中加入了 8259A 中断管理芯片，从原理图中我们发现事实上只有一个中断源（8255A），那么 8259A 是否有必要参与到电路中呢？明确地说：没必要。但如果考虑到可能还有其他的中断源，考虑到系统的可扩展性，则 8259A 的加入就显得有必要了。

本例子涉及了一个较完整的计算机系统，其中包括：并行接口技术；中断接口技术；8088 CPU 的复用总线分离技术；8086/8088 的中断管理技术；中断的响应过程；中断的现场保护；中断服务程序的编写方式和技巧等相关内容。读者只有在理解了前面几章内容的基础上才能理解本题。

如果读者不是完全能理解本例子也没关系，毕竟我们没有细致地讲解 8086/8088 汇编语言的语句及编程方式。但是我们希望通过本例使读者理解几个问题：（1）涉及计算机系统必然是软、硬件相结合；（2）在硬件设计原理图时，要考虑清楚软件该如何配合；（3）对于像 8255A 这类的接口芯片，要清楚了解其功能和使用方式才能灵活运用；（4）在设计一个计算机系统的时候，既要考虑到已有的需求，也要考虑到系统扩展可能性，要为系统的将来做一些考虑。

8.9　本 章 小 结

中断属于异常逻辑，也就是说中断不属于正常的逻辑。原因是中断具有不可预测性，即中断什么时候来，无论是程序员，还是计算机都无法知道。而一旦中断出现，如果 CPU 没有屏蔽中断，则中断必须马上得到响应，因为中断常常比较重要。此类问题在我们的日常生活中也经常出现，例如：政府常常会建立一些紧急事件处理的紧急预案，该预案平时只是以文本的形式存在，当紧急事件发生时，马上启动紧急预案，各个部门或者机构遵照预案执行。很显然计算机在设计之初，就考虑到有类似的事件需要计算机处理，那么就需要设计一种机制，使得在紧急事件发生时，计算机能够及时响应。中断在实时系统中常常被采用。

那么如何考虑中断的响应问题呢？通过分析知道，中断应该包含中断源、中断级别、中断嵌套、中断屏蔽等相关概念，响应机制需要将相应的概念统一考虑。中断响应机制包括如下 8 个方面：（1）中断在每一条汇编语言结束之后进行采样，一旦有中断发生，则 CPU 进入中断相应周期；（2）CPU 判断中断屏蔽是否置位，如果屏蔽则不响应中断，如果没屏蔽则进入中断响应；（3）CPU 需要先将下一条指令的首地址压入堆栈（以保障正常返回），FLAG 入栈；（4）CPU 跳转到中断向量表，获得中断号，通过计算在中断向量表中获得中断服务程序的入口地址；（5）将中断服务程序的入口地址送到 PC 寄存器，程序跳转到中断服务程序（该服务程序预先已经编写好，并将存放该服务地址的首地址置于中断向量表中）；（6）中断服务程序先要保护现场，然后执行中断相应处理程序，而后恢复现场，退出中断服务程序；（7）CPU 将正常程序的下一条指令的地址从堆栈弹出到 PC 寄存器中，程序继续自动执行；（8）如果在某一个中断服务程序的执行过程中又有新的中断出现，硬件会判断新中断的优先级，如果新中断的优先级比正在执行的中断优先级高，并且中断没有被屏蔽，则进入新的中断响应周期，实现中断的嵌套响应。

中断的处理过程是专门设计的一种机制，相应该机制的中断程序的编写方式也会有所不同。一般情况下包含 3 个步骤：（1）编写中断服务程序；（2）将中断服务程序的入口地址存储在中断向量表的相应位置；（3）清除中断屏蔽标志。

整个中断过程是一个相对复杂的响应过程，需要读者仔细体会其中的技术思路，既要结合常规程序的执行过程，又要考虑异常情况的处理过程，在此过程中，读者会慢慢发现整个过程的设计既合理又很精巧，是一个相对完美的设计过程。如果读者对中断理解较深的情况下，可以将该思路结合到你的生活和工作中，也许你会获得意外的惊喜。

思考题及习题 8

1. 什么是中断？与中断相关的有哪些概念？分别是什么？

2. 请试举出你生活和工作中的一个具体实例来分析一下：你是否会经常遇到中断事件？当你遇到中断事件时你会有何种处理方式？

3. 8086/8088 是如何管理中断的？

4. 8088/8086 中断向量表的作用是什么？

   【答】中断向量是中断服务程序的入口地址。将所有中断向量集中放在一起，形成中断向量表。8086 系统有 256 个类型的中断源。每个类型对应一个中断向量，一个中断向量由 4 个字节组成：2 个高地址字节用于存放中断服务程序的代码段的段值；2 个低地址字节用于存放中断服务程序的偏移地址。中断向量表放在内存的地段地址 0 单元开始的单元：00000H～03FFFH。

5. 什么叫中断向量？它放在哪里？对应于 1CH 的中断向量在哪里？如 1CH 中断程序从 5110H:2030H 开始，则中断向量应怎样存放？

   【答】中断向量是中断处理子程序的入口地址，它放在中断向量表中，由 1CH×4=70H 知中断向量存放在 0000:0070 处。由于中断处理入口地址为 5110:2030，所以 0070H，0071H，0072H，0073H 这 4 个单元的值分别为 30H，20H，10H，51H。

6. 描述可屏蔽中断的响应过程，一个可屏蔽中断或者非屏蔽中断响应后，堆栈顶部 4 个单元中是什么内容？

   【答】当 CPU 在 INTR 引脚上接受一个高电平的中断请求信号并且当前的中断允许标志为 1，CPU 就会在当前指令执行完后开始响应外部的中断请求，具体如下：

   （1）从数据总线上读取外设送来的中断类型码，将其存入内部暂存器中；

   （2）将标志寄存器的值推入堆栈；

   （3）将标志寄存器中 IF 和 TF 清零；

   （4）将断点保护到堆栈中；

   （5）根据中断类型获取中断向量转入中断处理子程序；

   （6）处理完后恢复现场。

   响应后堆栈的顶部 4 个单元是 IP，CS。

7. 从 8086/8088 的中断向量表中可以看到，如果一个用户想定义某个中断，应该选择在什么范围？

   【答】从 8086/8088 的中断向量表中可以看出，系统占用的部分中断类型码主要包括：

   （1）专用中断：0～4，占中断向量表 000～013H；

   （2）系统备用中断：5～31H；

   （3）用户使用中断：32H～0FFH。

如果一个用户想要定义一个中断，则可以选择中断类型码 32H～0FFH，其中断向量在中断向量表的 8H～01BFH。

8. 在中断优先级的管理中，会有几种管理方式？分别列出并比较各种管理方式的优劣。

9*. 在 8.8 节的内容中，如果添加 8 个 LED 发光二极管（LED_0～LED_7）分别对应 K_0～K_7，当某一个键被按下时（例如 K_2），则其对应的 LED_2 发光，持续时间为按键闭合的时间，请问，硬件原理图该如何修改？软件该如何修改？

10*. 你能否设计一个与 8086/8088 不一样的中断管理方式，保证可以响应至少 20 个中断源，而且可以实现中断的所有概念。可以不用 8259A 作为中断管理接口芯片。

附录 A　计算机的数制和编码

A.1　关于二进制

当我们谈论进制的时候，很自然就会想到十进制，即逢十进一，借一当十，这是我们再熟悉不过的概念了。但其实我们可以问问自己几个问题：（1）为什么要采用十进制？（2）能否用其他进制来表示自然界中的各种信息？（3）当我们用其他进制表示信息的时候和"十进制"的表示是否有不同？不同在哪里？

我们先来回忆一下"十进制"。我们知道十进制有几个基本元素：0、1、2、3、4、5、6、7、8、9，所有的十进制数由这 10 个基本元素组合而成，例如 1256，123，90765，0.0345，…。如果我们利用一个通用的公式来表示则如式（A-1）所示：

$$M = \sum_{i=-\infty}^{+\infty} a_i r^i \qquad\qquad (A\text{-}1)$$

其中 $a_i \in \{0,1,2,3,4,5,6,7,8,9\}$，$r=10$。任何一个十进制数 M 均可该公式生成。例如，$1256 = 1\times10^3 + 2\times10^2 + 5\times10^1 + 6\times10^0$。其中 6 是个位；5 是十位；2 是百位；1 是千位。想必读者并不陌生这样一种表达。该表达中有两个主要内容，即 a_i 和 r。换句话讲，当 $a_i \in \{0,1,2,3,4,5,6,7,8,9\}$，$r=10$ 时，自然界中的数可以用十进制的方式表示。

那么，我们现在的问题是：如果将式（A-1）中的 $r=10$ 改为 $r=2$，其中的 $a_i \in \{0,1,2,3,4,5,6,7,8,9\}$ 改变为 $a_i \in \{0,1\}$，其结果会怎么样呢？例如，$M=1010110$，我们用公式展开，则有

$$M = 1010110 = 1\times2^6 + 0\times2^5 + 1\times2^4 + 0\times2^3 + 1\times2^2 + 1\times2^1 + 0\times2^0$$

即 1010110 是一个数字，其所表示的具体数值展开为等号右边的结果，如果我们进一步展开则有

$$M = 1010110 = 64 + 16 + 4 + 2 = 86$$

这里存在一个问题，即上式的结果"86"是什么进制的数。先将答案告诉大家是十进制的 86。通过这样一个例子，我们得到以下几个答案：（1）数字：1010110 所表示的数与十进制 86 是等价的。（2）$r=10$ 时为十进制数，其基本的组成单元为 0～9 共 10 个数字，如果只计算一位十进制数，其所能表示的最大的数为 9；而 $r=2$ 时，其组成的基本单元只有 0、1 两个元素，只计算一位的话，其所能表示的最大的数为 1。（3）$r=10$ 与 $r=2$ 都能够表示一个相同的数，例如"86"，只是十进制只用两位即可以表示，而 $r=2$ 需要用 7 位才能表示。（4）是否是 $r=10$ 所能表示的数字，$r=2$ 都可以表示呢？这需要数学的证明，在此我们告诉大家结论：完全可以。我们将 $r=2$ 称之为"二进制"数。

从上述的叙述中，我们似乎可以感觉到，"十进制"和"二进制"其实是等价的。那么我们推想一下，当 $r=8$ 或者 $r=16$ 时，其与 $r=10$ 是否等价呢？

既然二进制和十进制等价，那么很显然自然界中的任意一个数都可以用二进制表示，也可以用十进制表示，而我们非常熟悉十进制的表示方式。那么二进制的引入有什么用处呢？

（1）二进制的一个主要特点是：只有两个基本元素 0,1。也就是说，用一个具有两个状态的"事物"即可以表达一位二进制。例如：白天/黑夜，可以用"1"代表"白天"，"0"代表"黑夜"；对于灯的亮/灭，可以用"1"代表"灯亮"，"0"代表"灯灭"；对于动物的性别雌/雄，可以用"1"代表雌性，"0"代表雄性；……

我们设计一个由 8 个灯组成的"排灯"（如图 A-1 所示），其中实心的代表"灭"（即"0"），空心的代表"亮"（即"1"）。

虽然是一个"灯"的组合，但是其可以将其表示成一个二进制信息：10101001，如果按照右边为低位，左边为高位的话，则该排灯表示一个数字信息，如果换算为十进制则为：169。很显然，通过改变排灯的亮灭组合，可以表示多个数字信息。那么可以表示多少个数字呢？因为每一个灯有两个状态，所以一个灯可以表示两个数字，则 8 个灯可以表示的数字个数为：$2*2*2*2*2*2*2*2=2^8=256$。

换一种表示，我们有一个方波信号，其中高电平代表"1"，低电平代表"0"，如图 A-2所示。

图 A-1　排灯及二进制表示　　　　　　图 A-2　方波表示二进制信息

图 A-2 所表示的数字信息与图 A-1 所表示的数字信息相同，都是 169。稍微熟悉一点电路知识的读者都知道，这样一个方波很容易产生。而如果要用灯或者方波去表示人可以直接看到"169"这样一个数字就会很复杂。所以，从这个角度说，二进制比十进制从物理角度更容易实现。

（2）二进制是到目前为止最简单的进制，没有比二进制更简单的进制了。从前面的叙述中我们已知，无论是十进制、二进制、八进制、十六进制、……其实都可以表示自然界中的各种数字信息，但是二进制只有两个元素 0,1，其他进制均多于两个元素：八进制有 8 个元素 $0\sim7$，十进制有 10 个元素 $0\sim9$，三进制有 3 个元素 0, 1, 2, …。而元素越少，所需要物理表示的基本元素就越少，所以，二进制是一种最容易表示的进制。

（3）1847 年英国的数学家 G. Bool 发现了"布尔代数"，通过布尔代数可以分析和解决逻辑学上的一些运算，即可以用逻辑运算来研究思维逻辑。这是一个创举，但该发现实际上到了 20 世纪 30~40 年代才得到了充分的运用，而运用最广泛的即是在计算机领域。在稍后的章节中我们会讲到逻辑运算，布尔代数即运用二进制进行逻辑运算。所以，二进制除了可以进行算术运算外，还可以进行逻辑运算，采用二进制是计算机中的最佳选择。

A.2　数制之间的转换

1．二进制与十进制

假设一个二进制数：1011010.1011B。这是一个带小数的二进制数，其所代表的十进制数为

$$
\begin{aligned}
1011010.1011\text{B} &= 1\times2^6+0\times2^5+1\times2^4+1\times2^3+0\times2^2+1\times2^1+0\times2^0 \\
&\quad+1\times2^{-1}+0\times2^{-2}+1\times2^{-3}+1\times2^{-4} \\
&= 64+0+16+8+0+2+0+0.5+0+0.125+0.0625 \\
&= (90.6875)_{10}
\end{aligned}
\tag{A-2}
$$

按照式（A-1）展开即得到二进制数的十进制数表示。请读者思考一下，为什么按照公式展开就是十进制数呢？

那如何将$(90.6875)_{10}$用二进制来表示呢？这时，需要将小数分为两个部分：整数部分和小数部分，再分别进行转换。

整数部分： $(90)_{10}$先转换为二进制数。

除数	被除数	余数	备注
2	90		
2	45	0	；二进制整数第 0 位
2	22	1	；二进制整数第 1 位
2	11	0	；二进制整数第 2 位
2	5	1	；二进制整数第 3 位
2	2	1	；二进制整数第 4 位
2	1	0	；二进制整数第 5 位
2	0	1	；二进制整数第 6 位

由此得到的二进制整数为：1011010B。

小数部分： $(0.6875)_{10}$转换为二进制数。

乘数	被乘数	整数部分	备注
2	0.6875	1	
2	0.375	0	；二进制小数第 0 位
2	0.75	1	；二进制小数第 1 位
2	0.5	1	；二进制小数第 2 位
2	0.0	0	；二进制小数第 3 位

由此得到小数部分为：0.1011B。

所以，$(90.6875)_{10}=(1011010.1011)_2$。

从上述叙述可以看到，二进制数转换为十进制数是按照式（A-1）展开的；十进制数转换为二进制数为式（A-1）的逆运算。

2．二进制与八进制

二进制的基本元素只有两个：0，1，而八进制的基本元素有 8 个：0，1，2，3，4，5，6，7，所以二进制和八进制之间存在着必然的联系：一位八进制数可以用三位二进制数来表示（$8=2^3$）。请大家看表 A-1。

表 A-1　二进制与八进制对应表

八进制数	二进制数	八进制数	二进制数
0	000	4	100
1	001	5	101

八进制数	二进制数	八进制数	二进制数
2	010	6	110
3	011	7	111

【例 A-1】 将$(1011010.1011)_2$转换为八进制数。

【答案】 将$(1011010.1011)_2$数也按照整数和小数部分分别处理，整数部分从左向右每 3 位一组进行分割，小数部分按照从右向左的顺序每 3 位一组进行分割，不够 3 位的填充"0"，则$(1011010.1011)_2$可以表示为

$$(001\,011\,010).(101100)$$

每 3 位用对应的八进制数代替，则得到$(132.54)_8$，该数即为$(1011010.1011)_2$的八进制数。

将$(132.54)_8$按照式（A-1）展开为十进制数，得到

$$\begin{aligned}
(132.54)_8 &= 1\times8^2 + 3\times8^1 + 2\times8^0 + 5\times8^{-1} + 4\times8^{-2} \\
&= 1\times64 + 3\times8 + 2\times1 + 5\times0.125 + 4\times0.015625 \\
&= 64 + 24 + 2 + 0.625 + 0.0625 \\
&= 90.6875
\end{aligned}$$

【例 A-2】 将$(132.54)_8$转换为二进制数。

【答案】 将八进制数中的每一位用表 A-1 中的二进制数替代即可，则得到

$$(001\,011\,010\,101\,100)_2 = (1011010.1011)_2$$

从上述叙述来看二进制与八进制之间的转换比较简单，只需要查表 A-1 进行相应的替换即可实现相互之间的转换。**但是需要注意的是整数和小数的分割方向问题。**

用八进制和二进制表示同一个数时，八进制需要的位数显然少于二进制需要的位数。所以，对于人类来讲，读八进制数比读二进制数要方便。这是引入八进制数的一个重要原因。

3．二进制与十六进制

二进制的基本元素只有两个：0,1，而十六进制的基本元素有 16 个：0, 1, 2, 3, 4, 5, 6, 7, 8, 9, A, B, C, D, E, F，所以二进制和十六进制之间存在着必然的联系：1 位八进制数可以用 4 位二进制数来表示（$16=2^4$）。请大家看表 A-2。

表 A-2 二进制与十六进制对应表

八进制数	二进制数	八进制数	二进制数
0	0000	8	1000
1	0001	9	1001
2	0010	A	1010
3	0011	B	1011
4	0100	C	1100
5	0101	D	1101
6	0110	E	1110
7	0111	F	1111

【例 A-3】 将$(1011010.1011)_2$ 转换为十六进制数。

【答案】 将$(1011010.1011)_2$ 数也按照整数和小数部分分别处理，整数部分从左向右每 4 位一组进行分割，小数部分按照从右向左的顺序每 4 位一组进行分割，不够 4 位的填充"0"，则$(1011010.1011)_2$ 可以表示为

$$(01011010).(1011)$$

每 4 位用对应的十六进制数代替，则得到$(5A.B)_{16}$，该数即为$(1011010.1011)_2$ 的十六进制数。

将$(5A.B)_8$ 按照式（A-1）展开为十进制数，得到

$$
\begin{aligned}
(5A.B)_8 &= 5 \times 16^1 + A \times 16^0 + B \times 16^{-1} \\
&= 5 \times 16 + 10 \times 1 + 11 \times 0.0625 \\
&= 80 + 10 + 0.6875 \\
&= (90.6875)_{10}
\end{aligned}
$$

【例 A-4】 将$(5A.B)_{16}$ 转换为二进制数。

【答案】 将八进制数中的每一位用表 A-1 中的二进制数替代即可，则得到

$$(0101,1010.1011)_2 = (1011010.1011)_2$$

从上述叙述中可知二进制与十六进制之间的转换比较简单，只需要查表 A-2 进行相应的替换即可实现相互之间的转换。**但是需要注意的是整数和小数的分割方向问题。**

用十六进制和二进制表示同一个数时，十六进制需要的位数显然少于二进制需要的位数。所以，对于人类来讲，读十六进制数比读二进制数要方便。这是引入十六进制数的一个重要原因。相对于八进制而言，十六进制数需要的位数将更少，所以在计算机中，我们更多地采用十六进制数。

十六进制数中有几个符号：A、B、C、D、E、F，分别相当于十进制 10、11、12、13、14、15，为什么采用英文符号表示呢？因为 10、11 等数已经是两位数了，即已经出现了多位数，不是单位数了。但十六进制的基本元素必须是单位数，为了方便表示所以引入了英文符号的表示。

4．二进制的正负数表示

涉及数，必然要考虑到正、负，不涉及到机器计算的时候，可以用"+"表示正数；"−"表示负数。例如：$(+101011)_2$；$(-101101)_2$ 。

但是在计算机中如何表示正负数呢？如果也用"+"、"−"符号表示，则需要在计算机中设计+、−号的表达方式，这可能有点儿难度。即使能表示，也可能带来系统的复杂度增加。因为只有两种情况："+"、"−"，我们很自然就想到能否用"0"、"1"两种状态来表示呢？如果能，则机器表示就变得很简单了。基于这样一种想法，科学家们在二进制数前面添加了一位，用"1"代表正数；"0"代表负数。例如：$(110101010)_2$ 最高位为"1"，则该二进制数为负数，它与$(-10101010)_2$ 的表示方法相同。

用"0"、"1"作为符号位，除了硬件上可能更简单之外，还有什么好处吗？如果用"0"、"1"作为正负符号，与二进制数的表示方法没有区别，那么符号位在运算的时候应该如何处理呢？需要单独处理吗？如果不需要单独处理，那么符号位和二进制数的运算一致，即符号

位参与二进制数计算。如果其符号的运算规则与二进制数的运算规则一致，那么计算机在计算的时候就不需要考虑符号位，按照二进制的运算规则进行加、减、乘、除运算，而能够自动表现出正负的结果，**这是我们最需要的结论**。

我们下面通过二进制运算的讨论来看能否得到我们希望的结果。

5．二进制的运算

二进制运算包括两个部分：二进制的算数运算和逻辑运算，在此我们只介绍二进制的算术运算。

谈到算术运算，我们立刻想到了一系列的运算规则，例如：1+2=3；4+5=9；6-3=3；5*8=40；10/2=5 等。而二进制的运算规则也包含加、减、乘、除等四则运算的基本规则，但相对于十进制而言，二进制的运算规则要简单得多。

1）二进制加法运算

二进制的加法运算规则很简单，只有 4 条：

$$0+0=0；1+0=1；0+1=1；1+1=10$$

前 3 条很容易理解，最后一条 1+1=10，其中结果中的"1"为进位位，第 0 位上的结果为"0"。

【例 A-5】 计算$(10110101)_2$与$(10010101)_2$的加法和。

【答案】 根据每一位二进制加法的运算规则，求和：

$$
\begin{array}{r}
10110101 \\
+10010101 \\
\hline
101001010
\end{array}
$$

二进制数的加法运算规则和十进制数的加法运算规则一致，计算方法也相同。

我们先讨论正数加法运算。假设有两个正的二进制数：$(01111111)_2$ 和$(00000010)_2$，根据加法运算规则进行加法计算，得到

$$
\begin{array}{r}
01111111 \\
+00000010 \\
\hline
100000001
\end{array}
$$

我们看到参与加法运算的两个二进制数都是正数（即最高位都为"0"，代表正数）。在上面的运算过程中，我们没有考虑符号问题，而是将最高位的符号位也参加到加法运算中而得到的一个结果。为了看起来方便，我们将其转换为十进制数：$(01111111)_2=(+127)_{10}$ 和 $(00000010)_2=(+2)_{10}$，则和应该为$(+129)_{10}$，而计算的结果$(100000001)_2$ 按照式（A-1）展开得到的结果为$(129)_{10}$，但问题是最高位是"1"，按照上节所讲的内容，应该为负数，即是十进制的$(-2)_{10}$，这似乎就有点儿矛盾了。如果不考虑符号问题，计算结果是正确的；如果考虑符号问题，那么计算结果就是错误的。那么符号似乎就不能参与加法计算了。

为了解决有符号数的加法运算问题，我们需要引入一种码制——**补码**。其实补码的概念在数学上有其原型，称之为补数。补数的特点为：（1）一个整数与其补数相加，和为模；（2）对一个整数的补码再求补码，等于该整数自身；（3）补码的正零与负零表示方法相同。典型的例子为"时钟"的运算。

　　众所周知，时钟的计量范围是 0～11，当时钟运行到 12 时，自动归为"0"，即 12 和 0 在时钟上是一个点，我们称 12 为时钟的"模"，即时钟运行中存在一个最大的数，该数为 12。

　　"模"实质上是计量器产生"溢出"的量，它的值在计量器上表示不出来，计量器上只能表示出模的余数。任何有模的计量器，均可化减法为加法运算。

　　例如：假设当前时针指向 10 点，而准确时间是 6 点，调整时间可有以下两种拨法：一种是倒拨 4 小时，即 10−4=6；另一种是顺拨 8 小时，即 10+8=12+6=6。

　　在以 12 为模的系统中，加 8 和减 4 效果是一样的，因此凡是减 4 运算，都可以用加 8 来代替。对"模"而言，8 和 4 互为补数。实际上以 12 模的系统中，11 和 1，10 和 2，9 和 3，7 和 5，6 和 6 都有这个特性。**共同的特点是两者相加等于模。**

　　对于计算机而言，我们利用二进制完成计算任务，但考虑到用物理的方式实现的二进制位数总是有限的（物理上实现无限位的二进制数是有相当的难度的），那么有限位的二进制数其所能表示的数据范围是有限的。例如：8 位二进制位，如果不考虑符号位，则其所能表示的数据范围为：0～255；16 位二进制数所能表示的数据范围为：0～65535；……我们假设计算机中所有的二进制数都是有限位数，则每一个二进制数都存在一个"模"，二进制位数不同，其模值不同。

　　由于历史的原因，计算机中参与运算的二进制的位数，常常选择 8 的倍数，例如：8 位、16 位、32 位、64 位等。我们称 8 位二进制位组成一个"字节"，多个字节组成的称为"字"。计算机选择 8 位二进制位作为基本运算单位，称为**8 位机**；选择 16 位二进制位作为基本运算单位称为**16 位机**；以此类推。

　　我们以 8 位计算为例，设 $n=8$，其所能表示的最大数是 11111111B，若再加 1 成为 100000000（9 位），但因只有 8 位，最高位 1 自然丢失，又回了 00000000，所以 8 位二进制系统的模为 128。在这样的系统中减法问题也可以化为加法问题，只需把减数用相应的补数表示就可以了。**把补数用到计算机对数的处理上，就是补码。**

　　为了方便计算二进制补码，我们先引入"原码"和"反码"的概念。

　　（1）原码：在数值前直接加一符号位的表示法。

　　例如：　　　符号位　　数值位

　　　　[+7]原=　　0　　0000111 B

　　　　[−7]原=　　1　　0000111 B

　　（2）反码：正数——正数的反码与原码相同。负数——负数的反码，符号位为"1"，数值部分按位取反。

　　例如：　　　符号位　　数值位

　　　　[+7]反=　　0　　0000111 B

　　　　[−7]反=　　1　　1111000 B

　　二进制补码的运算规则为：（1）正数的补码是其本身；（2）负数的补码为其数值部分按位取反，在最低位加 1。

　　【例 A-6】 分别求数 $x=(+23)_{10}$ 和 $y=(−35)_{10}$ 的补码。

　　【答案】（1）先分别将两个数用二进制表示，则 x 的二进制表示为：00010111B；y 的二进制表示为：−00100011B。两个数的原码分别为：$[x]$原 = 0 0010111B 和 $[y]$原=1 0100011B。

　　因为正数的补码为其本身不变，则为$[x]$补 =0 0010111B。而负数的补码分为两步运算为：（a）先保留符号位不变，其后的 7 位数值位按位取反，得到$[y]$反=1 1011100B；（b）将反码的数值位+1，得到 y 的补码为：$[y]$补=1 1011101B。

【例 A-7】 计算上例中的 $x+y$。

【答案】 因为 x 为正数，y 为负数，实际上 $x+y$ 为减法运算，但我们现在不采用减法运算，仍采用加法运算。具体算法为：设 $z=x+y$。

$$z = x+y = +23-35 = (+23)_{10} + (-35)_{10}$$

（1）先分别将 x 和 y 的二进制数转化为补码，进行加法运算，则得到 $[z]_{补}$，运算结果如下：

$$[z]_{补} = [x]_{补} + [y]_{补} = 00010111B + 11011101B$$

按照加法的运算规则，有

$$\begin{array}{r} 00010111 \\ +\ 11011101 \\ \hline 11110100 \end{array}$$

然后再+1，得到 $[z]_{补}$=11110101B。

（2）得到的 $[z]_{补}$ 符号位为 1，显然为负数，即此时看到的数是一个负数的补码，因此需要将其还原为原码才是真正得到的运算结果。还原的方法与求补码的方法一致：正数的补码是其本身，负数的补码为数值位按位取反加 1，符号位不变。则

$$[[z]_{补}]_{反}=[111001B]_{反}=0001010B$$

$$[z]_{原}=[[z]_{补}]_{反}+1=0001011B$$

因为 $[z]_{补}$=11110101B，其符号位为 1，显然运算结果为负数，具体数值为 0001011B，将其转化为十进制数，则结果为 $(-11)_{10}$，与减法的运算结果相同。

从例 A-7 中我们可以看到：（1）通过引入补码，可以将减法运算化为加法运算；（2）补码运算中参与运算的数必须都是补码；（3）补码运算得到的运算结果也是以补码形式存在的；（4）需要将补码运算的结果转换为原码才是最终的运算结果；（5）原码转化为补码与补码转换为原码的规则相同；（6）最关键的一点，在补码运算中，我们没有单独考虑运算符号，而是按照加法的规则将符号位也参与到加法运算中，得到的结果是正确的。我们想在此提醒读者：**补码的引入需要有一个前提，必须存在一个"模"，即二进制位数必须是有限位。**

所以说，补码的引入解决了两个关键问题：（1）将减法运算变成了加法运算；（2）符号位参与到运算中。这是一个很了不起的突破。我们从第 2 章中知道：所有的运算都可以简化为四则运算；四则运算中的乘法运算是加法运算的变体；除法运算是减法运算的变体；而引入补码之后，可以将减法变成加法，那么所有的运算简化为加法运算；而二进制的加法运算规则只有四条，可以用组合逻辑和时序逻辑电路实现为加法器，则计算机中只要实现一个加法器即可以解决算数运算的问题，所有的问题瞬间变得极其简单。

但细心的读者马上会发现一个问题，假设 $[x]$=127，$[y]$=2，则 $[z]=[x]+[y]$=127+2=129。$[x]_{原}$=01111111B，$[y]_{原}$=00000010B，因为都是正数，原、反、补码相同，则 $[x]_{补}$=01111111B，$[y]_{补}$=00000010B，则运算的结果为：$[z]_{补}=[x]_{补}+[y]_{补}$=10000001B。从 $[z]_{补}$ 的结果上看，显然是一个负数（符号位为 1），两个正数相加，其结果为一个负数，显然不符合数学规则。那问题出在哪里呢？

此处所举的例子采用了 8 位二进制数，其中最高位为符号位，不表示数值，只有 7 位二进制数表示具体数值，即其所能表示的范围为 0～127（2^7-1）。因此 8 位带符号数所能表示的

最大正数为+127，而运算的结果为129，这就超出了一个8位有符号数所能表示的范围，所以出现了错误，我们称这种错误为"**溢出**"。

二进制位数有限，即存在一个"模"，可以使减法变为加法，但同时因为位数有限，有限位数所表示的数据范围有限，所以就存在溢出问题。因此，如果利用二进制进行计算，必须同时解决两个问题之间的矛盾。其实位数有限并不是问题，如果8位表示的位数有限，可以用16位表示；如果16位数有限，可以用32位，……只要是位数有限，"模"即存在，加法即可以变为加法。那么如何解决溢出问题哪？只要位数有限，溢出问题即存在，如果计算机可以判别溢出，则可通过位数扩展实现正确计算问题。**这需要解决两个问题：（1）溢出判断；（2）位数扩展。**

（1）溢出判断。两个符号相反的数相加，实际进行的是减法运算，不会出现溢出问题。只有同号数相加才会出现溢出。例 A-7 就是一个典型的溢出问题，我们看到两个正数相加结果变成了负数。数学上已经证明了，如果同号两个数相加，结果符号发生变化，即出现溢出。

（2）位数扩展。对于正数的位数扩展，我们很清楚，高位补"0"即可。例如，01101101可以扩展为：00000000 01101101，符号位为16位的最高位（D_{15}位），该数为正数。而对于负数，例如：10110101，符号位为 D_7 位，该数为负数。此时如果按照高位补零的原则，则变为：00000000 10110101，符号位为 D_{15} 位，该数变成了正数，这显然是错的。**为此，数学家给我们提供了一个方法，按符号位进行扩展。**例如：上例中的负数可以扩展为：11111111 10110101。读者可以验证一下，负数以补码形式存在，扩展前与扩展后的负数真值相同。

6．二进制小数表示

1）定点数

根据二进制的表示方式，我们知道二进制实数的计算方法是：小数点对齐，小数和小数相加，整数和整数相加，小数向整数部分会有进位；减法的道理类似。二进制的加减运算和十进制运算一致。也就是说：就运算而言，小数部分、整数部分可以分别计算，小数部分向整数部分有一个进位。所以，我们可以设想小数部分和整数部分可以分开。例如：如果对于一个整数部分为8位、小数部分为8位的二进制数可以表示如下：

11010101.10001011　　　和　　　01101010.11100111

将其进行加法计算时，先进行小数部分的加法运算，然后再进行整数部分的加法运算，再加上小数部分的进位位。所以，如果我们分别知道两个小数存放的位置，又分别知道两个整数存放的位置，则不需要保存小数点，即可实现二进制实数运算。我们将这种存储方式称为：**定点数**。具体表示方式如图 A-3 所示。

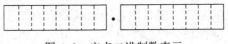

图 A-3　定点二进制数表示

定点数可以表示整数部分和小数部分，小数点不用二进制表示。定点数的小数部分的原码、反码、补码，及加、减、乘、除运算和二进制整数部分的计算相同。

2）浮点数

从定点数的分析可以看出，一个有限位定点数表示的数据范围有限。例如：用16位表示整数、16位表示纯小数，则对于无符号数，其表达的范围为 0.0～65 535；对于有符号数其表达的范围为 –32 768～+32 767。

那么，我们能否找到一种方法使得有限的二进制位数所表示的数据范围尽量大呢？这就引入了一种新的编码方法：**浮点数**。

这是一个编码的问题，通过解决这个问题，我们想让读者多了解一些关于编码的思路。

（1）背景

1985 年 Intel 公司拟设计一款用于浮点数运算的协处理器（8087），但当时浮点数的标准很多，缺乏一个统一的标准。Intel 公司请加州大学伯克利分校的 William Kahan 教授来为 Intel 公司的 8087 设计一个浮点数二进制格式。William Kahan 教授的工作非常出色，设计的浮点数格式表达方式很完美，IEEE 组织以此设计为依据制定了一个 IEEE 的标准浮点数格式（IEEE 745）。到目前为止，几乎所有的计算机都遵循该标准。

（2）表示形式

William Kahan 教授设计的浮点数格式出色在哪里呢？我们首先来看看其表示形式，如图 A-4 所示。

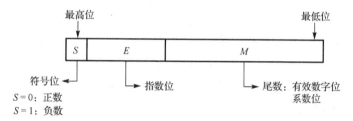

图 A-4　IEEE 745 浮点数格式

IEEE 用一个三元组 {S, E, M} 来表示一个数字 N。N 的实际值如式（A-3）所示：

$$n = (-1)^s \times m \times 2^e \tag{A-3}$$

公式中的 n，s，m，e 分别对应 N，S，E，M 的实际值，而 N，S，E，M 仅为一串二进制数。（其中 S（sign）表示 N 的符号位；E（exponent）表示 N 的指数；M（mantissa）表示 N 的尾数）。

这种表示方法与我们所熟悉的科学计数法 $k = 1.m \times 10^n$ 表示方法一致。

（3）浮点数格式

IEEE 745 标准中规定了 3 种浮点数格式：单精度、双精度、扩展精度。前两种分别对应 C 语言中的 float、double 类型。

（a）单精度：N 占 32 位二进制位数。其中：S 占 1 位，E 占 8 位，M 占 32 位，如图 A-5 所示。

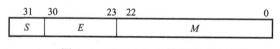

图 A-5　IEEE 745 单精度浮点数格式

（b）双精度：N 占 64 位二进制位数。其中：S 占 1 位，E 占 11 位，M 占 52 位，如图 A-6 所示。

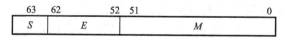

图 A-6　IEEE 745 双精度浮点数格式

M 在单精度中为 32 位，在双精度中为 52 位，无论是多少位都表示小数点后面的位数，即 0.1010110111…，但是小数点前面的 "1" 位可能会有变化，在下一节中我们会介绍如何变化。

（4） e, m 的计算方法

William Kahan 教授在设计浮点数格式时，考虑了 3 种可能的情况，分别命名为：①规格化；②非规格化；③特殊情况。下面我们来分别讨论。

（a）**规格化**：当 E 的二进制位不全为 0，也不全为 1 的时候，称为**规格化数**。此时，e 被解释为表示偏置（biased）形式的整数，计算方式如式（A-4）所示。

$$e = |E| - bias$$
$$bias = 2^{k-1} - 1 \tag{A-4}$$

其中：k 表示 E 的位数，对于单精度数而言，$k = 8$，则 $bias = 2^7 - 1 = 127$。$|E|$ 为 E 的二进制序列所表示的数值，例如：$E = 11010010$，则 $|E| = $ D2H $= 210$。对于双精度数来讲，$k = 11$，则 $bias = 2^{11} - 1 = 1023$。

此时的 m 的计算方法如式（A-5）所示：

$$m = |1.M| \tag{A-5}$$

也就是说，小数点前面 1 位此时为 "1"，而不是 "0"。例如：如果 $M = 101$，则 $m = |1.M| = |1.101| = 1.625$。

【**例 A-8**】 假设 $N = 1110, 1001, 0000, 0000, 0000, 000, 0000, 0101B = $ E9000005H，试计算这个单精度数所表示的具体数值。

因为 $S = 1$，所以，该数为负数；

$E = 11010010B$，则根据式（A-4），得

$$e = |E| - bias = \text{D2H} - (2^{k-1} - 1) = 210 - 127 = 83 \text{。}$$

$$m = |1.M| = |1.101| = 1.625$$

所以，$n = (-1)^s \times m \times 2^e = -1 \times 1.625 \times 2^{83}$。

到目前为止，我们还看不出其设计思路，但是我们发现这种表示方式确实可以表示一个非常大的数，但是 e, m 为什么这样计算还不清楚。

（b）**非规格化**：当 E 的二进制位全部为 0 的时候，称为非规格化数。此时，e 和 m 的计算方式如式（A-6）所示：

$$e = 1 - bias$$
$$bias = 2^{k-1} - 1 \tag{A-6}$$
$$m = |0.M|$$

在非规格数中，m 的小数点前 1 位为 "0"，而不是 "1"。e 的计算方法也发生了变化，没有延续规格化数中的 $0 - bias$，而是用 $1 - bias$ 代替，为什么这么设计？

首先，我们来看在非规格化数中，我们可以表示数字 "0"，即当 $S = 1$，$E = 0$，$M = 0$ 的时候，$n = (-1)^s \times m \times 2^e = -1 \times 0 \times 2^0 = -0.0$，同理 $S = 0$，$E = M = 0$ 时，$n = +0.0$。在规格化数中是不能表示 "0" 的。同时因为 $E = 0$，所以可以用 M 表示很小的小数。

从规格化数不能表示 "0"，到非规格化数可以表示比较小的小数，也可以表示 "0"，能否说明这种表示法可以体现出 "逐步趋近于 0" 的趋势呢？

（c）**特殊情况**：当 E 全为 1 的时候，称为特殊情况。此时，若 *M* 的二进制位全为 0，则表示无穷大，若 *S*=1 则表示负无穷大，若 *S*=0 则表示正无穷大；若 *M* 的二进制位不全为 0，则表示 NaN（Not a Number），表示不是一个合法的实数。

上述三种情况即是 William Kahan 教授的设计。这种设计包含了用 4 Bytes 或者 8 Bytes 来表示很大的数或者很小的数。但实际上我们发现，在这些二进制位中的二进制数，不仅仅是表示数而已，还包含着很复杂的计算。也就是说，如果是一个 IEEE 745 的浮点数，虽然看到的仅仅是 4（或 8）个字节的二进制数，但是我们需要一个较复杂的算法来分解和计算才能得到真正的数值。

这就是编码的思路，将一个数（或者物理量）编码为一个二进制数，要恢复原有的数值（或者物理量）就需要一个解码的过程。

（5）示例

假设有一个 8 位的浮点数，其中：*S* 占 1 位，*E* 占 4 位，*M* 占 3 位，表 A-3 罗列了所有变化的可能，请大家自己按照前面所讲的内容计算一下，体会一下 IEEE 745 所表示的浮点数的变化，理解 William Kahan 教授设计的具体思路，看看自己能否写出一段浮点运算的程序。

表 A-3　浮点数实例

描述	N	|E|	e	|0.M|	m	n
0	00000000	0	−6	0	0	+0
最小非规格化数	00000001	0	−6	1/8	1/8	1/512
	00000010	0	−6	2/8	2/8	2/512
	……	……	……	……	……	……
	00000110	0	−6	6/8	6/8	6/512
最大非规格化数	00000111	0	−6	7/8	7/8	7/512
最小规格化数	00001000	1	−6	0/8	1+0/8	8/512
	00001001	1	−6	1/8	1+1/8	9/512
	……	……	……	……	……	……
	00010000	2	−5	0/8	1+0/8	8/256
	00010001	2	−5	1/8	1+1/8	9/256
	……	……	……	……	……	……
	00110110	6	−1	6/8	1+6/8	14/16
	00110111	6	−1	7/8	1+7/8	15/16
	00111000	7	0	0/8	1+0/8	1
	00111001	7	1	1/8	1+1/8	9/8
	……	……	……	……	……	……
	01110110	14	7	6/8	1+6/8	224
最大规格化数	01110111	14	7	7/8	1+7/8	240
	01111000	-	-	-	-	∞

从表 A-3 中我们可以看到，①8 位（*S*：1；*E*：4；*M*：3）浮点数最多可以表示的正数范围；②每个数之间相差一个最小的误差，浮点数的表示方式依然不能表达连续性；③利用 William Kahan 教授设计的表示方式，从最大非规格化数到最小规格化数之间是平滑过渡的，没有跳变。④浮点数不只是数本身，其后面配合着一整套的算法，即需要编程序来进行浮点数运算，其运算规则与科学计数法的运算规则一致。

从浮点数的表示方式我们体会到，在计算机中只有二进制数，但二进制数所表达的意义是完全不一样的，可能是指令，可能是整数，可能是浮点数，可能是语音，可能是图像，可能是文字，也可能是地址……那么当我们面对一个二进制数据的时候，我们该如何判断其表示的意义是什么呢？没有办法判断。因此，需要研究其上下文，找到其中的关联才能做出判断。这与我们平常对数字的看法是一样的，假设给你一个数字"10"，你能得出什么结论？是二进制？十进制？八进制？你没有办法判断，只能通过其实际出现的情景，才能做出推断。

至此，我们得出这样几个结论：①所有需要用计算机进行计算的事物都必须用二进制表达；②表达的方法可以根据具体的事物进行具体的编码，即用二进制表达事物；③编码的方式多种多样，没有一定之规；④编码的好坏会影响对具体事物处理的难易程度；⑤编码过程是一种对事物的数学抽象过程，要符合数学规律和事物本身的物理规律；⑥如果有统一的编码标准则要采用统一的编码标准，以实现通用性较好。

7．二进制编码

编码是计算机表示各种信息的一种方式，众所周知，计算机只能处理二进制信息，如果要处理自然界中的其他信息，必须想办法将其转换为二进制信息，计算机才能处理。例如：要想让计算机存储音乐，就需要将声音信息用二进制方式表示；要想显示图像信息，就必须将图像用二进制方式表示；要想显示汉字，就必须将汉字用二进制方式表示……将信息用二进制方式表达出来称为：**二进制编码**。

到目前为止，编码方式的种类繁多，例如，对图像信息的编码就包括 BMP 格式、GIF 格式、TIF 格式、JPG 格式等。这中间有些编码是有压缩的，有些是无压缩的。所以，了解计算机的二进制编码是使用计算机处理信息的必要组成部分。

但计算机编码过多，我们没有办法一一介绍到，此处仅介绍两种编码方式：BCD 码和 ASCII 编码，以让读者通过这两种编码初步了解编码的基本思路。

1）BCD 码（Binary-Coded Decimal）

二进码十进数（Binary-Coded Decimal），简称 BCD 码，是一种十进制的数字编码形式。这种编码下的每个十进制数字用一串单独的二进制比特存储来表示。常见的有 4 位表示 1 个十进制数字，称为**压缩的 BCD 码**（compressed or packed）；或者 8 位表示 1 个十进制数字，称为**未压缩的 BCD 码**（uncompressed or zoned）。这种编码技术，最常用于会计系统的设计里，因为会计制度经常需要对很长的数字符串作准确的计算。相对于一般的浮点式记数法，采用 BCD 码，既可保存数值的精确度，又可免却使计算机作浮点运算时所耗费的时间。此外，对于其他需要高精确度的计算，BCD 编码亦很常用。

由于十进制数共有 0，1，2，…，9 十个数码，因此，至少需要 4 位二进制码来表示 1 位十进制数。4 位二进制码共有 $2^4=16$ 种码组，在这 16 种代码中，可以任选 10 种来表示 10 个十进制数码，所以，编码的方案共有如式（A-7）所示：

$$N = \frac{16!}{10! \times (16-10)!} \tag{A-7}$$

由此，共有 8008 种编码方案。BCD 码可分为有权码和无权码两类：有权 BCD 码有 8421 码、2421 码、5421 码，其中 8421 码是最常用的；无权 BCD 码有余 3 码等。8421 BCD 码是最基本和最常用的 BCD 码，它和 4 位自然二进制码相似，各位的权值为 8、4、2、1，故称为有权 BCD 码。其与 4 位自然二进制码不同的是，它只选用了 4 位二进制码中前 10 组代码，即用 0000～1001 分别代表它所对应的十进制数，余下的 6 组代码不用。

BCD 码分为非压缩 BCD 码和压缩 BCD 码两种，对于压缩 BCD 码是用 4 位二进制码表示；而非压缩 BCD 是用 8 位二进制数表示。例如：如果表示一个两位十进制数$(56)_{10}$，则压缩 BCD 码可以表示为 0101 0110B；如果用非压缩 BCD 码则表示为 0000 0101 00000110B，压缩及非压缩 BCD 码如表 A-4 所示。

表 A-4　BCD 编码

十进制数	压缩 BCD 码	非压缩 BCD 码	十进制数	压缩 BCD 码	非压缩 BCD 码
0	0000	0000 0000	6	0110	0000 0110
1	0001	0000 0001	7	0111	0000 0111
2	0010	0000 0010	8	1000	0000 1000
3	0011	0000 0011	9	1001	0000 1001
4	0100	0000 0100	其他	舍弃	舍弃
5	0101	0000 0101			

2）ASCII 编码（American Standard Code for Information Interchange）

在计算机中，所有的数据在存储和运算时都要使用二进制数表示（因为计算机用高电平和低电平分别表示 1 和 0），例如，像 a、b、c、d 这样的 52 个字母（包括大写），以及 0、1 等数字还有一些常用的符号（例如*、#、@等）在计算机中存储时也要使用二进制数来表示，而具体用哪些二进制数字表示哪个符号，当然每个人都可以有自己的一套约定（这就叫编码）。而大家如果要想互相通信而不造成混乱，那么就必须使用相同的编码规则，于是美国有关的标准化组织就出台了ASCII 编码，统一规定了上述常用符号用哪些二进制数来表示。

美国标准信息交换代码是由美国国家标准学会（American National Standard Institute，ANSI）制定的，它是标准的单字节字符编码方案，用于基于文本的数据。其起始于 20 世纪 50 年代后期，在 1967 年定案。它最初是美国国家标准，供不同计算机在相互通信时用作共同遵守的西文字符编码标准，它已被国际标准化组织（International Organization for Standardization, ISO）定为国际标准，称为 ISO 646 标准，适用于所有拉丁文字字母。

ASCII 码使用指定的 7 位或 8 位二进制数组合来表示 128 或 256 种可能的字符。标准 ASCII 码也称为基础 ASCII 码，使用 7 位二进制数来表示所有的大写和小写字母、数字 0～9、标点符号，以及在美式英语中使用的特殊控制字符。其中：

0～31 及 127（共 33 个）是控制字符或通信专用字符（其余为可显示字符），如控制符：LF（换行）、CR（回车）、FF（换页）、DEL（删除）、BS（退格）、BEL（响铃）等；通信专用字符：SOH（文头）、EOT（文尾）、ACK（确认）等；ASCII 值为 8、9、10 和 13 分别转换为退格、制表、换行和回车字符。它们并没有特定的图形显示，但会依不同的应用程序，而对文本显示有不同的影响。

32～126（共 95 个）是字符（32 是空格），其中 48～57 为 0～9 的 10 个阿拉伯数字。

65～90 为 26 个大写英文字母，97～122 号为 26 个小写英文字母，其余为一些标点符号、运算符号等。

ASCII 表示的所有字符及其对应的二进制数如表 A-5 所示。

表 A-5　ASCII 码表

$D_3D_2D_1D_0$ ＼ $D_6D_5D_4$	000	001	010	011	100	101	110	111
0000	NUL	DEL	SP	0	@	P	`	p
0001	SOH	DC1	!	1	A	Q	a	q
0010	STX	DC2	"	2	B	R	b	r
0011	ETX	DC3	#	3	C	S	c	s
0100	EOT	DC4	$	4	D	T	d	t
0101	ENQ	NAK	%	5	E	U	e	u
0110	ACK	SYN	&	6	F	V	f	v
0111	BEL	ETB	'	7	G	W	g	w
1000	BS	CAN	(	8	H	X	h	x
1001	HT	EM	)	9	I	Y	i	y
1010	LF	SUB	*	:	J	Z	j	z
1011	VT	ESC	+	;	K	[	k	{
1100	FF	FS	,	<	L	\	l	|
1101	CR	GS	-	=	M	]	m	}
1110	SO	RS	.	>	N	^	n	~
1111	SI	US	/	?	O	_	o	DEL

8. 总结

　　二进制是一种最简单的进制，只有"0"、"1"两种元素，在物理上很容易用数字电路来实现；又因为布尔卓越的贡献，将复杂的逻辑运算用二进制形式表达了出来，使得二进制不仅可以用于数学运算，同时还可以进行逻辑运算，因此二进制被历史性地选择成为了计算机的基本进制。计算机中无论是数据、程序、地址等信息均采用二进制的方式表示，所以学习和掌握二进制的基本特性成为了学习计算机必不可少的关键因素。

　　所以说，计算机发展到今天，我们称其为"通用数字电子计算机"。其中的"通用"一词说明了计算机可以在不改变硬件设计的前提下，通过改变软件来改变计算机的功能；"数字电子"一词说明了计算机的硬件部分是用数字电子技术来实现的，虽然现在有较先进的超大规模集成电路，但其基本原理依然是数字电子；"计算"一词说明计算机是用来进行计算的，而计算无外乎算术运算和逻辑运算。

　　那么，我们可能要关心以下几个问题：（1）数字电路是如何实现计算的？（2）软件是什么？（3）软件如何表示？（4）表示出来的软件计算机如何识别？（5）计算机中的软件如何自动工作？（6）软件如何能够改变计算机的功能？或者换句话讲，软件如何控制硬件？……所有这些问题，已在本书中进行了一一解答。请读者参看第 2 章以后的内容。

思考题及习题 A

1. 试说明二进制和其他进制之间的区别。

2. 你认为计算机选择二进制的历史原因是什么？

3. 某电子设备的电路板上有一个 6 位的"跳板开关"，此开关每一位都只有"打开"和"闭合"两种状态。这个"跳板开关"最多能表示的状态数为_____。

4. 有一种利用打孔透光原理设计的简易身份识别卡：每张卡在规定位置上有一排预打孔位，读卡器根据透光检测判断哪些孔位已打孔，从而识别出卡的编码，如果要设计一种供 1000 人使用的身份卡，则卡上的预打孔至少需要＿＿＿＿个。

5. 二进制如何表示整数和负数？这样表示后能带来什么好处？

6. 二进制原码、反码、补码分别是什么意思？对于正数、负数的原码、反码、补码的原则是什么？为什么要引入原码、反码、补码这 3 个概念？

7. 请说明为什么所有的计算都可以归结为加法运算？试说明如果要将减法运算变成加法运算，需要什么条件？计算机是否满足这个条件？

8. 二进制的正数和负数在用补码表示之后，请问符号位是否可以参与到运算中？如果不可以，请说明原因；如果可以，请说明该如何计算？

9. 在计算机中，参与运算的二进制数肯定是有限的，那么如果运算的结果超过了位数所能表示的数据范围，称之为溢出。计算机应该如何判断运算结果是否溢出？如果计算结果溢出，计算机是否应该具备自动判断的能力？如果需要，计算机该怎样做？

10. 设两个 8 位二进制数进行加法计算：127+3，请利用二进制补码进行运算。试说明该运算的结果是什么？是否有进位？是否有溢出？

11. 在计算机中，整数如何表示？小数如何表示？

12. 计算机中的浮点数的编码规则是什么？试说明为什么这样编码可以表示比较大的小数？

13. 什么是计算机的编码？请说明 BCD 码的编码规则。

14. 请说明 ASCII 编码的规则。

15. 十进制数 88，其对应的二进制数是＿＿＿＿＿。

16. 七位二进制码共有＿＿＿＿种不同的组合。

17. 一个 8 位的二进制数，如果是无符号数，则其补码范围是 0～255，如果是带符号数，则其补码范围为 –128～+127。那么如果一个数的补码为 11111111，那它是表示 255（11111111）呢？还是 –1 呢？

18. 有如下一个十进制运算：–29–25，用二进制补码形式表示该运算，并用补码进行运算，最后的结果请用十进制表示。

19*. 假设浮点数 N 占 32 位二进制位数。其中：S 占 1 位，E 占 8 位，M 占 32 位，请根据浮点数的编码规则计算该数所能表示的最大的数和最小的数。请说明该浮点数表示的数与数之间的差是多少？如果你的答案是没有差，说明什么？如果存在差，又说明什么？

20*. ASCII 编码了计算机中的英文符号，是按照某种规则实现的。请说明以下几个问题：（1）对于数字 0～9，其对应的 ASCII 编码是什么？（2）英文字母的大、小写的编码是什么？（3）字符 'a' 的编码和 'A' 的编码之间的差是多少？（4）如何将 'a' 转换为 'A'？（5）对于十进制数 321，如果用 ASCII 表分别表示每个十进制位，请问形成的 ASCII 码序列是什么？

附录 B 8086 汇编指令表（以指令助记符字母顺序排列）

表 B-1 中符号说明：

（1）reg：寄存器；mem：存储单元；imm：立即数。

（2）AF：半进位标志位；CF：进位标志位；ZF：零标志位；PF：奇偶标志位；SF：符号标志位；DF：方向标志位；IF：中断允许标志位；OF：溢出标志位。

（3）"="：表示相当于；"≠"：表示不允许。

表 B-1 8086 汇编指令表（以指令助记符字母顺序排列）

指令名称	指令形式	影响的标志位	说　明		应用举例
AAA	AAA	AF CF	加后非压缩 BCD 码调整 AL→AX		AAA
AAD	AAD	SF ZF PF	除前非压缩 BCD 码调整 AX→BL		AAD
AAM	AAM	SF ZF PF	乘后非压缩 BCD 码调整 AX		AAM
AAS	AAS	AF CF	减后非压缩 BCD 码调整 AL→AX		AAS
ADC	同 ADD	AF CF OF SF PF ZF	带进位加法（CF）DST←(DST)+(SRC)+(CF)		ADC AX, BX
ADD	ADD reg/mem, imm/reg ADD reg/mem	AF CF OF SF PF ZF	加法 DST←(DST)+(SRC)		ADD BYTE PTR [87EAH], 39
AND	AND DST, SRC DST：reg/mem SRC：imm/reg/mem	PF SF ZF CF=OF=0	逻辑与 DST←(DST) AND (SRC)		AND AL,0FH AND AX,AX
CALL	CALL PRO	不影响标志位	PUSH IP(now)&IP←(IP)+disp16		CALL PRO CALL FAR PTR PRO
	CALL reg/mem		PUSH IP(now)&IP←(reg/mem)		
	CALL FAR PTR PRO		PUSH CS-IP&CS-IP←(CS-IP)PRO		
	CALL DWORD PTR mem		PUSH CS-IP&IP←(m)CS←(m+2)		
CBW	CBW	不影响	符号扩展：将 AL 值带符号扩展到 AX		CBW
CLC	CLC	CF=0	清进位位：进位标志 CF 置 0		CLC
CLD	CLD	DF=0	清方向位：方向标志 DF 置 0（地址增量）		CLD
CLI	CLI	IF=0	清中断允许位：中断标志 IF 置 0		CLD
CMC	CMC	CF=−CF	进位标志 CF 取反		CMC
CMP	同 ADD	AF CF OF PF SF ZF	操作数相减但结果不回送		CMP AX,BX
CMPS	CMPS mem, mem CMPSB/W	AF CF OF PF SF ZF	比较字符串（DS:SI)−(ES:DI)是否相同 SI←(SI)(+/−)1　　DI←(DI)(+/−)1		
CWD	CWD	不影响	符号扩展：将 AX 带符号扩展到 DX: AX		CWD
DAA	DAA	AF CF PF SF ZF	加法后的十进制调整→AL		DAA
DAS	DAS	AF CF PF SF ZF	减法后的十进制调整→AL		DAS
DEC	DEC reg/mem	AF OF PF SF ZF（不影响 CF）	目标减 1		DEC BYTE PTR[8A90H]
DIV	DIV r/m8	AF CF OF PF SF ZF 无法预测	无符号除法	AX 除以 BL，商在 AL 中，余数在 AH 中	DIV BL
	DIV r/m16			(DX:AX)除以 BX，商在 AX 中，余数在 DX 中	DIV BX
ESC	ESC	不影响	处理器交权		ESC
HLT	HLT	不影响	系统进入暂停状态		HLT
IDIV	IDIV r/m8	AF CF OF PF SF ZF 无法预测	有符号除法	AX 除以 BL，商在 AL 中，余数在 AH 中	IDIV BL
	IDIV r/m16			(DX:AX)除以 BX，商在 AX 中，余数在 DX 中	IDIV BX

指令名称	指令形式	影响的标志位	说　　明		应用举例
IMUL	IMUL r/m8	设置 CF OF SF ZF AF PF 无法预测	有符号乘法：AX←AL*(r/m8)		IMUL CL
	IMUL r/m16		有符号乘法：DX:AX←AX*(r/m16)		IMUL CX
IN	IN AL/AX,imm8	不影响标志位	从 imm8 端口读数据到 AL/AX		IN AL,0FFH
	IN AL/AX,DX		从 DX 指定的端口读数据到 AL/AX		IN AL,DX
INC	INC reg/mem	OF SF ZF AF PF（不影响 CF）	目标加 1：(mem)←(mem)+1		INC BYTE PTR [00459AF0]
INT	INT imm8	标志位被压栈 IF=0	中断功能调用 PUSH FLAGS–CS–IP imm8*4 中断向量表查(CS:IP)		INT 21H
IRET	IRET	弹出标志位	中断返回 POP IP–CS–FLAGS		IRET
JXX 条件转移	JA rel8	CF=ZF=0	无符号数 >(=JNBE) 如果大于（或不小于等于），则跳转		JA NEXT
	JAE rel8	CF=0 | ZF=1	无符号数 ≥(=JNB)		JAE NEXT
	JB rel8	CF=1 & ZF=0	无符号数 <(=JNAE)		JB NEXT
	JBE rel8	CF=1 | ZF=1	无符号数 ≤(=JNA)		JBE NEXT
	JC rel8	CF=1	进位转移		JC NEXT
	JCXZ rel8		CX=0 转移		JCXZ NEXT
	JE rel8	ZF=1	相等转移(=JZ)		JE NEXT
	JG rel8	SF=OF & ZF=0	有符号数 >(=JNLE)		JG NEXT
	JGE rel8	SF=OF | ZF=1	有符号数 ≥(=JNL)		JGE NEXT
	JL rel8	SF≠OF & ZF=0	有符号数 <(=JNGE)		JL NEXT
	JLE rel8	SF≠OF | ZF=1	有符号数 ≤(=JNG)		JLE NEXT
	JNA rel8	CF=1 | ZF=1	无符号数 ≤(=JBE)，不高于		JNA NEXT
	JNAE rel8	CF=1 & ZF=0	无符号数 <(=JB)，不高于等于		JNAE NEXT
	JNB rel8	CF=0 | ZF=1	无符号数 ≥(=JAE)，不低于		JNB NEXT
	JNBE rel8	CF=ZF=0	无符号数 >(=JA)，不低于等于		JNBE NEXT
	JNC rel8	CF=0	无进位转移		JNC NEXT
	JNE rel8	ZF=0	不相等转移(=JNZ)		JNE NEXT
	JNG rel8	SF≠OF | ZF=1	有符号数 ≤(=JLE)，不大于		JNG NEXT
	JNGE rel8	SF≠OF & ZF=0	有符号数 <(=JL)，不大于等于		JNGE NEXT
	JNL rel8	SF=OF | ZF=1	有符号数 ≥(=JGE)，不小于		JNL NEXT
	JNLE rel8	SF=OF & ZF=0	有符号数 >(=JG)，不小于等于		JNLE NEXT
	JNO rel8	OF=0	无溢出转移		JNO NEXT
	JNP rel8	PF=0	奇状态转移(=JPO)		JNP NEXT
	JNS rel8	SF=0	非负数转移		JNS NEXT
	JNZ rel8	ZF=0	非 0 转移(=JNE)		JNZ NEXT
	JO rel8	OF=1	溢出转移		JO NEXT
	JP rel8	PF=1	偶状态转移(=JPE)		JP NEXT
	JPE rel8	PF=1	偶状态转移(=JP)		JPE NEXT
	JPO rel8	PF=0	奇状态转移(=JNP)		JPO NEXT
	JS rel8	SF=1	负数转移		JS NEXT
	JZ rel8	ZF=1	等于 0 转移(=JE)		JZ NEXT
JMP	JMP SHORT OPR	不影响标志位	IP←(IP)+disp8	−128B～+127B	JMP NEXT
	JMP [NEAR PTR] OPR		IP←(IP)+disp16	−32KB～+32KB	
	JMP WORD PTR OPR		IP←(OPR)		
	JMP FAR PTR OPR		IP←(IP)opr 并且 CS←(CS)opr		JMP FAR PTR NEXT
	JMP DWORD PTR OPR		IP←(OPR) 并且 CS←(OPR+2)		

指令名称	指令形式	影响的标志位	说　　明	应用举例
LAHF	LAHF	不影响	用于将标志寄存器的低 8 位送入 AH AH=SF:ZF:0:AF:0:PF:1:CF	LAHF
LDS	LDS DST, SRC Reg←mem	不影响 标志位	DST←(SRC) DS←(SRC+2)	LDS DI,[BX]
LSS	同 LDS	不影响	指针送寄存器和 SS	LSS DI,[BX]
LES	同 LDS	不影响	指针送寄存器和 ES	LES DI,[BX]
LEA	LEA r16,m	不影响	将源操作数的有效地址送 r16	LEA SI,[BX]
	LEA r32,m	标志位	将源操作数的有效地址送 r32	LEA STRING
LOCK	LOCK	不影响	总线锁定	LOCK

LODS	LODS mem
	LODSB/W
		不影响
		标志位
			装入串：AL/AX←(DS:SI)
			　　　　SI←(SI)(+/−)1
			指令规定源操作数为(DS:SI),目的操作数
			隐含为 AL（字节）或 AX（字）寄存器。
			3 种指令都用于将目的操作数的内容取
			到 AL 或 AX 寄存器，字节还是字操作由
			寻址方式确定，并根据寻址方式自动修改
			SI 的内容
				MOV DS,DATA
				MOV SI,STRING
				……
				LODS
				……

LOOP	LOOP rel8	不影响	CX←(CX)−1，如果(CX)≠0,则循环	LOOP NEXT
LOOPE LOOPZ	LOOPE rel8	不影响 标志位	CX←(CX)−1 (CX)≠0 且 ZF=1,则循环	LOOPE NEXT LOOPZ NEXT
LOOPNE LOOPNZ	LOOPNE rel8	不影响 标志位	CX←(CX)−1 (CX)≠0 且 ZF=0,则循环	LOOPNE NEXT LOOPNZ NEXT
MOV	MOV DST，SRC DST≠CS、IP 和 imm	不影响 标志位	 不允许 imm→imm 中； 不允许 mem→mem 中； 图中有箭头为允许数据传送；没有箭头则 不允许数据传送	MOV [9AF0H],AL
MOVS	MOVS mem, mem MOVSB/W	不影响 标志位	字符串传送　ES:DI←(DS:SI) 　　　　　　SI←(SI)(+/−)1 　　　　　　DI←(DI)(+/−)1	MOVS　　ES:BYTE PTR[DI], DS:[SI]
MUL	MUL r/m8	设置 CF OF SF ZF AF PF 无法 预测	无符号乘法：AX←AL*r/m8	MUL CL
	MUL r/m16		无符号乘法：DX:AX←AX*r/m16	MUL CX
NEG	NEG reg/mem	CF OF SF ZF AF PF	求补：按位取反加一 0−(DST)	NEG CL
NOP	NOP	不影响	空操作	NOP
NOT	NOT reg/mem	不影响	按位取反	NOT CL
OR	同 AND	PF SF ZF CF=OF=0	逻辑或	OR AL,0FH (高 4 位不变低 4 位置 1)
OUT	OUT imm8,AL/AX/EAX	不影响 标志位	将 AL/AX/EAX 输出到 imm8 指定端口	OUT 0FFH,AL
	OUT DX,AL/AX/EAX		将 AL/AX/EAX 输出到 DX 指定的端口	OUT DX,AL
POP	POP DST DST≠imm 或 CS	不影响 标志位	DST←((SP)+1,(SP)) SP←(SP)+2	POP　WORD　PTR [87EAH]
POPF	POPF	设置所有标志位	从堆栈中弹出 16 位标志寄存器	POPF
PUSH	PUSH SRC 8086 SRC!=imm	不影响 标志位	SP←(SP)−2 ((SP)+1,(SP))←(SRC)　[SP 循环]	PUSH　WORD　PTR [87EAH]
PUSHF	PUSHF	不影响	压栈 16 位标志寄存器	PUSHF
RCL	同 SHL	同 ROL	带进位循环左移 	RCL AL，1

续表

指令名称	指令形式	影响的标志位	说　明	应用举例
RCR	同 SHL	同 ROL	带进位循环右移	RCR AL，1
ROL	同 SHL	移一位后符号位改变则 OF=1	循环左移	ROL AL，1
ROR	同 SHL	同 ROL	循环右移	ROR AL，1
REP	REP String operation	不影响标志位	CX=0 则终止---CX←(CX)−1 ---串操作---SI/DI 增量	
REPZ REPE	REPE String operation	AF CF OF PF SF ZF	CX=0‖ZF=0 则终止---CX←(CX)−1 ---串比较---SI/DI 增量	
REPNZ REPNE	REPNE String operation	AF CF OF PF SF ZF	CX=0‖ZF=1 则终止--- CX←(CX)−1 ---串比较---SI/DI 增量	
RET	RET	恢复压栈标志位 POP IP[CS]	子过程返回(Near)/(Far)	RET
	RET imm16		子过程返回后 SP←(SP)+imm16	RET 08
SAHF	SAHF	SF ZF AF PF CF	将 AH 存至 FLAG 低 8 位 (SF:ZF:0:AF:0:PF:1:CF)←AH	SAHF
SAL	同 SHL	移入 CF OF PF SF ZF	算术左移：[所有移位]如果操作数符号位改变，则 OF=1(CL≠1 则 OF 无定义)	SAL AL，1
SAR	同 SHL	移入 CF OF PF SF ZF	算术右移 b_n　　　　b_0　CF	SAR AL，1
SHL	SHL reg/mem, 1 SHL reg/mem, CL	移入 CF OF PF SF ZF	逻辑左移 CF　b_n　　　b_0	SHL AL，1 / SHL AL，CL
SHR	同 SHL	移入 CF OF PF SF ZF	逻辑右移 b_n　　b_0　CF	SHR AL，1
SBB	同 SUB	AF CF OF SF PF ZF	带借位减法（CF） DST←(DST)−(SRC)−(CF)	SBB AX，BX
SCAS	SCAS mem SCASB/W	OF SF ZF AF PF CF	扫描字符串　　(ES:DI)−(AL/AX) DI←(DI)(+/−)1	
STC	STC	CF=1	进位标志 CF 置 1	STC
STD	Std	DF=1	方向标志 DF 置 1(地址减量)	STD
STI	STI	IF=1	中断标志 IF 置 1(开中断)	STI
STOS	STOS mem STOSB	不影响标志位	存入串(ES:DI)←(AL/AX) DI←(DI)(+/−)1	
SUB	SUB reg/mem, imm/reg SUB reg, mem	AF CF OF SF PF ZF	减法	SUB BYTE PTR [87EAH], 39
TEST	同 AND	PF SF ZF CF=OF=0	逻辑"与"测试，但是不改变目的操作数，只设置相关标志位	TEST AL, 1FH
WAIT	WAIT	不影响	等待，检查非屏蔽浮点异常	WAIT
XCHG	XCHG OPR1,OPR2 reg−reg\reg−mem	不影响标志位	目的操作数和源操作数的值相互交换 操作数不允许为段寄存器	XCHG AX，BX
XLAT	XLAT [TABLE]	不影响标志位	LEA　BX, TABLE; 表首址给 BX MOV AL, 4; 待转换内容到 AL AL←((BX)+(AL))	XLAT
XOR	同 AND	PF SF ZF CF=OF=0	逻辑异或	XOR AL,0FH (不变\反)

附录 C 中断向量表

8086 系统是把所有的中断向量集中起来，按中断类型号从小到大的顺序存放到存储器的某一区域内（00000H～001FFH），这个存放中断向量的存储区称为**中断向量表**，即中断服务程序入口地址表。

该地址表共占用 1K 空间，每个中断占用 4Bytes，共可以管理 256 个中断。8086 系统中的这 256 个中断已经有一些被系统中断所占用，包括：8086 本身的中断；8259 外部中断；BIOS（Basic Input Output System）中断；参数表指针中断；DOS 中断等。留给用户的中断是有限的，而且是在某一个区域中，用户要扩展系统时，需要仔细了解哪些中断被系统占用，哪些是留给用户的。只有留给用户的中断资源才是扩展可用的资源。下列表详细列出了系统所占用的中断资源的情况，如表 C-1 所示。

表 C-1 中断向量表

中断向量号 （十六进制）	中断向量表中的地址 （十六进制表示）	中断说明	备注
		80x86 中断向量	
0	00～03	除法溢出中断	
1	04～07	单步（用于 DEBUG）	
2	08～0B	非屏蔽中断（NMI）	
3	0C～0F	断点中断（用于 DEBUG）	
4	10～13	溢出中断	
5	14～17	打印屏幕	
6,7	18～1F	保留	
		8259 中断向量	
8	20～23	定时器（IRQ_0）	
9	24～27	键盘（IRQ_1）	
A	28～2B	彩色/图形（IRQ_2）	
B	2C～2F	串行通信 COM_2（IRQ_3）	
C	30～33	串行通信 COM_1（IRQ_4）	
D	34～37	LPT_2 控制器中断（IRQ_5）	
E	38～3B	磁盘控制器中断（IRQ_6）	
F	3C～3F	LPT_1 控制器中断（IRQ_7）	
		BIOS 中断向量	
10	40 ～43	视频显示 I/O	
11	44～47	设备检验	
12	48～4B	测定存储器容量	
13	4C～4F	磁盘 I/O	
14	50～53	RS-232 串行口 I/O	
15	54～57	系统描述表指针	
16	58～5B	键盘 I/O	
17	5C～5F	打印机 I/O	
18	60～63	ROM BASIC 入口代码	
19	64～67	引导装入程序	
1A	68～6B	日时钟	

续表

中断向量号 （十六进制）	中断向量表中的地址 （十六进制表示）	中断说明	备注
提供给用户的中断			
1B	6C～6F	Ctrl - Break 控制的软中断	
1C	70～73	定时器控制的软中断	
参数表指针			
1D	74～77	视频参数块	
1E	78～7B	软盘参数块	
1F	7C～7F	图形字符扩展码	
DOS 中断向量			
20	80～83	DOS 中断返回	
21	84～87	DOS 系统功能调用	
22	88～8B	程序中止时 DOS 返回地址	（用户不能直接调用）
23	8C～8F	Ctrl - Break 处理地址	（用户不能直接调用）
24	90～93	严重错误处理	（用户不能直接调用）
25	94～97	绝对磁盘读功能	
26	98～9B	绝对磁盘写功能	
27	9C～9F	终止并驻留程序	
28	A0～A3	DOS 安全使用	
29	A4～A7	快速写字符	
2A	A8～AB	Microsoft 网络接口	
2B、2C、2D	AC～B7		
2E	B8～BB	基本 SHELL 程序装入	
2F	BC～BF	多路服务中断	
30、31、32	C0～CB		
33	CC～CF	鼠标中断	
41	104～107	硬盘参数块	
46	118～11B	第二硬盘参数块	
47～FF	11C～3FF	BASIC 中断	

参 考 文 献

[1] （美）Randal E.Bryant，David R. O'Hallaron. 深入理解计算机系统（原书第 2 版）. 北京：机械工业出版社，2011.8

[2] （美）David A.Patterson，John L.Hennessy. 计算机组成与设计：硬件/软件接口（原书第 4 版）. 北京：机械工业出版社，2011

[3] 约翰·冯·诺依曼. *First Draft of a Report on the EDVAC*. 1945.6

[4] 约翰·冯·诺依曼. 计算机与人脑. 北京：北京大学出版社，2010.6

[5] Linda Null，Julia Lobur. *The Essentials of Computer Organization and Architecture*，*Third Edition*. Jones & Bartlett Learning，2010.4

[6] 唐朔飞. 计算机组成原理（第 2 版）. 北京：高等教育出版社，2008

[7] 白中英. 计算机组成原理. 北京：科学出版社，2008.1

[8] 白中英. 计算机硬件基础. 北京：高等教育出版社，2009.7

[9] 邹逢兴. 计算机硬件技术及应用基础（上下册）. 长沙：国防科技大学出版社，2001.1

[10] 孙德兴. 微型计算机技术（第 3 版）. 北京：高等教育出版社，2010.7

[11] （美）John M.Yarbrough. 数字逻辑应用与设计. 北京：机械工业出版社，2000.4

[12] 廖建明. 汇编语言程序设计. 北京：清华大学出版社，2009.10

[13] 李云. 微型计算机原理及应用. 北京：清华大学出版社，2010.7

[14] 戴梅萼，史嘉权. 微型机原理与技术（第 2 版）. 北京：清华大学出版社，2009.2